高等学校计算机教育信息素养系列教材

大学计算机实践

齐邦强 马春梅 李桂青 ◎ 主编
齐苏敏 李圣君 朱荣 ◎ 副主编

人 民 邮 电 出 版 社
北 京

图书在版编目（CIP）数据

大学计算机实践 / 齐邦强，马春梅，李桂青主编
. -- 北京 : 人民邮电出版社，2023.9
高等学校计算机教育信息素养系列教材
ISBN 978-7-115-62346-1

Ⅰ. ①大… Ⅱ. ①齐… ②马… ③李… Ⅲ. ①电子计算机－高等学校－教材 Ⅳ. ①TP3

中国国家版本馆CIP数据核字(2023)第135841号

内 容 提 要

本书是《大学计算机基础》一书的配套实践教程。全书共 5 章，主要包括文字处理软件 Word、电子表格软件 Excel、演示文稿软件 PowerPoint、Python 程序设计、Access 程序设计等内容。

本书采用知识要点+应用案例+习题的方式进行讲解。书中内容翔实，应用案例丰富，可以帮助学生有效地对所学知识进行巩固，以提高学生的计算机操作能力，提升学生的信息素养。

本书适合作为普通高等学校计算机基础课程的辅导教材或参考书，也可作为计算机培训班的教材。

◆ 主　　编　齐邦强　马春梅　李桂青
副 主 编　齐苏敏　李圣君　朱　荣
责任编辑　张　斌
责任印制　王　郁　陈　犇

◆ 人民邮电出版社出版发行　　北京市丰台区成寿寺路 11 号
邮编　100164　　电子邮件　315@ptpress.com.cn
网址　https://www.ptpress.com.cn
三河市中晟雅豪印务有限公司印刷

◆ 开本：787×1092　1/16
印张：12　　2023 年 9 月第 1 版
字数：348 千字　　2024 年 8 月河北第 2 次印刷

定价：43.00 元

读者服务热线：(010)81055256　印装质量热线：(010)81055316
反盗版热线：(010)81055315
广告经营许可证：京东市监广登字 20170147 号

前言 FOREWORD

对于现代人才来说，信息素养已经成为体现个人综合素质的重要指标，也是大学生终身学习的基础。党的二十大报告在总结我国近年来所取得的成就时，就提到了载人航天、探月探火、深海深地探测、超级计算机、卫星导航、量子信息、核电技术、大飞机制造、生物医药等领域取得的重大成果，而这些成果和关键领域的核心技术突破，大都离不开信息技术的支持。

"大学计算机基础"是一门高等学校的公共基础必修课程，不仅注重提升学生的计算机操作水平与应用技能，还注重培养学生的信息素养和计算思维等综合素养。本书是《大学计算机基础》的配套教材，着重以案例的形式为学生提供计算机具体应用的操作实践，其案例与行业应用挂钩，兼顾了综合性和实用性，不仅可以增强学生的动手能力和操作能力，提高学生的数字化学习能力与创新能力，还可以帮助学生树立正确的信息社会价值观和责任意识，全面提升信息素养。

作为一本计算机实践教材，本书主要具有以下特点。

1. **学用结合**

本书主要根据主教材的内容先列出知识要点，以便学生熟练掌握大学计算机的相关理论知识，再通过应用案例对知识要点进行巩固，以提升学生的实际操作能力，帮助学生掌握所学知识的具体应用方法。同时，学习本书可为学生学习其他计算机课程或将计算机知识运用到本专业的学习中奠定扎实的基础。

2. **应用案例**

本书的案例部分采用"任务目标+案例分析+案例实现"的结构进行讲解。其中，"任务目标"板块用于提出任务背景和任务要求；"案例分析"板块用于阐述该任务在行业中的实际应用和价值，并提出完成该任务需要涉及的操作；"案例实现"则是完成该任务的具体步骤，引导学生自行上机练习。

3. **提供习题**

本书在每章的章末列举了大量习题，主要有单选题和操作题等题型，用于考查学生对基础理论知识的掌握程度，使学生在巩固所学基础知识的同时还能够查漏补缺，以训练学生的独立操作能力。

4. 配套丰富

本书应用案例部分配有视频。读者扫描右侧二维码，并通过封底的激活码登录人邮学院，即可观看详细的操作视频。此外，读者还可以在人邮教育社区（www.ryjiaoyu.com）下载本书的素材文件和效果文件等相关教学资源。

本书由齐邦强、李桂青负责全书的总体策划。本书编写分工如下：第 1～3 章由齐邦强编写，第 4 章由齐苏敏编写，第 5 章由李圣君编写。齐邦强、马春梅、李桂青和朱荣负责全书的统稿与校正工作。在编写过程中，编者参考了大量文献资料，在此对相关作者致以谢意。

由于编者水平有限，书中难免存在不足之处，欢迎广大读者批评指正。

编　者

2023 年 4 月

目录 CONTENTS

01 第 1 章　文字处理软件 Word

【学习目标】

- 了解 Word 2016 的基础知识。
- 掌握文本编辑与文本格式的设置方法。
- 掌握在文档中使用表格的方法。
- 掌握文档图文混排的方法。
- 掌握文档排版的方法。
- 熟悉设置页面格式的相关方法。
- 了解 Word 2016 的邮件合并功能。

1.1　知识要点

Word 是 Office 办公软件的核心组件之一，功能强大。用户不仅可以使用它高效地组织和编写文档，还能进行长文档的排版和特殊版式设置。本章主要介绍 Word 2016 的相关知识，包括认识 Word 操作界面组成、文本编辑、格式设置、表格的创建与编辑、文档的图文混排、文档排版与修订、页面格式设置，以及邮件合并内容。

1.1.1　认识 Word 操作界面组成

启动 Word 2016 后，将进入其操作界面，如图 1-1 所示。下面对 Word 2016 操作界面中的主要组成部分进行介绍。

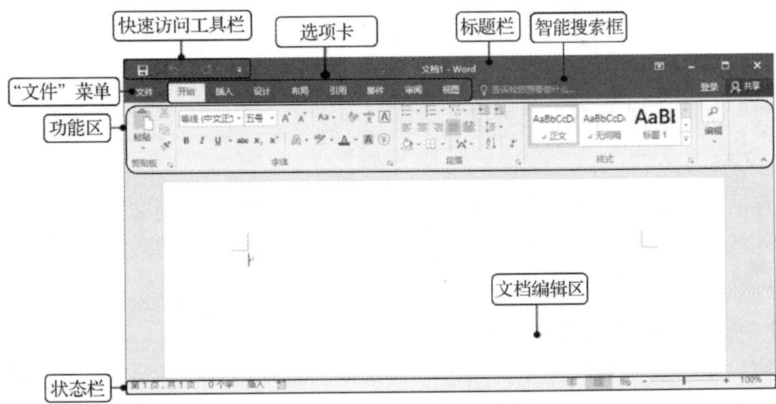

图 1-1　Word 2016 的操作界面

- “文件”菜单：“文件”菜单中的内容与 Office 其他组件中的“文件”菜单类似，主要用于执行与该组件相关文档的新建、打开、保存、共享等基本命令，选择菜单最下方的“选项”选项可打开“Word 选项”对话框，在其中可对 Word 进行常规、显示、校对、自定义功能区等多项设置。
- 快速访问工具栏：快速访问工具栏中显示了一些常用的工具按钮，默认按钮有“保存”按钮、“撤销键入”按钮、“重复键入”按钮。用户还可以自定义按钮，只需单击该工具栏右侧的“自定义快速访问工具栏”下拉按钮，在弹出的下拉列表中选择相应选项即可。
- 标题栏：标题栏位于 Word 2016 操作界面的顶端，包括文档名称、“功能区显示选项”按钮（可对选项卡和功能区进行显示和隐藏操作）和右侧的“窗口控制”按钮组（从左至右依次为“最小化”按钮、“向下还原”按钮和“关闭”按钮，可分别最小化、还原窗口原来的大小和关闭窗口）。
- 选项卡：Word 2016 的常用选项卡有 8 个，选择任一选项卡可打开对应的功能区，选择其他选项卡可分别切换到相应的选项卡功能区，每个选项卡中包含了相应的功能集合。
- 智能搜索框：智能搜索框是 Word 2016 新增的一项功能，用户通过该搜索框可以轻松找到相关的操作说明。例如，想知道在文档中插入页码的操作方法，可直接在搜索框中输入关键字“页码”，此时会显示一些关于页码的信息，将鼠标指针定位至“添加页码”选项上，在弹出的子菜单中就可以选择页码的添加位置及设置页码格式等。
- 功能区：功能区位于选项卡的下方，其作用是用于对文档进行快速编辑。功能区中主要集中显示了对应选项卡的功能集合，包括一些常用按钮或下拉列表。例如，在“开始”选项卡中包括了字号下拉列表、“加粗”按钮、“居中”按钮等。
- 文档编辑区：文档编辑区指输入与编辑文本的区域，用户对文本进行的各种操作结果都显示在该区域中。新建一个空白文档后，在文档编辑区的左上角将显示一个不断闪烁的光标，该光标所在位置便是文本的起始输入位置。
- 状态栏：状态栏位于 Word 2016 操作界面的底端，主要用于显示当前文档的工作状态，包括当前页数、字数、输入状态等，右侧依次排列着视图切换按钮，包括“阅读视图”按钮、“页面视图”按钮和“Web 版式视图”按钮，此外还有比例调节滑块。

提示 默认情况下，Word 2016 的快速访问工具栏显示在选项卡的上方，用户可单击“自定义快速访问工具栏”下拉按钮，在弹出的下拉列表中选择“在功能区下方显示”选项，将快速访问工具栏显示在功能区下方。

1.1.2 文本编辑

创建文档或打开一个文档后，用户便可在其中对文档内容进行编辑了，如输入文本，选择、删除、移动与复制文本，以及查找与替换文本等。

1. 输入文本

创建文档后，文档编辑区中会出现一个闪烁的光标，这个光标就是文本插入点，此时用户可切换至中文输入法状态，在文本插入点后输入需要的文本。另外，在文本后单击，或在文档任意空白位置双击，可以定位文本插入点。

2. 选择、删除、复制与移动文本

编辑文档离不开对文本的操作，除定位文本插入点然后输入文本外，在处理文档时，还经常需要对文本进行选择、删除、复制与移动等操作。

（1）选择文本

选择文本主要包括选择任意文本、选择一行文本、选择一段文本、选择整个文档等，具体方法如下。

- 选择任意文本：在需要选择的文本开始位置单击后，按住鼠标左键不放并将其拖曳到需选择文本的结束处，然后释放鼠标左键，选择后的文本将呈灰底黑字显示。
- 选择一行文本：除可以使用选择任意文本的方法拖曳选择一行文本外，还可以将鼠标指针移动到该行左侧的空白位置，当鼠标指针变为↗形状时单击，即可选择整行文本。
- 选择一段文本：除可以使用选择任意文本的方法拖曳选择一段文本外，还可以将鼠标指针移动到该段落左侧的空白位置，当鼠标指针变为↗形状时双击，或在该段文本中的任意位置连续单击 3 次，即可选择该段文本。
- 选择整个文档：将鼠标指针移动到文档左侧的空白位置，当鼠标指针变为↗形状时，连续单击 3 次；或将鼠标指针定位到文本的起始位置，按住 Shift 键不放，单击文本末尾位置；或直接按 Ctrl+A 组合键，即可选择整个文档。

用户选择部分文本后，按住 Ctrl 键不放，可以继续选择不连续的文本区域。用户若要取消选择操作，只需在选择对象以外的任意位置单击即可。

（2）删除文本

如果文档中输入了多余文本，则可删除不需要的文本。删除文本的方法主要有以下两种。

- 选择需要删除的文本，按 Backspace 键或 Delete 键，即可删除选择的文本。
- 定位文本插入点后，按 Backspace 键即可删除文本插入点前面的字符，按 Delete 键即可删除文本插入点后面的字符。

（3）复制文本

复制文本是指在目标位置处为原位置的文本创建一个副本，复制文本后，原位置和目标位置都将存在该文本。复制文本的方法主要有以下 4 种。

- 选择需要复制的文本，在【开始】/【剪贴板】选项组中单击“复制”按钮复制文本，然后将文本插入点定位到目标位置，在【开始】/【剪贴板】选项组中单击“粘贴”按钮粘贴文本。
- 选择需要复制的文本，在其上右击，在弹出的快捷菜单中选择“复制”选项，将文本插入点定位到目标位置后再右击，在弹出的快捷菜单中选择“粘贴”选项粘贴文本。
- 选择需要复制的文本，按 Ctrl+C 组合键复制文本，将文本插入点定位到目标位置后，按 Ctrl+V 组合键粘贴文本。
- 选择需要复制的文本，按住 Ctrl 键不放，将其拖曳到目标位置。

（4）移动文本

移动文本是指将选择的文本移动到另一个位置，原位置将不再保留该文本。移动文本的方法主要有以下 4 种。

- 选择需要移动的文本，在其上右击，在弹出的快捷菜单中选择“剪切”选项，将文本插入点定位到目标位置后再右击，在弹出的快捷菜单中选择“粘贴”选项。
- 选择需要移动的文本，在【开始】/【剪贴板】选项组中单击“剪切”按钮剪切文本，定位文本插入点后，在【开始】/【剪贴板】选项组中单击“粘贴”按钮粘贴文本。
- 选择需要移动的文本，按 Ctrl+X 组合键剪切文本，将文本插入点定位到目标位置后，按 Ctrl+V 组合键粘贴文本。
- 选择需要移动的文本，将鼠标指针移动到选择的文本上，当鼠标指针变成↖形状时，按住鼠标左键不放，将其拖曳到目标位置后释放鼠标左键即可。

3. 查找与替换文本

当文档中出现某个多次使用的文字或短句错误时，用户就可以使用查找与替换功能来检查及修改错误部分，以节省时间并避免遗漏。下面将文档中的“我们”替换为“大学生”，其具体操作如下。

① 打开“大学生实现职业生涯规划必备措施.docx”文档（配套资源：\素材文件\第 1 章\大学生实现职业生涯规划必备措施.docx），将文本插入点定位到文档开始处，在【开始】/【编辑】选项组中单击“替换”按钮，如图 1-2 所示，或按 Ctrl+H 组合键。

② 打开“查找和替换”对话框，分别在“替换”选项卡中的“查找内容”和“替换为”文本框中输入“我们”和“大学生”，然后单击“查找下一处”按钮，文档中所查找到的第一个“我们”文本呈选中状态显示，如图 1-3 所示。

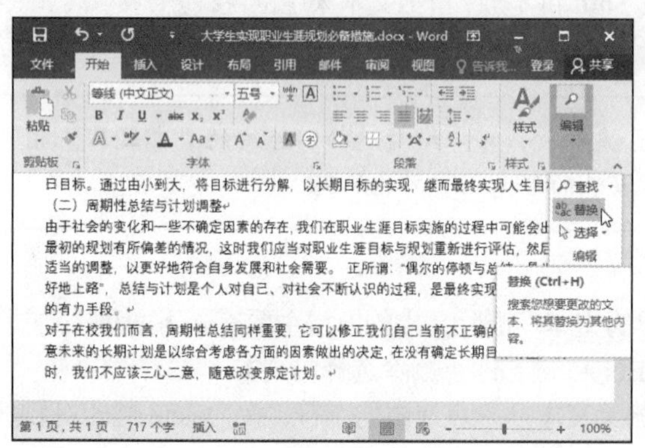

图 1-2 单击“替换”按钮

图 1-3 查看查找结果

③ 继续单击“查找下一处”按钮，直至弹出提示框提示已完成文档的搜索，然后单击“确定”按钮，返回“查找和替换”对话框，再单击“全部替换”按钮。

④ 弹出提示框，提示完成替换的次数，直接单击“确定”按钮完成替换。

⑤ 单击“关闭”按钮，关闭“查找和替换”对话框。此时，在文档中可以看到“我们”文本已全部替换为“大学生”文本（配套资源：\效果文件\第 1 章\大学生实现职业生涯规划必备措施.docx）。

Word 2016 有自动记录功能，在编辑文档时执行了错误操作后，单击快速访问工具栏中的“撤销键入”按钮可进行撤销，同时也可以单击“重复键入”按钮，或按 Ctrl+Y 组合键恢复被撤销的操作。

1.1.3 格式设置

通常在制作文档时，除需要将内容输入文档中外，还需要对文本的格式进行设置，如设置字符格式、设置段落格式、设置边框与底纹、设置项目符号和编号等。

1. 设置字符格式

Word 文档中的文本内容包括汉字、字母、数字、符号等，设置字符格式包括更改文本的字体、字号、颜色等，从而可以使文字效果更突出，使文档更美观。在 Word 2016 中可以使用以下方法设置字符格式。

（1）通过浮动工具栏设置

选择一段文本后，所选文本的右上角将会自动显示一个浮动工具栏。该浮动工具栏最初为半透明状态显示，将鼠标指针指向该工具栏时其会清晰地显示。其中包含常用的字符格式设置选项，如字体、字号、加粗、倾斜及下画线等，单击相应的按钮或在下拉列表中选择相应的选项即可对文本的字符格式进行设置。

（2）通过功能区设置

在 Word 2016 默认功能区的【开始】/【字体】选项组中，用户可以直接设置文本的字符格式，包括字体、字号、颜色、字形、带圈字符等。

（3）通过“字体”对话框设置

单击【开始】/【字体】选项组右下角的对话框启动器或按 Ctrl+D 组合键，打开“字体”对话框，如图 1-4 所示，在其中可以设置字体、字形、字号、字体颜色、下画线等，同时还可以即时预览设置后的效果。

在“字体”对话框中选择“高级”选项卡，可在其中设置字符间距、缩放、位置等，如图 1-5 所示。

图 1-4 “字体”选项卡

图 1-5 “高级”选项卡

2. 设置段落格式

段落是指字符、图形及其他对象的集合。回车符↵是段落的结束标记。设置段落格式，如设置段落对齐方式、缩进、行间距及段间距等，可以使文档的结构更清晰、层次更分明。

（1）设置段落对齐方式

段落对齐方式主要包括左对齐、居中对齐、右对齐、两端对齐、分散对齐等，其设置方法有以下 3 种。

- 选择要设置的段落，单击【开始】/【段落】选项组中相应的对齐按钮，即可设置文档段落的对齐方式。
- 选择要设置的段落，单击浮动工具栏中相应的对齐按钮，即可设置段落的对齐方式。
- 选择要设置的段落，单击【开始】/【段落】选项组右下角的对话框启动器，打开“段落”对话框，在“缩进和间距”选项卡中的“对齐方式”下拉列表中选择对应的选项，即可设置段落的对齐方式。

（2）设置段落缩进

段落缩进包括左缩进、右缩进、首行缩进、悬挂缩进、对称缩进 5 种，一般利用标尺和“段落”

对话框来设置，其方法分别如下。

- 利用标尺设置：选中【视图】/【显示】选项组中的“标尺”复选框，在窗口中显示标尺，然后拖动水平标尺上的各缩进滑块，以直观地调整段落缩进。
- 利用对话框设置：选择要设置的段落，单击【开始】/【段落】选项组右下角的对话框启动器，打开“段落”对话框，在“缩进和间距”选项卡中的“缩进”选项组中进行相关的设置。

（3）设置行和段落间距

合适的行距可使文档一目了然，行距的调整包括设置行间距和段落前后间距，其方法有以下两种。

- 选择要设置的段落，单击【开始】/【段落】选项组中的“行和段落间距”下拉按钮，在弹出的下拉列表中可以选择如“1.5”等行距倍数选项。
- 选择要设置的段落，按前所述步骤打开“段落”对话框，在“缩进和间距”选项卡的“间距”选项组中的“段前”和“段后”数值框中输入数值，在“行距”下拉列表中选择相应的选项，以设置行和段落间距。

3. 设置边框和底纹

在 Word 文档中，用户可以为字符和段落设置边框和底纹。为字符设置边框和底纹只有文字上有效果，对段落设置边框与底纹是对整个段落的矩形区域进行设置。

（1）为字符设置边框与底纹

单击【开始】/【字体】选项组中的“字符边框”按钮，可以为选择的文本设置字符边框；单击“字符底纹”按钮，可以为选择的文本设置字符底纹。

（2）为段落设置边框与底纹

单击【开始】/【段落】选项组中的“底纹”按钮，可以为字符设置底纹；单击“段落”选项组中的“边框”按钮可为字符或段落添加边框。只有打开“边框和底纹”对话框才能选择更多边框线型，并对段落设置段落底纹效果。

4. 设置项目符号和编号

使用项目符号与编号功能，用户可以为文档中属于并列关系的段落添加●、★、◆等项目符号，也可添加“1. 2. 3.”或“A. B. C.”等编号，还可编制多级项目符号列表，使文档层次分明、条理清晰。下面介绍设置项目符号和编号的基本操作方法。

（1）添加项目符号

选择需要添加项目符号的段落，单击【开始】/【段落】选项组中的“项目符号”下拉按钮，在弹出的下拉列表中选择需要的一种项目符号样式。

（2）自定义项目符号

Word 2016 中默认的项目符号样式共 7 种，用户还可以根据需要自定义项目符号。下面将在文档中自定义“心形”项目符号，其具体操作方法如下。

① 打开“国家公务员录用考试.docx”文档（配套资源：\素材文件\第 1 章\国家公务员录用考试.docx），选择需要添加自定义项目符号的段落，单击【开始】/【段落】选项组中的“项目符号”下拉按钮，在弹出的下拉列表中选择“定义新项目符号”选项，如图 1-6 所示。

② 打开“定义新项目符号”对话框，在“项目符号字符”选项组中单击“图片”按钮，打开“插入图片”对话框。该对话框中提供了 3 种不同的图片选择方式，这里选择“从文件”选项，在打开的“插入图片”对话框中选择“心形.png”图片（配套资源：\素材文件\第 1 章\心形.png），然后单击“插入”按钮，如图 1-7 所示。

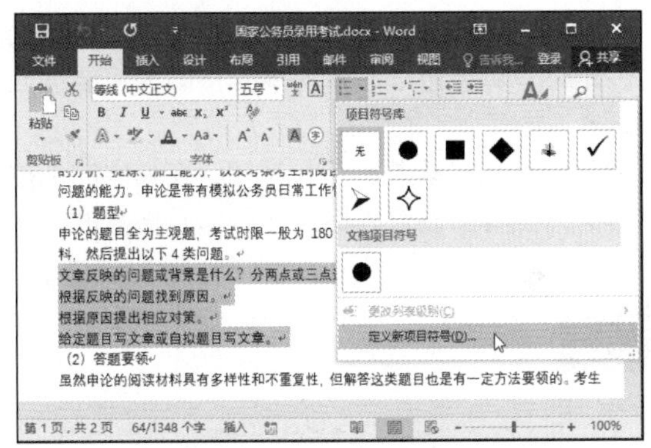

图 1-6　选择“定义新项目符号”选项

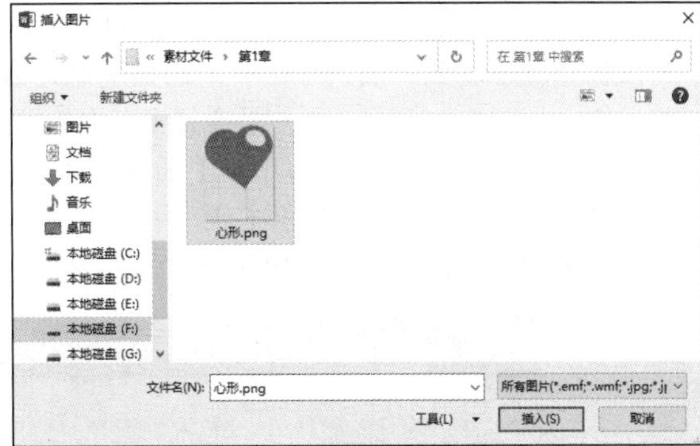

图 1-7　自定义项目符号

③ 返回“定义新项目符号”对话框，在“对齐方式”下拉列表中选择项目符号的对齐方式，此时用户可以在下面的“预览”列表框中预览设置效果，最后单击“确定”按钮，即可查看自定义项目符号后的效果，如图 1-8 所示（配套资源：\效果文件\第 1 章\国家公务员录用考试.docx）。

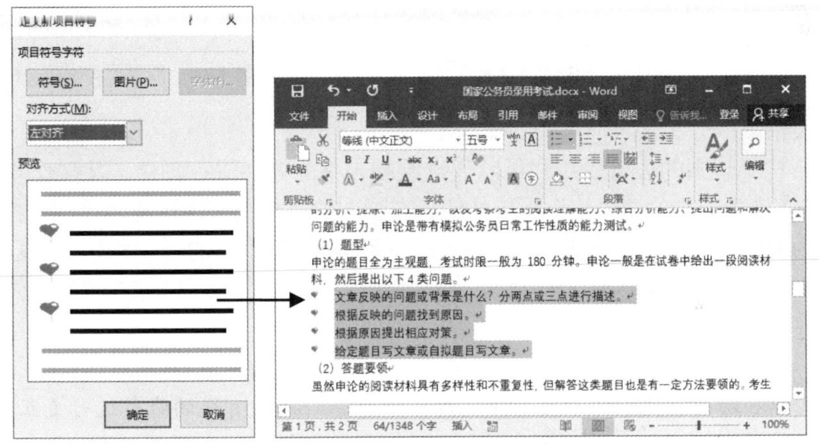

图 1-8　预览设置效果和最终效果

（3）添加编号

在制作办公文档时，对于按一定顺序或层次结构排列的项目，用户可以为其添加编号。其操作方法是：选择要添加编号的文本，单击【开始】/【段落】选项组中的“编号”下拉按钮，在弹出的下拉列表中选择需要的编号样式。另外，用户还可以在“编号”下拉列表中选择“定义新编号格式”选项来自定义编号格式，其操作方法与自定义项目符号操作方法相似。

1.1.4　表格的创建与编辑

表格是文本编辑过程中非常实用的工具之一，它可以将杂乱无章的信息井井有条地展示，从而提高文档内容的可读性。例如，日常办公中使用的个人简历、日程表、工作安排表等简单表格都可以使用 Word 2016 来制作。下面介绍在 Word 2016 中创建和编辑表格的方法。

1. 创建表格

在 Word 文档中将文本插入点定位到需要插入表格的位置后，用户便可以利用多种方法插入所需的表格。

（1）插入表格

根据插入表格的行列数和个人的操作习惯，用户可以选择使用以下两种方法来实现表格的插入。

- 快速插入表格：单击【插入】/【表格】选项组中的“表格”下拉按钮▦，在弹出的下拉列表中将鼠标指针移动到“插入表格”中的某些单元格上，此时呈黄色边框显示的单元格即为将要插入的单元格，如图 1-9 所示，单击即可完成表格的插入操作。
- 通过对话框插入表格：单击【插入】/【表格】选项组中的“表格”下拉按钮，在弹出的下拉列表中选择“插入表格”选项，打开“插入表格”对话框，在其中设置表格尺寸和单元格宽度，然后单击“确定”按钮，如图 1-10 所示。

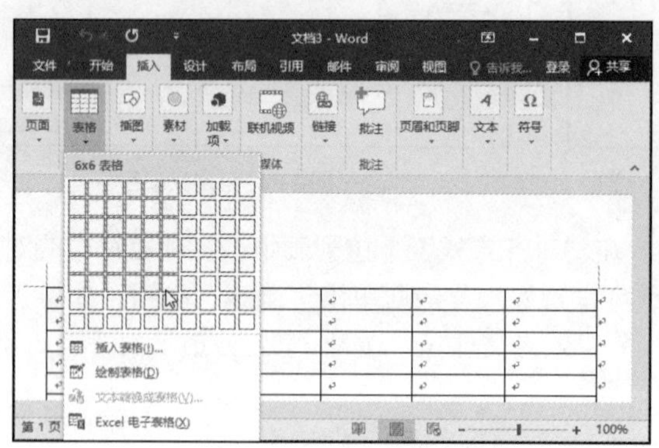

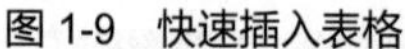
图 1-9　快速插入表格

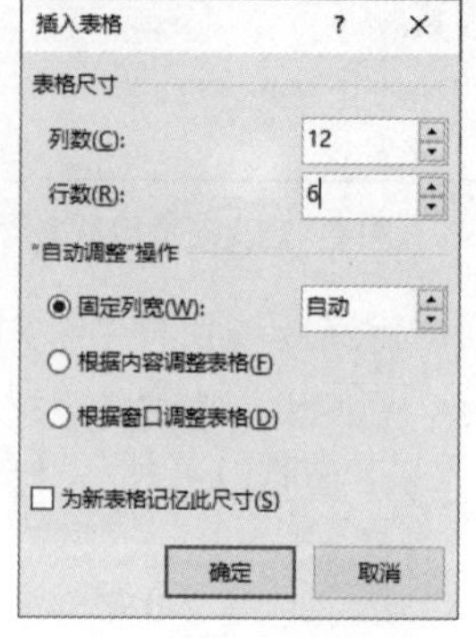

图 1-10　自定义表格列数和行数

（2）绘制表格

对于一些结构不规则的表格，用户可以通过绘制表格的方法进行创建。其操作方法如下：单击【插入】/【表格】选项组中的“表格”下拉按钮，在弹出的下拉列表中选择“绘制表格”选项，此时鼠标指针将变为✎形状，在文档编辑区中通过拖曳鼠标即可绘制表格的行线和列线。表格绘制完成后，按 Esc 键可退出绘制状态。

在 Word 中绘制表格时，功能区会出现“表格工具-布局”选项卡，用户可以执行其中“绘图”选项组中的“橡皮擦”命令，对绘制有误的线条进行更正。

（3）将文字转换为表格

在 Word 文档中，用户可以将一些比较有规律的文本内容快速转换为表格。将文字转换为表格的方法如下：在文档中选择需要转换成表格的文本内容，单击【插入】/【表格】选项组中的“表格”下拉按钮，在弹出的下拉列表中选择“文本转换成表格”选项，打开“将文字转换成表格”对话框。在其中设置表格尺寸、列宽和文字分隔位置，如图 1-11 所示，然后单击“确定”按钮创建表格。

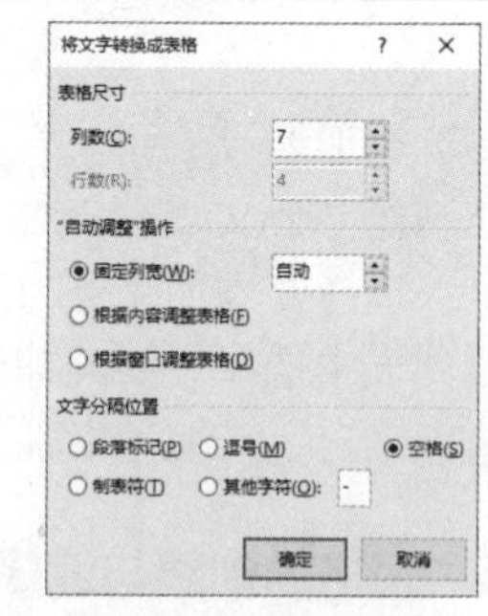

图 1-11　“将文字转换成表格”对话框

在“将文字转换成表格”对话框中，选中“文字分隔位置”选项组中的“段落标记”单选项，只能形成单列表格；选中“逗号”“空格”“制表符”“其他字符”单选项，则可以形成多列表格。

2. 编辑表格

创建表格后，用户可以根据实际需要对其现有的表格结构进行调整，其中涉及表格的选择和布局等操作，下面分别进行介绍。

（1）选择表格

选择表格主要包括选择单个单元格、选择连续的多个单元格、选择不连续的多个单元格、选择行、选择列、选择整个表格等内容，具体选择方法如下。

- 选择单个单元格：将鼠标指针移动到需要选择的单元格左边框偏下的位置，当其变为↗形状时，单击即可选择该单元格。
- 选择连续的多个单元格：在表格中按住鼠标左键拖曳，可以选择拖曳起始位置处和释放鼠标左键位置处之间的所有连续单元格。另外，选择起始单元格，然后将鼠标指针移动到目标单元格左边框偏下的位置，当其变为↗形状时，按住 Shift 键的同时单击，也可以选择这两个单元格及其之间的所有连续单元格。
- 选择不连续的多个单元格：选择起始单元格，按住 Ctrl 键不放，依次选择其他单元格，可以选择不连续的多个单元格。
- 选择行：按选择多个单元格的方法可选择一行或连续的多行单元格。另外，将鼠标指针移至需要选择的行左侧，当其变为↗形状时，单击可选择该行。利用 Shift 键和 Ctrl 键可分别实现选择连续多行和不连续多行的操作，其方法与选择单个单元格的操作方法类似。
- 选择列：按选择多个单元格的方法可选择一列或连续多列的单元格。另外，将鼠标指针移至需要选择的列上方，当其变为⬇形状时，单击可选择该列。利用 Shift 键和 Ctrl 键可分别实现选择连续多列及不连续多列的操作，其方法也与选择单个单元格的操作方法类似。
- 选择整个表格：按选择多个单元格的方法可以选择整个表格。另外，将鼠标指针移至表格区域，此时表格左上角将出现⊞图标，单击该图标也可以选择整个表格。

（2）布局表格

布局表格主要包括插入、删除、合并、拆分等内容。其布局方法如下：选择表格中的单元格、行或列，在“表格工具-布局”选项卡中利用“行和列”选项组与“合并”选项组中的相关按钮进行设置，如图 1-12 所示。其中，各按钮的作用如下。

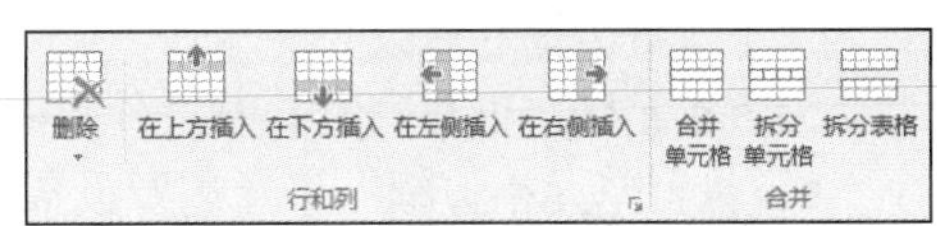

图 1-12　“表格工具-布局”选项卡

- “删除”按钮。单击该按钮，可在弹出的下拉列表中执行删除单元格、行、列或表格的操作。当删除单元格时，将会打开“删除单元格”对话框，要求设置单元格删除后剩余单元格的调整方式，如右侧单元格左移、下方单元格上移等。
- “在上方插入”按钮。单击该按钮，可在所选行的上方插入新行。
- “在下方插入”按钮。单击该按钮，可在所选行的下方插入新行。
- “在左侧插入”按钮。单击该按钮，可在所选列的左侧插入新列。
- “在右侧插入”按钮。单击该按钮，可在所选列的右侧插入新列。
- “合并单元格”按钮。单击该按钮，可将所选的多个连续的单元格合并为一个新的单元格。
- “拆分单元格”按钮。单击该按钮，打开“拆分单元格”对话框，在其中可设置拆分后的列数和行数，单击“确定”按钮后，可将所选单元格按设置的行数和列数进行拆分。
- “拆分表格”按钮。单击该按钮，可在所选单元格处将表格拆分为两个独立的表格。需要注意的是，Word 2016 只允许对表格进行上下拆分，而不能进行左右拆分。

3. 设置表格

对于表格中的文本，用户可以按设置文本和段落格式的方法对其格式进行设置，此外，用户还可以对表格中数据对齐方式、表格的行高和列宽、表格的边框和底纹、表格的对齐和环绕方法等进行设置。

（1）设置单元格对齐方式

单元格对齐方式是指单元格中文本的对齐方式，其设置方法如下：选择需要设置对齐方式的单元格，单击【表格工具-布局】/【对齐方式】选项组中的相应按钮，如图 1-13 所示。选择单元格后，在其上右击，在弹出的快捷菜单中选择“表格属性”选项，打开“表格属性”对话框，在“单元格”选项卡中单击相应的按钮也可以设置单元格的对齐方式。

图 1-13　设置单元格边框

（2）设置行高和列宽

设置表格行高和列宽的常用方法有以下两种。

- 拖曳鼠标指针设置。将鼠标指针移至行线或列线上，当其变为形状或形状时，拖曳鼠标即可调整行高或列宽。
- 精确设置。选择需要调整行高或列宽的行或列，在【表格工具-布局】/【单元格大小】选项组的“高度”数值框和“宽度”数值框中即可设置精确的行高和列宽值。

（3）设置边框和底纹

设置单元格边框和底纹的方法分别如下。

- 设置单元格边框：选择需要设置边框的单元格后，单击【表格工具-设计】/【边框】选项组中的“边框样式”下拉按钮，在弹出的下拉列表中可以选择相应的边框样式，此时鼠标指针将变为形状，然后将鼠标指针移至要设置的单元格边框上并按住鼠标左键不放进行拖曳，释放鼠标左键后即可更改单元格边框的样式，如图 1-14 所示。设置完成后，单击“边框”选项组中的“边框刷”按钮可退出绘制状态。也可以选择边框线条后直接使用边框命令进行设置。

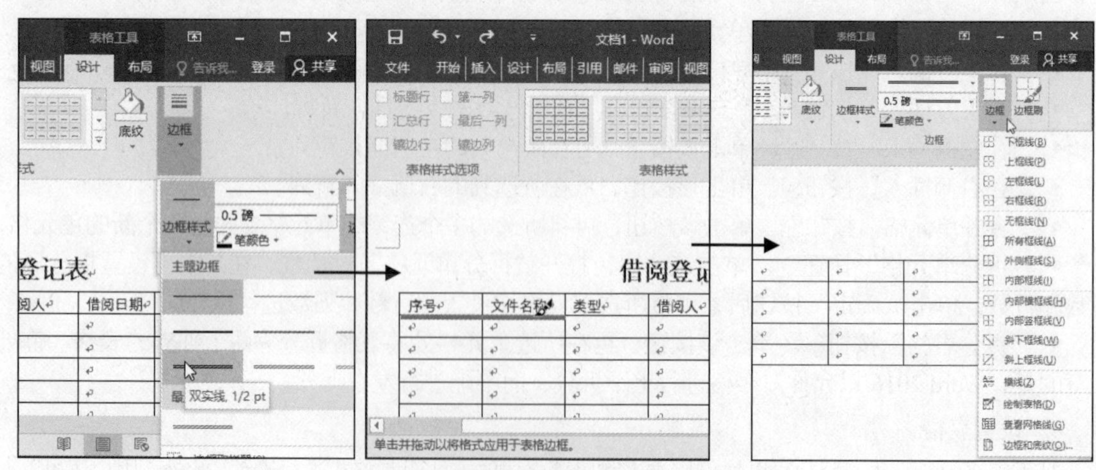

图 1-14　设置单元格边框

- 设置单元格底纹：选择需要设置底纹的单元格，单击【表格工具-设计】/【表格样式】选项组中的“底纹”下拉按钮，在弹出的下拉列表中选择相应的底纹颜色。

如果用户感觉手动设置单元格边框和底纹比较麻烦，则可以应用 Word 2016 预设的表格样式来快速美化表格。应用预设表格样式的方法如下：选择要设置的表格后，在【表格工具-设计】/【表格样式】选项组中选择一种自己满意的样式，即可将选择的样式应用到表格中。

（4）设置对齐和环绕

环绕就是表格被文字包围，如果表格被文字环绕，其对齐方式基于所环绕的文字；如果表格未被文字环绕，其对齐方式则基于页面。通过“表格属性”对话框，用户可设置表格的环绕和对齐。

- 设置对齐：选择表格，单击【表格工具-布局】/【表】选项组中的“属性”按钮，打开“表格属性”对话框，在“表格”选项卡的“对齐方式”选项组中选择需要的对齐方式。
- 设置环绕：选择表格，单击【表格工具-布局】/【表】选项组中的“属性”按钮，打开“表格属性”对话框，在“表格”选项卡的“文字环绕”选项组中选择“环绕”选项，然后在“对齐方式”选项组中选择环绕的对齐方式，如图 1-15 所示。

4. 表格排序与计算

在 Word 2016 中，用户还可以对表格中的数据进行排序和计算，下面对其方法进行介绍。

（1）表格中数据的排序

对表格数据进行排序时，用户既可以对选择的区域进行排序，也可以对整个表格进行排序。其具体方法如下：选择要排序的行，单击【表格工具-布局】/【数据】选项组中的“排序”按钮，打开“排序”对话框，如图 1-16 所示。在“主要关键字”下拉列表中选择排序选项；在“类型”下拉列表中选择排序类型；单击选中“升序”单选项可升序排列，单击选中“降序”单选项可降序排列；若有标题行，则需要选中“有标题行”单选项，最后单击“确定”按钮即可。

图 1-15　设置表格的对齐和环绕方式

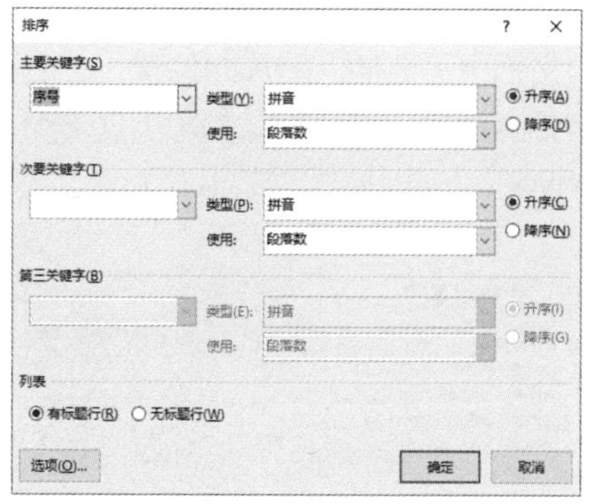

图 1-16　“排序”对话框

（2）表格中数据的计算

表格中经常会涉及数据的计算，使用 Word 制作的表格可以实现数据的简单计算，如求和、求平均值、计数等。下面将计算表格中图书销售的平均值，其具体操作如下。

① 打开“图书销售统计表.docx”文档（配套资源：\素材文件\第 1 章\图书销售统计表.docx），将文本插入点定位到“平均值”右侧的单元格中，单击【表格工具-布局】/【数据】选项组中的“公式”按钮*fx*。

② 打开“公式”对话框，在“公式”文本框中输入公式“=AVERAGE(ABOVE)”，在“编号格式”

下拉列表中选择“￥#,##0.00;(￥#,##0.00)”选项，如图 1-17 所示。

③ 单击“确定”按钮得出计算结果，然后使用相同的方法计算折后价的平均值。计算完成后的效果如图 1-18 所示（配套资源：\效果文件\第 1 章\图书销售统计表.docx）。

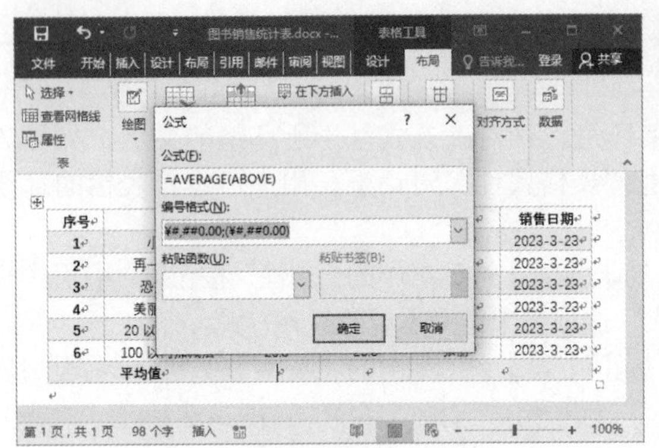

图 1-17　设置公式与编号格式

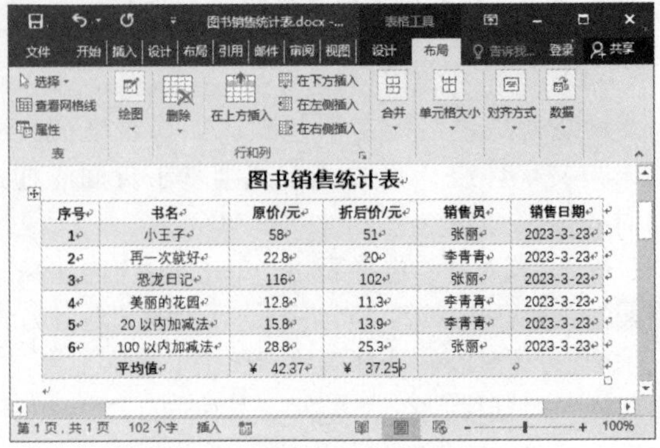

序号	书名	原价/元	折后价/元	销售员	销售日期
1	小王子	58	51	张丽	2023-3-23
2	再一次就好	22.8	20	李青青	2023-3-23
3	恐龙日记	116	102	张丽	2023-3-23
4	美丽的花园	12.8	11.3	李青青	2023-3-23
5	20 以内加减法	15.8	13.9	李青青	2023-3-23
6	100 以内加减法	28.8	25.3	张丽	2023-3-23
	平均值	￥ 42.37	￥ 37.25		

图 1-18　使用公式计算后的结果

1.1.5　文档的图文混排

用户仅通过编辑和格式设置文档，往往不能达到所需要的文档效果，因此，为了使文档更美观，用户还需要在文档中添加和编辑图片、形状、文本框、艺术字和 SmartArt 图形等对象。

1. 插入并编辑图片

用户可以在 Word 文档中插入本机图片或联机图片，以达到图文并茂的效果。

（1）插入图片

- 在 Word 2016 中插入本机图片的方法：将文本插入点定位到文档中需要插入图片的位置，然后在【插入】/【插图】选项组中单击“图片”按钮，打开“插入图片”对话框，在其中选择需要插入的图片，然后单击“插入”按钮，如图 1-19 所示。
- 在 Word 2016 中插入联机图片的方法与插入本机图片的方法类似，其具体操作如下：将文本插入点定位到文档中需要插入图片的位置，然后在【插入】/【插图】选项组中单击“联机图片”按钮，打开“插入图片”对话框，如图 1-20 所示，用户在其中既可以选择插入必应图像，也可以选择插入 OneDrive-个人中的图像。

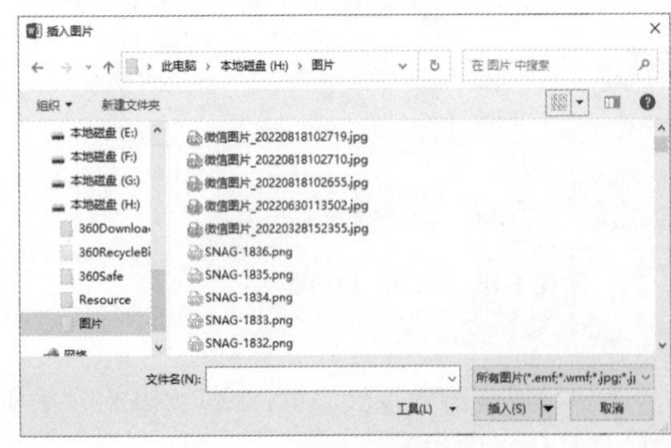

图 1-19　插入本机图片

插入图片
必应图像搜索　搜索必应
OneDrive - 个人　浏览 ›

图 1-20　插入联机图片

（2）调整图片大小、位置和角度

用户将图片插入文档中后，选择图片，此时就可以利用图片上出现的各种控制点实现对图片的基本调整。

- 调整大小：将鼠标指针定位到图片边框上出现的 8 个控制点之一上，当其变为形状时，按住鼠标左键不放并拖曳鼠标，即可调整图片大小。其中，拖曳 4 个角上的控制点可等比例调整图片的高度和宽度，不会使图片变形；拖曳 4 条边中间的控制点可单独调整图片的高度和宽度，但会使图片变形。
- 调整位置：选择图片后，将鼠标指针定位到图片上，然后按住鼠标左键不放并拖曳鼠标到文档中的其他位置，释放鼠标左键后即可调整图片的位置。
- 调整角度：调整角度即旋转图片，选择图片后，将鼠标指针定位到图片上方出现的控制点上，当鼠标指针变为形状时，按住鼠标左键不放并拖曳鼠标即可旋转图片。

（3）裁剪与排列图片

将图片插入文档中后，用户可根据需要对图片进行裁剪和排列，使其能够更好地配合文本表达内容。

- 裁剪图片：在文档中选择要编辑的图片后，单击【图片工具-格式】/【大小】选项组中的“裁剪”按钮，将鼠标指针定位到图片上出现的裁剪边框线上，按住鼠标左键不放并拖曳鼠标，释放鼠标左键后按 Enter 键或单击文档中的其他位置即可退出裁剪状态，如图 1-21 所示。

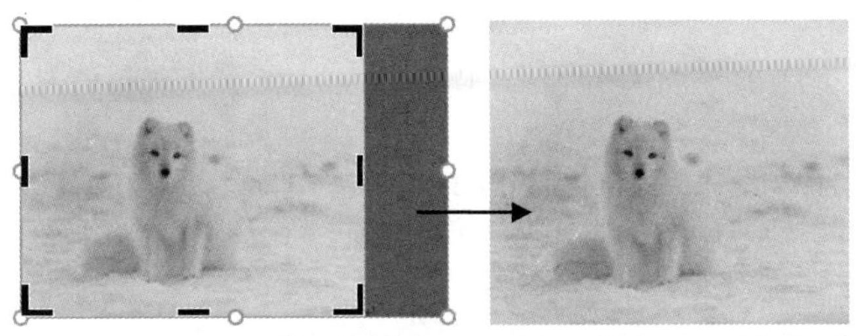

图 1-21　裁剪图片的过程

- 排列图片：排列图片是指设置图片周围文本的环绕方式，其具体操作如下：在文档中选择图片后，单击【图片工具-格式】/【排列】选项组中的“环绕文字”下拉按钮，在弹出的下拉列表中选择需要的图片环绕方式。插入图片默认应用的环绕方式是“嵌入型”。

（4）美化图片

Word 2016 提供了强大的图片美化功能，在文档中选择图片后，在【图片工具-格式】/【调整】选项组和【图片工具-格式】/【图片样式】选项组中可以进行各种美化图片的操作，如图 1-22 所示。其中，部分按钮的作用如下。

图 1-22　裁剪图片的过程

- “删除背景”按钮。单击该按钮后，将激活“背景消除”选项卡，Word 2016 将自动识别背景区域（呈紫红色），用户可以进行识别区域的调整和背景区域的手动标识，确定后，可删除识别的背景区域。
- “更正”按钮。单击该按钮后，在弹出的下拉列表中可选择 Word 2016 预设的各种锐化和柔化，以及亮度和对比度效果。
- “颜色”按钮。单击该按钮后，在弹出的下拉列表中可设置不同的饱和度和色调。
- “艺术效果”按钮。单击该按钮后，在弹出的下拉列表中可选择 Word 2016 预设的各种艺术效果。
- “压缩图片”按钮。单击该按钮后，可以对插入图片进行压缩操作，以减小其尺寸。

- “更改图片”按钮。单击该按钮后，通过插入图片操作，可以删除或替换所选的图片，同时保持图片对象的大小和位置不变。
- “重设图片”按钮。单击该按钮后，可以使所选图片恢复至插入时的状态，即放弃对图片所做的全部格式更改。
- “图片样式”列表框。在该列表框中可快速为图片应用某种已设置好的图片样式，如矩形投影、金属框架等。

2. 插入并编辑形状

形状具有一些独特的性质和特点。Word 2016 提供了大量形状，用户在编辑文档时合理地使用这些形状，不仅能提高工作效率，还能提升文档的质量。同时，用户还可以在所绘形状中添加文字，从而将形状作为一种特殊文本框来使用，以及调整形状层次、组合形状等。下面将介绍形状的相关操作。

（1）插入形状

单击【插入】/【插图】选项组中的“形状”下拉按钮，在弹出的下拉列表中选择一种需要的形状样式，当鼠标指针变成+形状时，可以通过单击或拖曳鼠标的方式来完成形状的插入。

（2）调整形状

选择插入的形状，可按调整图片的方法对其大小、位置、角度进行调整。此外，用户还可以根据需要改变形状或编辑形状顶点。

- 更改形状：选择形状后，单击【绘图工具-格式】/【插入形状】选项组中的“编辑形状”下拉按钮，在弹出的下拉列表中选择“更改形状”选项，在其子菜单中选择需要更改的形状样式，如图 1-23 所示。

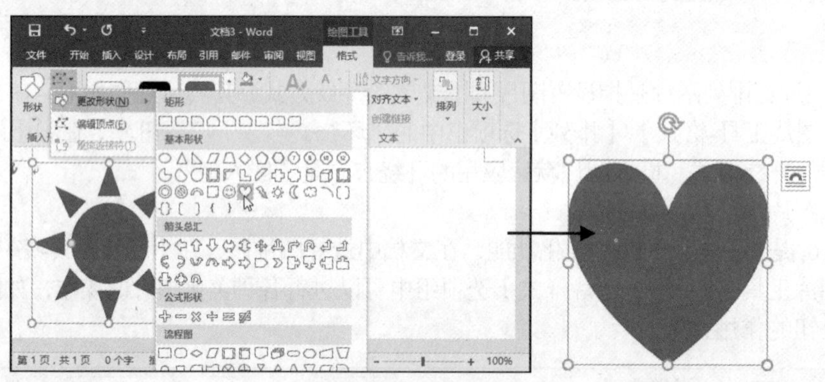

图 1-23　更改形状的过程

- 编辑形状顶点：选择形状后，单击【绘图工具-格式】/【插入形状】组中的“编辑形状”下拉按钮，在弹出的下拉列表中选择“编辑顶点”选项，此时形状边框上将显示多个黑色顶点，选择某个顶点后，拖曳顶点本身可调整顶点的位置；拖曳顶点两侧的白色控制点可调整顶点所连接线段的形状，如图 1-24 所示，按 Esc 键即可退出顶点编辑状态。

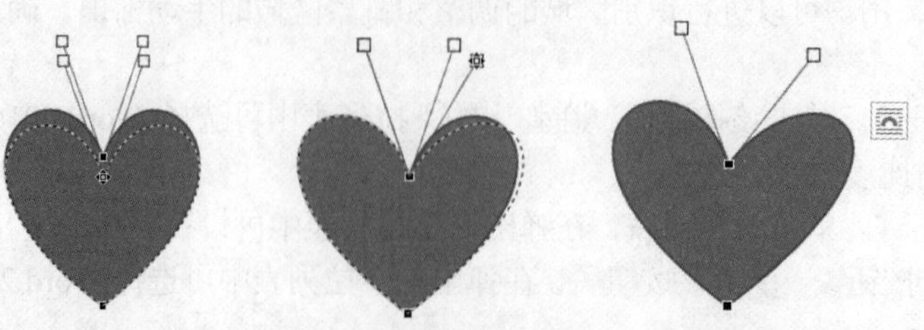

图 1-24　编辑顶点的过程

（3）美化形状

选择形状后，在【绘图工具-格式】/【形状样式】选项组中可以进行各种美化形状的操作，包括在“形状样式”下拉列表中快速为形状应用 Word 2016 预设的样式；单击“形状填充”下拉按钮，在弹出的下拉列表中设置形状的颜色、渐变、纹理和图片等多种填充效果；单击“形状轮廓”下拉按钮，在弹出的下拉列表中设置形状边框的颜色、粗细和边框样式；单击“形状效果”下拉按钮，在弹出的下拉列表中设置形状的各种效果，如阴影效果、发光效果等。

（4）为形状添加文本

除线条和公式形状外，其他类型的形状中都可以添加文本。为形状添加文本的方法：在文档中选择形状后，直接输入需要的内容即可。

（5）调整形状层次

如果 Word 文档中插入的多个形状有重叠部分，或者形状与文本有重叠部分，那么重叠位置就会被遮挡，即在上层的形状或文本会遮挡住下层的形状或文本，此时用户就需要调整形状的显示层次，包括上移一层、下移一层、置于顶层、置于底层等。调整形状层次的方法如下：在文档中选择被遮挡的形状，单击【绘图工具-格式】/【排列】选项组中的“上移一层”下拉按钮，在弹出的下拉列表中选择相应的选项来调整形状的显示位置。反之，若想将形状置于底层显示，则应单击“下移一层”下拉按钮，在弹出的下拉列表中选择相应的选项来调整形状的显示位置。

（6）组合形状

有时为了排版需要，用户需要将插入 Word 文档的多个形状进行组合。在 Word 中组合形状的方法很简单，即在文档中选择多个需要组合的形状后，单击【绘图工具-格式】/【排列】选项组中的“组合”下拉按钮，在弹出的下拉列表中选择“组合”选项。

3. 插入并编辑文本框

文本框中既可以输入文本，又可以插入形状和图片。在 Word 2016 中，既有自带样式的文本框，又有可手动绘制的横排或竖排文本框。在文档中插入文本框的方法如下：单击【插入】/【文本】选项组中的“文本框”下拉按钮，在弹出的下拉列表中选择需要的文本框样式，或选择“绘制文本框”选项、“绘制竖排文本框”选项。

文本框也是形状，与形状相关的操作，如编辑形状、形状填充、形状轮廓、形状效果等对它同样适用。另外，用户还可以通过相关参数灵活设置文本框格式和文本框中的文本。其方法如下：选择要编辑的文本框，单击【绘图工具-格式】/【形状样式】选项组右下角的对话框启动器，打开“设置形状格式”任务窗格，在“形状选项”选项卡中设置文本框格式，在“文本选项”选项卡中设置文本框中的文本格式。

4. 插入并编辑艺术字

利用 Word 2016 的艺术字功能，用户可以轻松制作出带有轮廓、阴影、透视和发光效果的艺术字。下面将介绍插入、编辑和美化艺术字的相关操作。

（1）插入艺术字

插入艺术字的方法很简单，即单击【插入】/【文本】选项组中的“艺术字”下拉按钮，在弹出的下拉列表中选择需要的艺术字样式，此时，文本插入点处将自动添加一个带有默认文本样式的艺术字文本框。

（2）编辑与美化艺术字

由于艺术字相当于预设了文本格式的文本框，所以其编辑与美化操作与文本框完全相同，这里重点介绍更改艺术字形状的方法，此方法对文本框同样适用：选择艺术字，在【绘图工具-格式】/【艺术字样式】选项组中单击“文本效果”下拉按钮，在弹出的下拉列表中选择“转换”选项，在弹出的子菜单中选择某种艺术字转换效果。

5. 插入并编辑 SmartArt 图形

SmartArt 图形具有特定的关系结构，这些结构将对应的形状有机地组合在一起，能够更加准确且清晰地表达文本内容。在 Word 2016 中，SmartArt 图形共有 8 类，分别为列表、流程、循环、层次结构、关系、矩阵、棱锥图及图片，每一类中又包含多种样式，可以满足不同用户的需求。下面将介绍在文档中插入、输入、调整和美化 SmartArt 图形的相关操作。

（1）插入 SmartArt 图形

在 Word 文档中可以利用对话框轻松插入需要的 SmartArt 图形。其方法如下：单击【插入】/【插图】选项组中的“SmartArt”按钮，打开“选择 SmartArt 图形”对话框，在左侧的列表框中选择需要的图形类型，在右侧的列表框中选择需要的 SmartArt 图形样式，如图 1-25 所示，然后单击“确定”按钮，即可在当前文本插入点的位置插入选择的 SmartArt 图形。

（2）输入 SmartArt 图形内容

如果用户需要在整个 SmartArt 图形中输入文本，则可以选择 SmartArt 图形，然后单击【SmartArt 工具-设计】/【创建图形】选项组中的“文本窗格”按钮，打开“在此处键入文字”文本窗格，在其中输入需要的文本内容，如图 1-26 所示。完成文本的输入后，还可以对 SmartArt 图形中的单个形状进行增加和删除，其操作方法如下。

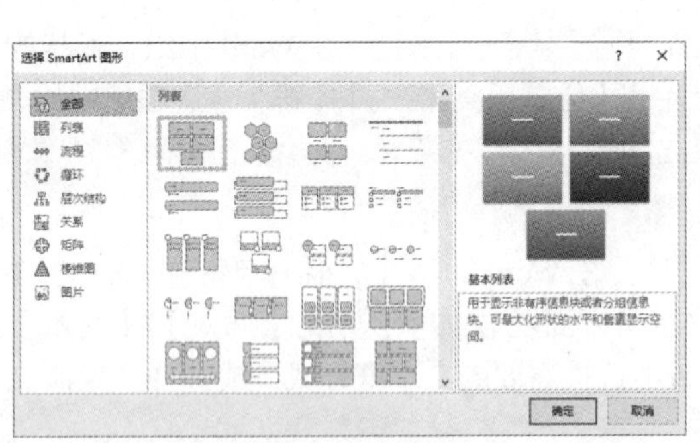

图 1-25 选择 SmartArt 图形

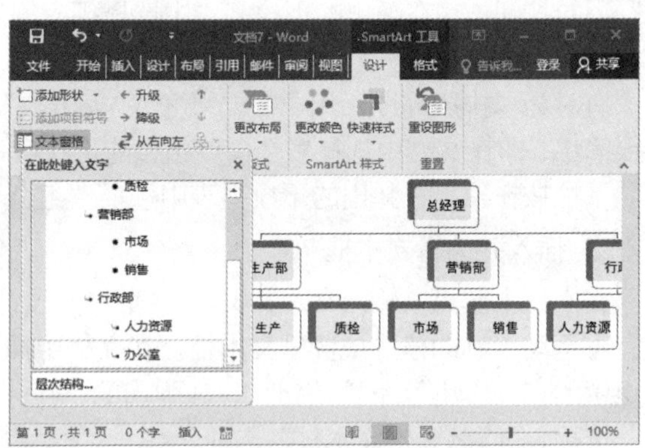

图 1-26 输入 SmartArt 图形内容

- 输入文本。单击形状对应的文本框位置，定位文本插入点后即可输入内容。
- 增加同级形状。将文本插入点定位到 SmartArt 图形的任意一个形状中，单击【SmartArt 工具-设计】/【创建图形】选项组中的“添加形状”下拉按钮，在弹出的下拉列表中选择“在后面添加形状”或“在前面添加形状”选项，即可增加同级形状。
- 增加上级形状。将文本插入点定位到 SmartArt 图形的任意一个形状中，单击【SmartArt 工具-设计】/【创建图形】选项组中的“添加形状”下拉按钮，在弹出的下拉列表中选择“在上方添加形状”选项，即可增加上级形状。
- 增加下级形状。将文本插入点定位到 SmartArt 图形的任意一个形状中，单击【SmartArt 工具-设计】/【创建图形】选项组中的“添加形状”下拉按钮，在弹出的下拉列表中选择“在下方添加形状”选项，即可增加下级形状。
- 删除文本或形状。按 Delete 键或 Backspace 键即可删除当前文本插入点所在形状中的文本；若要删除 SmartArt 图形中的某一个形状，则首先要选择该形状，然后按 Delete 键进行删除。

在“在此处键入文字”文本窗格中，按 Delete 键或 Backspace 键即可删除当前文本插入点所在形状中的文本，同时删除对应的形状。

（3）美化 SmartArt 图形

SmartArt 图形相对于普通的图片、形状而言要复杂一些，因此其美化操作也更多，下面重点介绍常见的美化 SmartArt 图形的方法。

- 美化 SmartArt 图形布局：美化 SmartArt 图形布局包括设置悬挂方式和更改 SmartArt 图形类型两种操作。选择 SmartArt 图形，在【SmartArt 工具-设计】/【版式】选项组的“更改布局”下拉列表中可以选择其他样式的 SmartArt 图形；若在该下拉列表中选择“其他布局”选项，则可在打开的“选择 SmartArt 图形”对话框中选择更多的 SmartArt 图形。
- 美化 SmartArt 图形样式：SmartArt 图形样式主要包括主题颜色和主题形状样式两种，用户可在【SmartArt 工具-设计】/【SmartArt 样式】选项组中进行相应的设置。其中，单击“更改颜色”下拉按钮，可在弹出的下拉列表中选择 Word 预设的某种主题颜色；在“快速样式”下拉列表中可以选择 Word 预设的某种主题形状样式，包括建议的匹配样式和三维样式等。
- 美化单个形状：SmartArt 图形中的单个形状相当于前面讲解的形状，因此其设置方法与形状的设置方法相同。选择某个形状后，可在【SmartArt 工具-格式】/【形状】选项组和【SmartArt 工具-格式】/【形状样式】选项组中进行相应的设置。

1.1.6　文档排版与修订

制作专业的文档除要进行一些常规设置外，用户还需要特别重视文档的结构及排版方式，如为文档应用样式、设置多级列表、设置题注和交叉引用、添加脚注和尾注、插入分页符与分节符、插入封面和目录等，使文档的编辑排版、阅读和管理变得更加简单、轻松。同时用户还可以将文档发送给其他人，通过他人提出的修改意见完善自己的文档，最后将文档共享，分享给其他人。

1. 使用样式

样式是指一组已经命名好的字符和段落格式，它设定了文档中标题、正文等各文本元素的格式。用户可以将一种样式应用于某个段落或段落中的某个字符上。下面介绍应用样式、修改样式、新建个性样式的方法。

（1）应用样式

将文本插入点定位到需要设置样式的段落中或选择需要设置样式的字符，单击【开始】/【样式】选项组中“样式”列表框右侧的“其他”按钮，在弹出的下拉列表中选择需要应用的样式即可。应用样式将会对所选对象应用样式中已设置好的格式。

（2）修改样式

单击【开始】/【样式】选项组中“样式”列表框右侧的“其他”按钮，在弹出的下拉列表中将鼠标指针移至需要进行修改的样式上，右击，在弹出的快捷菜单中选择“修改”选项，打开“修改样式”对话框，如图 1-27 所示，在其中重新设置样式的名称和格式即可。

图 1-27　修改样式

（3）新建个性样式

为文本或段落设置所需格式后，单击【开始】/【样式】选项组中“样式”列表框右侧的“其他”按钮，在弹出的下拉列表中选择“创建样式”选项，打开“根据格式化创建新样式”对话框。在“名称”文本框中输入样式名称后，单击“修改”按钮，打开“根据格式化创建新样式”对话框，在其中设置该样式的字体、段落、边框、编号等内容。

2. 设置多级列表

多级列表主要用于规章制度等需要各种级别编号的文档。设置多级列表的方法如下：选择需要设置多级列表的段落，单击【开始】/【段落】选项组中的“多级列表”下拉按钮，在弹出的下拉列表中选择一种需要的编号样式，或选择“定义新的多级列表”选项，打开“定义新多级列表”对话框，在其中设置编号格式和编号的位置。

为段落设置多级列表后，默认各段落标题级别是相同的，若不能体现出需要的级别效果，则用户可以依次在下一级标题编号后面按 Tab 键，对当前内容进行降级操作。

3. 题注和交叉引用

题注是对象下方显示的一行文字，用于描述对象，题注一般包括图注和表注，图注一般放在图片的正下方，表注一般放置在表格的正上方；而交叉引用则是对文档中其他位置的内容的引用，如引用文档中的书签、标题、编号、脚注等内容。

- 插入题注：将文本插入点定位到需要添加图注的对象下方，单击【引用】/【题注】选项组中的“插入题注”按钮，打开“题注”对话框，如图 1-28 所示，在其中设置题注的形式、标签名、编号等内容。需要注意的是，“标签”下拉列表中默认没有“图”标签，因此需要用户通过单击“新建标签”按钮来进行手动创建。
- 交叉引用：将文本插入点定位到需要添加交叉引用的字符或段落后面，单击【引用】/【题注】选项组中的“交叉引用”按钮，打开“交叉引用”对话框，如图 1-29 所示，在其中设置引用类型、引用内容和引用哪一个标题。

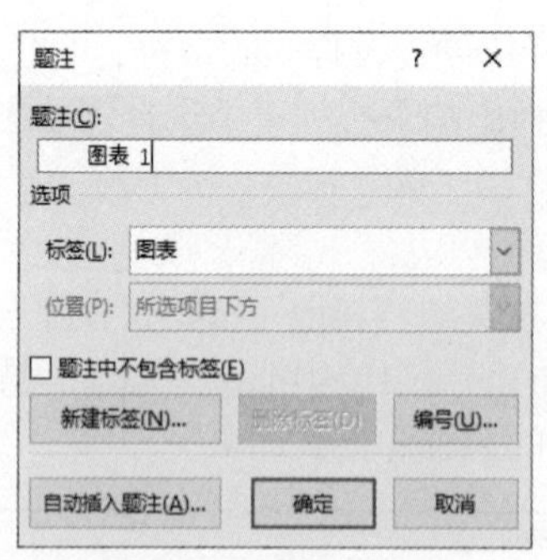

图 1-28 “题注”对话框

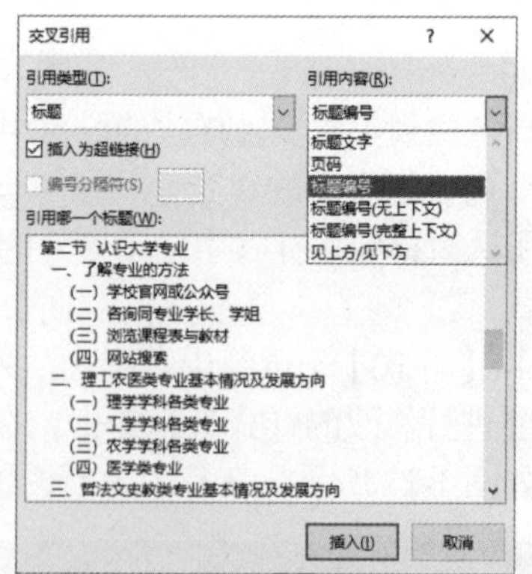

图 1-29 “交叉引用”对话框

4. 使用脚注和尾注

脚注和尾注是对文本的补充说明。脚注一般位于页面的底部，作为对文档某处内容的注释；而尾注则一般位于文档的末尾，列出引文的出处等。在一个文档中，用户可以同时使用脚注和尾注两种形式来注释文本。

- 插入脚注：将文本插入点定位到需要插入脚注的位置，单击【引用】/【脚注】选项组中的“插入脚注”按钮，系统将自动在该页底部添加脚注标记，然后根据需要输入注释内容。
- 插入尾注：将文本插入点定位到需要插入尾注的位置，单击【引用】/【脚注】选项组中的“插入尾注”按钮，系统将自动在文档末尾添加尾注标记，然后根据需要输入注释内容。

脚注和尾注之间可以互相转换，以将脚注转换为尾注为例，在脚注区域中，选择需要转换为尾注的部分，右击，在弹出的快捷菜单中选择“转换至尾注”选项，即可将脚注转换为尾注。

5. 设置文档分页和分节

在另起一页并输入新内容时，很多人都习惯通过按 Enter 键来添加多个空行，实现另起一页的效果，但这样做会在修改文档时产生大量重复的工作，导致工作效率降低。因此，用户可以使用 Word 2016 提供的分页和分节功能有效地划分文档内容，从而使文档的排版工作变得更加简洁、高效。

（1）分页

分页符为分页的一种符号，存在于上一页结束及下一页开始的位置。单击【布局】/【页面设置】选项组中的“分隔符”下拉按钮，在弹出的下拉列表中为用户提供了分页符、分栏符、自动换行符等多种分页符。手动插入分页符后，新一页的格式将与上一页的格式保持一致。

（2）分节

分节符是指在节的结尾处插入的标记。分节符包含节的格式设置元素，如页边距、页面方向、页眉、页脚及页码的顺序。单击【布局】/【页面设置】选项组中的“分隔符”下拉按钮，在弹出的下拉列表中为用户提供了下一页、连续、偶数页、奇数页等多种分节符。手动插入分节符后，Word 2016 将新建一个可以独立设置格式的节。

- “下一页”：分节符后的文本从新的一页开始，既分节又分页。
- “连续”：新一节与前面一节处于同一页中，分节不分页。
- “偶数页”：分节符后面的内容转入下一个偶数页。
- “奇数页”：分节符后面的内容转入下一个奇数页。

在文档中插入分节符后，不仅可以将文档内容划分到不同的页面，还可以分别针对不同的节进行页面设置。

6. 插入封面和目录

在制作长文档时，一般会为其添封面和目录。其中，封面是对订联成册后的书芯在其外面包上外衣的称呼，一般会标注书名、出版者和作者等信息；而目录则是文档中标题的列表，是书籍和长文档中不可缺少的一部分，目录会列出文档的各级标题及每个标题所在的页码，用户通过目录就可以很容易地查找文档中的内容。下面介绍插入封面和目录的方法。

- 插入封面：单击【插入】/【页面】选项组中的“封面”下拉按钮，在弹出的下拉列表中选择一种 Word 2016 预设的封面样式，系统将自动在当前文档的首页插入所选封面，然后根据提示修改封面中文本框中的内容即可。
- 插入目录：单击【引用】/【目录】组中的“目录”下拉按钮，在弹出的下拉列表中选择一种 Word 2016 预设的目录样式，或选择“自定义目录”选项，打开“目录”对话框，在其中设置是否显示页面、是否页码右对齐、制表符前导符、格式、显示级别、是否使用超链接而不使用页码等内容。

如果用户在修改文档时，因为添加或删除了一些文字或图片而导致章节页码发生了变化，则可以将文本插入点定位到目录中的任意位置，右击，在弹出的快捷菜单中选择“更新域”选项，或者单击【引用】/【目录】选项组中的“更新目录”按钮，实现更新目录的操作。

7. 文档修订与共享

文档制作完成后，有时还会涉及文档修订与共享的操作。其中，修订是指对文档所做的修改订正；共享是指多人在线同时编辑同一个文档，以提高工作效率。下面介绍修订与共享文档的方法。

- 修订文档：单击【审阅】/【更改】选项组中的“下一条”按钮，定位到修订的位置，然后根据注释内容进行修改。

- 共享文档：登录 Microsoft Office 账号，将文档另存到 OneDrive 中，然后选择【文件】/【共享】选项，打开“共享”界面，在其中选择“与人共享”选项，再单击“与人共享”按钮，打开“共享”任务窗格，在“邀请人员”文本框中输入对应人员的电子邮件地址（多个地址之间使用“;”分隔），在可编辑下方的文本框中输入邀请信息，完成后单击“共享”按钮。

提示 文档的修订改正通常以批注的形式显示在文档右侧，其方法为，选择有疑问的文本，单击【审阅】/【批注】选项组中的“新建批注”按钮，该文本右侧将会出现一个批注框，此时用户可以在该批注框中提出自己的疑问或修改意见。

1.1.7 页面格式设置

页面格式设置通常是对整个文档进行的设置，包括常规页面格式、分栏、页眉页脚、水印页码和边框页码等。

1. 设置常规页面格式

常规页面格式包括纸张大小、纸张方向、页边距等。默认的 Word 2016 纸张大小为 A4（21 厘米×29.7 厘米），纸张方向为纵向，页边距为普通，单击【布局】/【页面设置】选项组中的相应按钮即可进行修改，其相关介绍如下。

- 单击“纸张大小”下拉按钮，在弹出的下拉列表中选择一种需要的纸张大小选项，或选择“其他纸张大小”选项，打开“页面设置”对话框。在“纸张”选项卡中的“纸张大小”选项组中设置纸张的宽度值和高度值，如图 1-30 所示。
- 单击“纸张方向”下拉按钮，在弹出的下拉列表中选择“横向”选项，可以将页面设置为横向。
- 单击“页边距”下拉按钮，在弹出的下拉列表中选择一种需要的页边距选项，或选择“自定义页边距”选项，打开“页面设置”对话框。在“页边距”选项卡中的“页边距”选项组中设置上、下、左、右页边距的值，如图 1-31 所示。

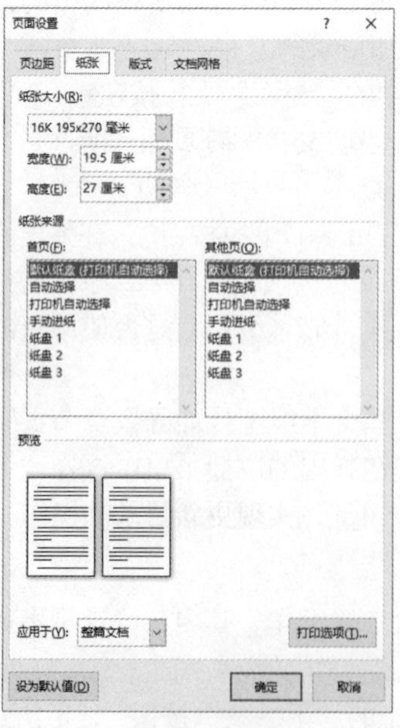

图 1-30　自定义纸张大小

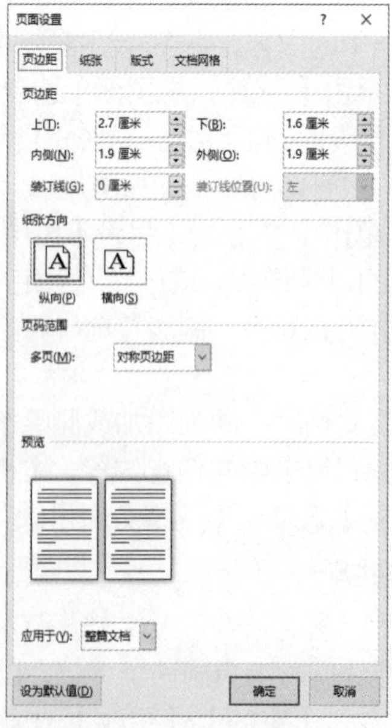

图 1-31　自定义页边距

在“页面设置”对话框中，在“纸张”选项卡中可以设置纸张大小、自定义纸张高度和宽度；在“页边距”选项卡中可以精确设置页面上、下、左、右页边距的值；在“布局”选项卡中可以进行页面格式规则的设置；在“文档网格”选项卡中可以为整个文档设置栏数，以及指定字符网格和行网格。

2. 分栏

在 Word 2016 中，用户可以将文档设置为多栏显示。其方法如下：在文档中选择需要分栏的文本，单击【布局】/【页面设置】选项组中的“分栏”下拉按钮，在弹出的下拉列表中选择需要的分栏数目，或选择“更多分栏”选项，打开“分栏”对话框，在其中设置栏数、栏与栏之间的宽度与间距等内容。用户在进行分栏时，栏数不宜设置得过多，否则就失去了分栏的意义。

另外，如果用户想将整段内容平均地分布在页面两侧，那么在选择整段文本时，就不能选择最后一个段落标记；若是选择了最后一个段落标记，那么在进行分栏操作时，就会出现右侧栏内容太少或者没有内容的情况。

3. 设置页眉、页脚和页码

页眉实际上可以位于文档中的任何区域，但根据浏览习惯，页眉一般指文档中每个页面顶部区域的内容，常用于补充说明公司标识、文档标题、文件名、作者姓名等。

（1）创建页眉

在 Word 2016 中创建页眉的方法如下：单击【插入】/【页眉和页脚】选项组中的“页眉”下拉按钮，在弹出的下拉列表中选择 Word 2016 预设的页眉样式，然后在出现的页眉区域中输入所需内容。

（2）编辑页眉

若用户需要自行设置页眉的内容和格式，则可单击【插入】/【页眉和页脚】选项组中的“页眉”下拉按钮，在弹出的下拉列表中选择“编辑页眉”选项，进入页眉编辑状态。此时，用户可利用功能区中的“页眉和页脚工具-设计”选项卡中的相关选项对页眉内容进行编辑，如图 1-32 所示。其中，部分选项的作用如下。

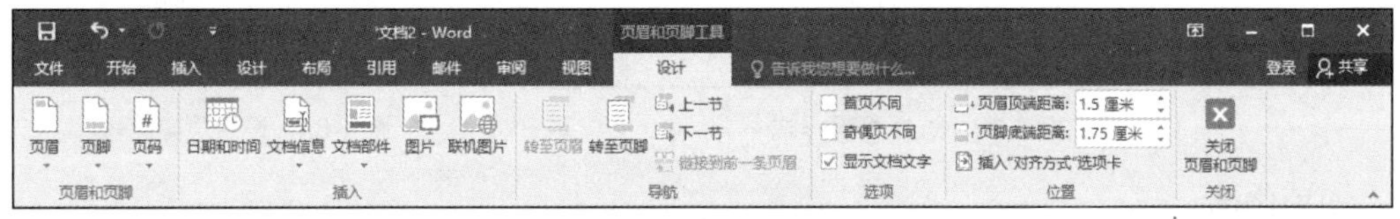

图 1-32　“页眉和页脚工具-设计”选项卡

- “日期和时间”按钮。单击该按钮，可在打开的“日期和时间”对话框中设置插入日期和时间的显示格式。
- “文档部件”按钮。单击该下拉按钮，可在弹出的下拉列表中选择插入与本文档相关的信息，如标题、单位、发布日期等。
- “图片”按钮。单击该按钮，可在打开的“插入图片”对话框中选择页眉中使用的图片。
- “首页不同”复选框。选中该复选框，可单独对文档的第一页设置页眉页脚。
- “奇偶页不同”复选框。选中该复选框，可分别设置奇数页的页眉页脚和偶数页的页眉页脚。
- 设置页眉线。页眉线是指对页眉区添加的段落下框线。页眉线的设置方法如下：进入页眉和页脚的编辑区域，选择整个页眉区段落，进行段落边框的设置。取消页眉线时，可设置边框为“无”；如果需要显示某线条，则可打开“边框和底纹”对话框，在其中进行段落框线的设置，注意应用对象为“段落”。

（3）创建与编辑页脚

页脚一般位于文档中每个页面的底部区域，也用于显示文档的附加信息，如日期、公司标识、文件名、作者名等，但页脚常用于显示页码。创建页脚的方法如下：单击【插入】/【页眉和页脚】选项组中的“页脚”下拉按钮，在弹出的下拉列表中选择某种预设的页脚样式选项，然后在出现的页脚区域中输入所需内容，其操作与创建页眉相似。

（4）插入页码

页码用于显示文档中页面的数目。下面将在“档案管理制度”文档中插入“普通数字 2”样式的页码，其具体操作如下。

① 打开“档案管理制度.docx”文档（配套资源：\素材文件\第 1 章\档案管理制度.docx），单击【插入】/【页眉和页脚】选项组中的“页码”下拉按钮，在弹出的下拉列表中选择【页面底端】/【普通数字 2】选项，如图 1-33 所示。

② 选中【页眉和页脚工具-设计】/【选项】选项组中的“首页不同”复选框，再单击【页眉和页脚工具-设计】/【页眉和页脚】选项组中的“页码”下拉按钮，在弹出的下拉列表中选择“设置页码格式”选项。

③ 打开“页码格式”对话框，在“页码编号”选项组中选中“起始页码”单选项，在其右侧的数值框中输入数值“1”，其他设置保持默认，如图 1-34 所示，然后单击“确定”按钮（配套资源：\效果文件\第 1 章\档案管理制度.docx）。

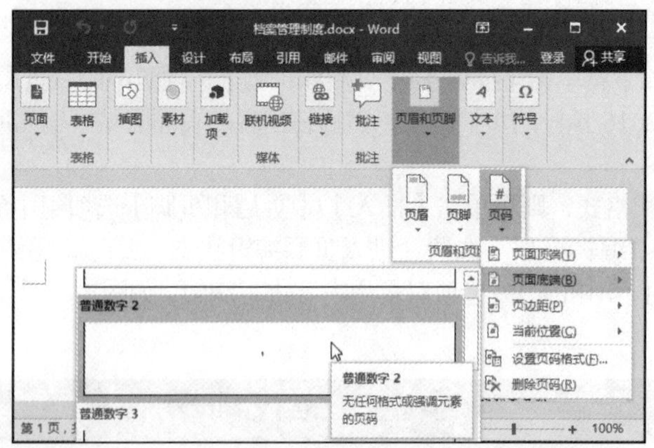

图 1-33　选择页码样式

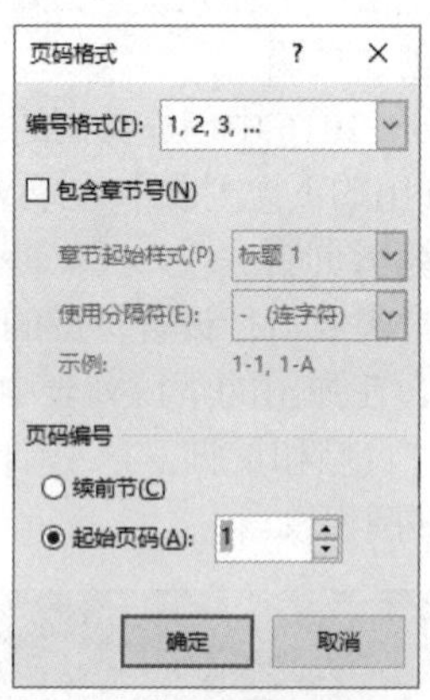

图 1-34　设置页码编号

4. 页面修饰

为了使制作的文档更加美观，用户还可以为文档设置页面颜色和边框，以及添加水印等。

（1）设置页面颜色

在新建的 Word 文档中，默认页面颜色是白色，因此用户可以为文档设置不同的页面颜色。设置页面颜色的方法如下：单击【设计】/【页面背景】选项组中的“页面颜色”下拉按钮，在弹出的下拉列表中选择需要的页面背景颜色即可。

用户除可以为页面添加纯色背景外，还可以在“页面颜色”下拉列表中选择“填充效果”选项，打开“填充效果”对话框，在其中为页面添加渐变、纹理、图案、图片等不同类型的填充效果，如图 1-35 所示。

（2）设置页面边框

页面边框是围绕在页面四周的边框，用户可以为文档设置普通的线型页面边框或各种图标样式的艺术型页面边框，从而使文档更富有表现力。设置页面边框的方法如下：单击【设计】/【页面背景】选项组中的“页面边框”下拉按钮，打开“边框和底纹”对话框，在“页面边框”选项卡中设置边框类型、边框样式、边框颜色、边框艺术样式等内容，如图 1-36 所示，然后单击“确定”按钮应用设置。

（3）设置页面水印

Word 2016 中的水印功能不仅能传达出有用的信息或为文档增添视觉趣味，而且不影响正文的阅读。例如，制作办公文档时，为表明文档的所有权和出处，用户可以为该文档添加水印背景。添加水印的方法如下：单击【设计】/【页面背景】选项组中的“水印”下拉按钮，在弹出的下拉列表中选择需要的水印效果，也可以在该下拉列表中选择“自定义水印”选项，打开“水印”对话框，在其中选中“图片水印”单选项或“文字水印”单选项，自定义水印效果，如图 1-37 所示。

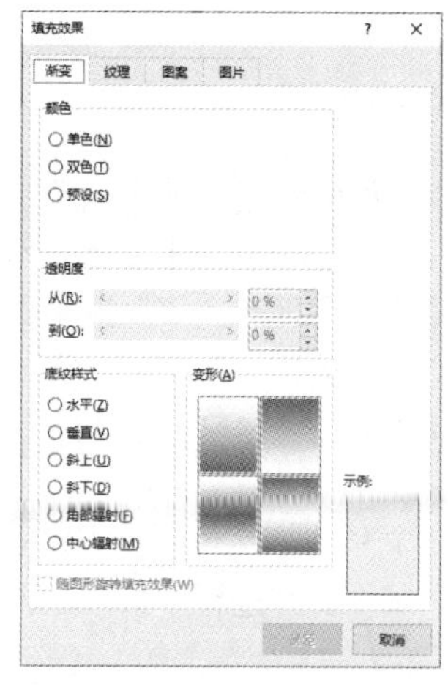

图 1-35　“填充效果”对话框

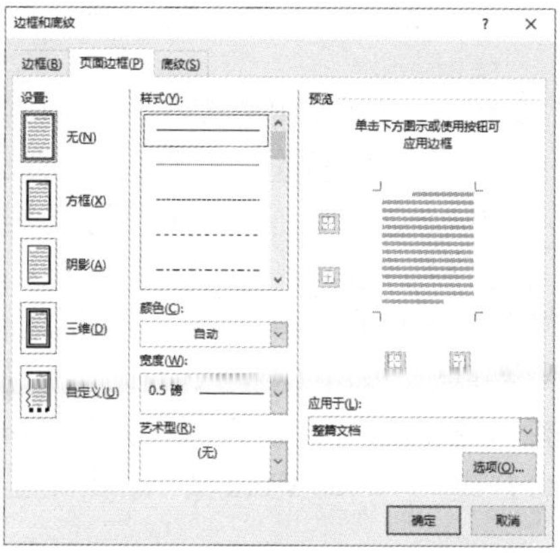

图 1-36　“边框和底纹”对话框

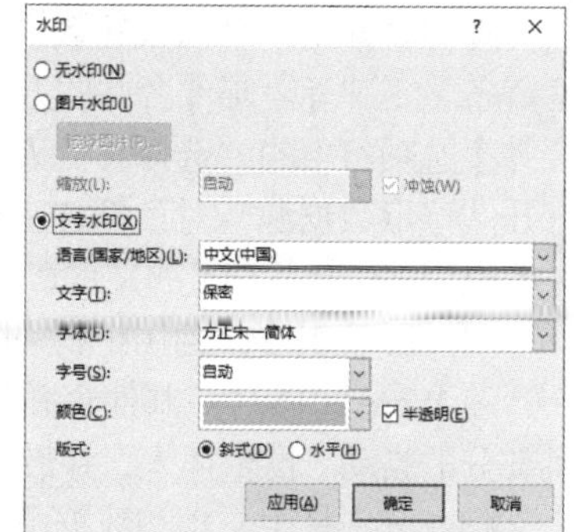

图 1-37　“水印”对话框

5. 打印预览与打印

用户在打印文档前，应对文档内容进行预览，通过预览效果来对文档中不妥的地方进行调整，直到预览效果符合要求后，再按需要设置打印份数、打印范围等参数，最后执行打印操作。

（1）打印预览

打印预览是指在计算机显示器中预先查看打印的效果，避免打印出不符合需求的文档。预览文档的方法如下：选择【文件】/【打印】选项，打开“打印”界面，界面右侧将会显示文档的打印效果，如图 1-38 所示。预览时可以选择预览的页数和调整显示的比例。

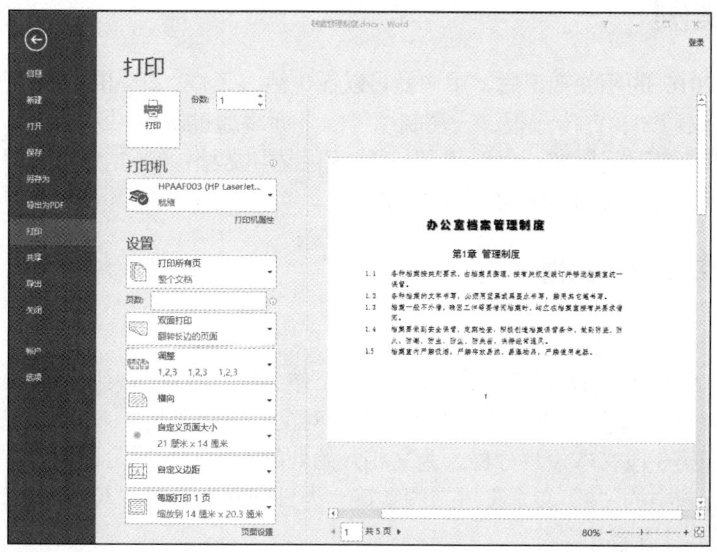

图 1-38　设置打印参数

（2）打印文档

文档预览无误后，即可进行打印设置并打印文档。打印文档的方法如下：将打印机正确连接到计算机上，然后打开需要打印的文档，选择【文件】/【打印】选项，打开“打印”界面，在“份数”编辑框中设置打印份数，在“设置”选项组中设置打印方向、纸张大小、单面或双面打印、打印顺序及打印页数等参数。如果想设置更加详细的打印参数，则需要单击界面右下角的“页面设置”链接，在打开的“页面设置”对话框中进行相应的设置。完成设置后，单击“打印”按钮打印文档。

1.1.8 邮件合并

邮件合并是一个强大的数据管理功能，适用于需要大量处理统一格式文档的场景，如邀请函、工资条、工牌等。邮件合并的方法如下：打开需要进行邮件合并的文档，单击【邮件】/【开始邮件合并】选项组中的“选择收件人”下拉按钮，在弹出的下拉列表中选择“使用现有列表”选项，打开“选取数据源”对话框，在其中选择数据源所在的文件后，单击“打开”按钮。在文档中选择需要应用邮件合并功能的文本，或将文本插入点定位到需要应用邮件合并功能的位置，单击【邮件】/【编写和插入域】选项组中的“插入合并域”按钮，插入合并域，然后预览并生成新文档。

在 Word 2016 中，邮件合并的操作逻辑是，将数据记录链接到 Word 主文档的指定位置，实现变量部分的自动、批量插入，并最终合并成一个新的 Word 文档。由此可见，邮件合并过程中会涉及两个文档，分别是主文档和数据源。

- 主文档：主文档是指所有文件共有的内容，即统一样式的文档，如未填写的信封。
- 数据源：数据源通常是指记录变量信息变化的表格，一般为.xlsx 格式。

另外，用户在使用 Word 提供的邮件合并功能之前，需要先了解邮件合并功能需要具备的基本条件：第一，用户需要制作的文档数量较大；第二，文档的主要内容基本是相同的，只是有些具体数据有变化而已，如信封上的寄信人地址和邮政编码、信函中的内容等都是固定不变的，而收信人的信息（地址、邮编、姓名等）则各有不同。此时，用户就可以灵活运用 Word 2016 的邮件合并功能，以此来实现批量制作文档的目的。

1.2 应用案例

学习了 Word 2016 的相关知识后，用户就可以在生活、工作、学习中应用所学技能，制作各种类型的文档，如会议通知、宣传海报、公司制度等。下面将通过制作“公司新闻”文档、制作“个人简历”文档、制作“广告计划”文档、制作“毕业论文”文档、制作“邀请函”文档 5 个案例来巩固所学知识，熟练掌握 Word 2016 的相关操作技巧。

1.2.1 制作“公司新闻”文档

1. 任务目标

云帆公司于 2023 年 3 月 16 日举行了 2022 年度工作会议，会议结束后，会议记录人员将相关内容整理成了“公司新闻”文档，现需要按照下列要求对文档进行美化。

① 为第 2 段和第 3 段文本设置分栏，为文档开始处的文本“2023”设置首字下沉。

② 为第 2 行标题中的“5”文本设置带圈字符，为日期文本设置“双行合一”，为第 2 行标题中的“云帆公司”文本设置合并字符。

③ 为第 1 行标题插入特殊符号，并为文档页面设置边框和背景。

④ 根据批注内容修订文档。

⑤ 将制作完成的文档共享给他人。

制作完成的“公司新闻”文档参考效果如图 1-39 所示。

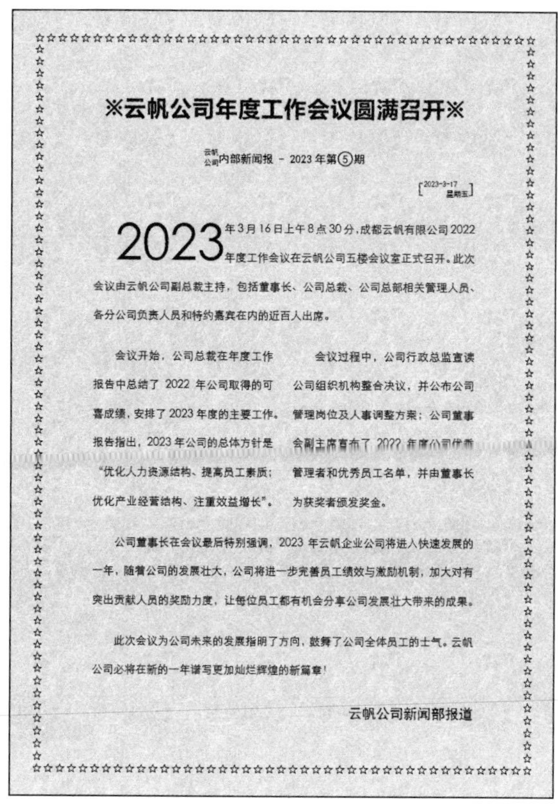

※云帆公司年度工作会议圆满召开※

云帆公司内部新闻报 - 2023 年第⑤期

[2023-3-17 星期五]

2023 年 3 月 16 日上午 8 点 30 分，成都云帆有限公司 2022 年度工作会议在云帆公司五楼会议室正式召开。此次会议由云帆公司副总裁主持，包括董事长、公司总裁、公司总部相关管理人员、各分公司负责人员和特约嘉宾在内的近百人出席。

会议开始，公司总裁在年度工作报告中总结了 2022 年公司取得的可喜成绩，安排了 2023 年度的主要工作。报告指出，2023 年公司的总体方针是“优化人力资源结构、提高员工素质；优化产业经营结构、注重效益增长”。

会议过程中，公司行政总监宣读公司组织机构整合决议，并公布公司管理岗位及人事调整方案；公司董事会副主席宣布了 2022 年度公司优秀管理者和优秀员工名单，并由董事长为获奖者颁发奖金。

公司董事长在会议最后特别强调，2023 年云帆企业公司将进入快速发展的一年，随着公司的发展壮大，公司将进一步完善员工绩效与激励机制，加大对有突出贡献人员的奖励力度，让每位员工都有机会分享公司发展壮大带来的成果。

此次会议为公司未来的发展指明了方向，鼓舞了公司全体员工的士气。云帆公司必将在新的一年谱写更加灿烂辉煌的新篇章！

云帆公司新闻部报道

图 1-39　“公司新闻”文档参考效果

2. 案例分析

发布公司新闻就是以新闻报道的方式把公司信息传播出去。因为这个传播是对公司信息（所谓“公司信息”，就是公司希望传播出去的信息，是经过公司过滤的信息）的传播，所以它不是通常意义上所说的新闻。

本案例在 Word 2016 中编辑，主要会用到以下操作。

① 设置文本格式。

② 插入特殊符号。

③ 设置页面边框和背景。

④ 修订文档。

⑤ 共享文档。

3. 案例实现

① 打开“公司新闻.docx”文档（配套资源：\素材文件\第 1 章\公司新闻.docx），选择正文中的第 2 段和第 3 段文本，单击【布局】/【页面设置】选项组中的“分栏”下拉按钮，在弹出的下拉列表中选择“两栏”选项，如图 1-40 所示。

② 选择第 1 段文本中的“2023”文本，单击【插入】/【文本】选项组中的“首字下沉”下拉按钮，在弹出的下拉列表中选择“首字下沉选项”选项，如图 1-41 所示。

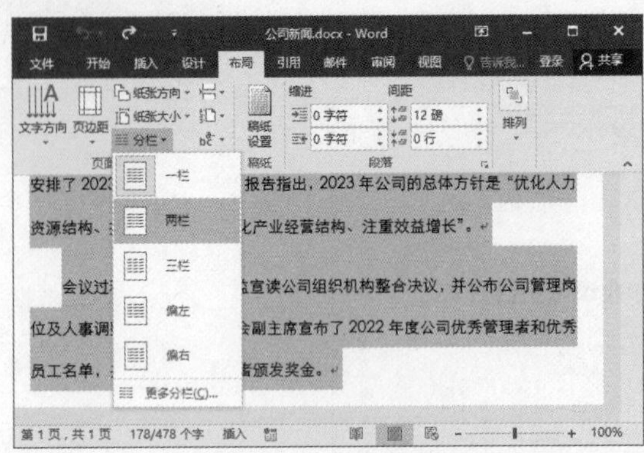

图 1-40 选择“两栏”选项

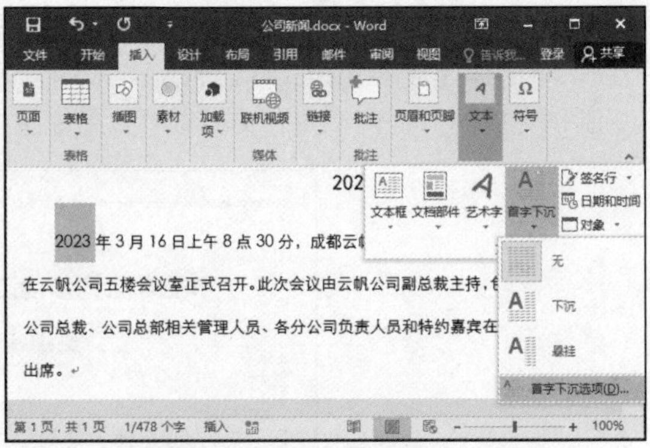

图 1-41 选择“首字下沉选项”选项

③ 打开“首字下沉”对话框，在“位置”选项组中选择“下沉”选项，在“选项”选项组中的“下沉行数”数值框中输入“2”，然后单击“确定”按钮，如图 1-42 所示。

④ 选择“第 5 期”中的“5”文本，单击【开始】/【字体】选项组中的“带圈字符”按钮㊫，打开“带圈字符”对话框，在“样式”选项组中选择“增大圈号”选项，然后单击“确定”按钮，如图 1-43 所示。

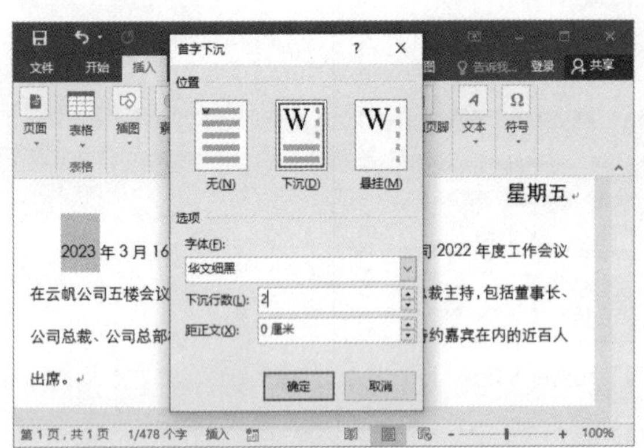

图 1-42 设置首字下沉

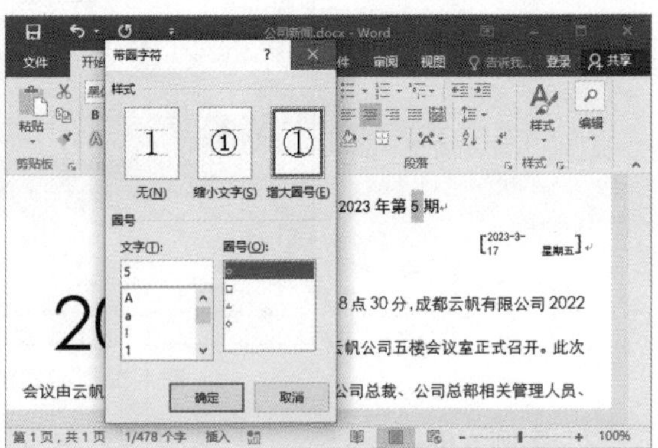

图 1-43 设置带圈字符

⑤ 选择日期文本，单击【开始】/【段落】选项组中的“中文版式”下拉按钮，在弹出的下拉列表中选择“双行合一”选项，如图 1-44 所示。

⑥ 打开“双行合一”对话框，选中“带括号”复选框，并在其下方的“括号样式”下拉列表中选择“[]”选项，然后单击“确定”按钮，如图 1-45 所示。

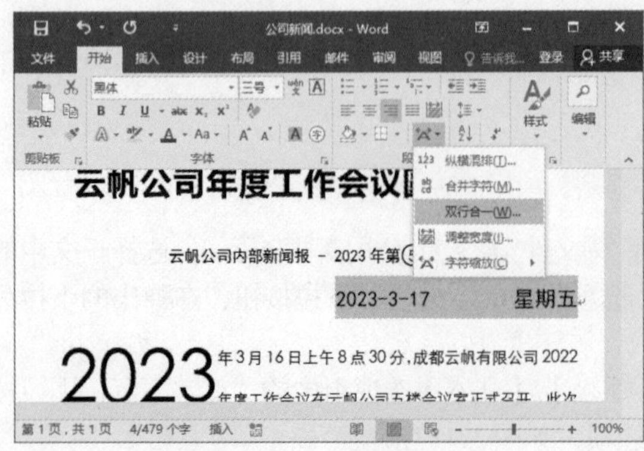

图 1-44 选择“双行合一”选项

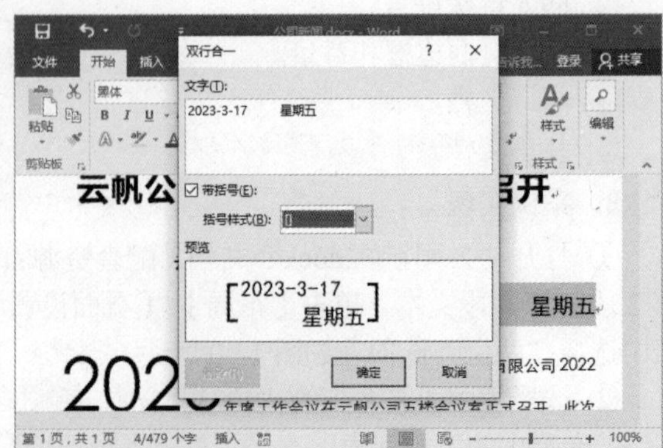

图 1-45 设置双行合一

⑦ 选择“云帆公司”文本，单击【开始】/【段落】选项组中的“中文版式”下拉按钮，在弹出的下拉列表中选择“合并字符”选项，打开“合并字符”对话框。在“字体”下拉列表中选择“微软雅黑”选项，在“字号”下拉列表中选择“8”选项，然后单击“确定”按钮，如图 1-46 所示。

⑧ 将文本插入点定位到文档标题前，单击【插入】/【符号】选项组中的“符号”下拉按钮Ω，在弹出的下拉列表中选择“其他符号”选项，如图 1-47 所示。

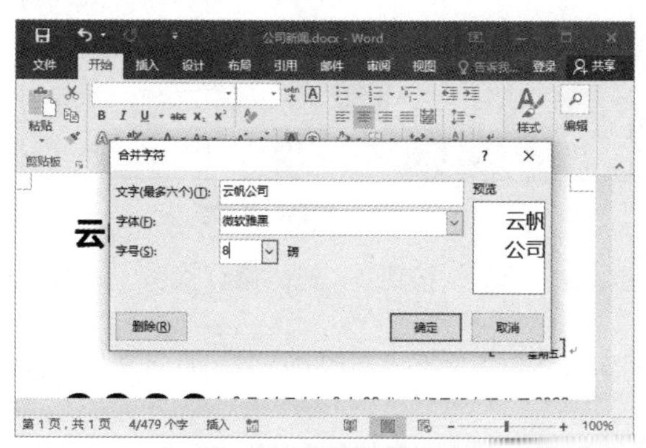

图 1-46　设置合并字符

图 1-47　选择“其他符号”选项

⑨ 打开“符号”对话框，在“符号”选项卡的“字体”下拉列表中选择“(普通文本)”选项，在“子集”下拉列表中选择“广义标点”选项，在下方的列表中选择第 2 行的倒数第 2 个符号，如图 1-48 所示，然后依次单击“插入”按钮和“关闭”按钮。

⑩ 返回文档后，使用同样的方法在标题文本的末尾添加同样的符号。

⑪ 单击【设计】/【页面背景】选项组中的“页面边框”按钮，打开“边框和底纹”对话框，在“页面边框”选项卡的“设置”选项组中选择“方框”选项，在“宽度”下拉列表中选择“1.5 磅”选项，在“艺术型”下拉列表中选择图 1-49 所示的选项，然后单击“确定”按钮。

图 1-48　添加符号

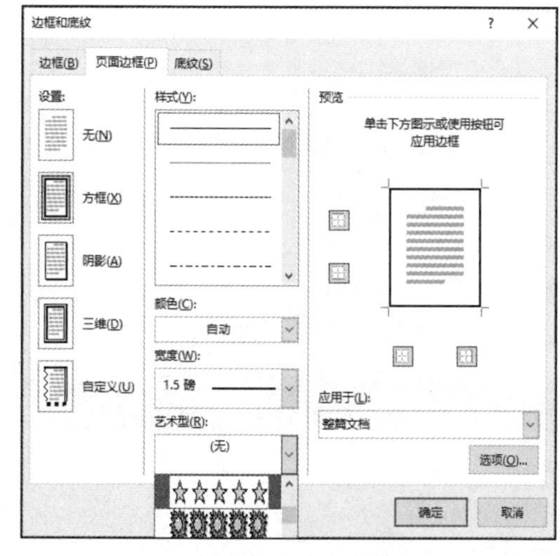

图 1-49　添加边框

⑫ 单击【设计】/【页面背景】选项组中的“页面颜色”下拉按钮，在弹出的下拉列表中选择“填充效果”选项，如图 1-50 所示。

⑬ 打开“填充效果”对话框，选择“纹理”选项卡，在下方的列表框中选择图 1-51 所示的选项，然后单击“确定”按钮。

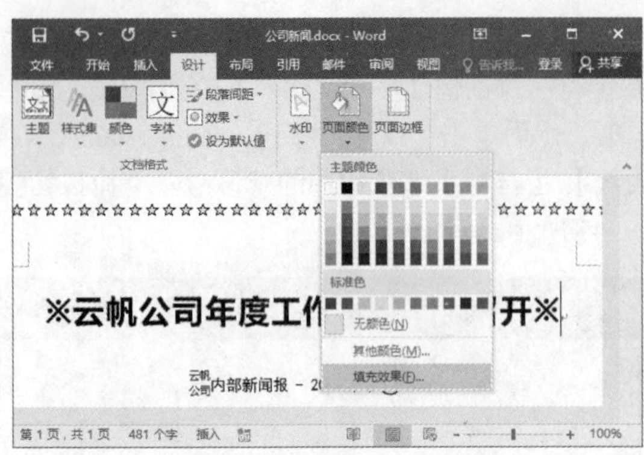

图 1-50　选择“填充效果”选项

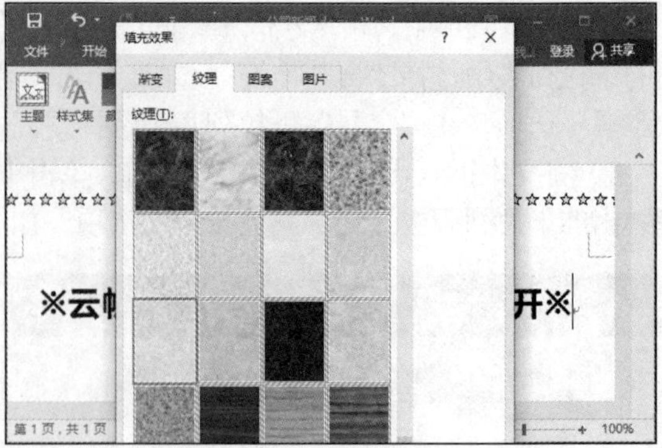

图 1-51　选择纹理效果

⑭ 返回文档后，单击【审阅】/【修订】选项组中的“修订”按钮，进入修订状态，如图 1-52 所示。

⑮ 按 Ctrl+S 组合键保存文档，然后关闭“公司新闻.docx”文档，利用 QQ 等工具将文档发送给其他人员。

⑯ 待其他人员对文档进行编辑并保存后，接收其回传的文档并打开，然后单击【审阅】/【更改】选项组中的“下一条”按钮，定位到修订的位置，如图 1-53 所示。

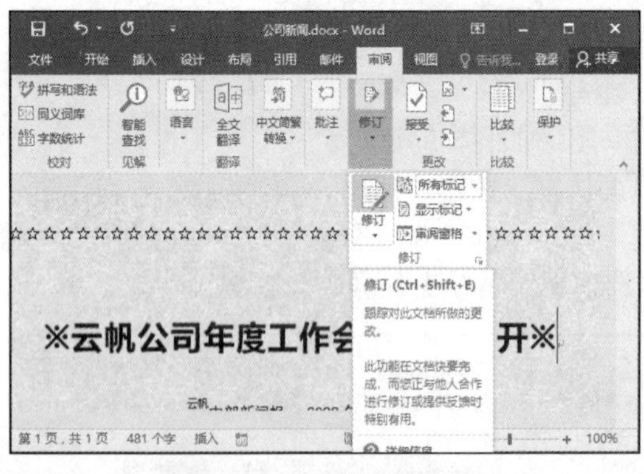

图 1-52　进入修订状态

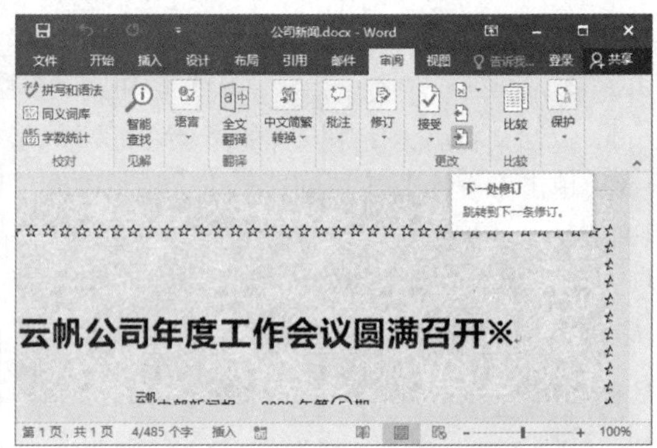

图 1-53　单击“下一条”按钮

⑰ 单击【审阅】/【更改】选项组中的“接受”下拉按钮，在弹出的下拉列表中选择“接受并移到下一条”选项，如图 1-54 所示。

⑱ 使用同样的方法修订其他内容，当修订至最后一处时，单击【审阅】/【更改】选项组中的“拒绝”按钮拒绝该处的修订，如图 1-55 所示。

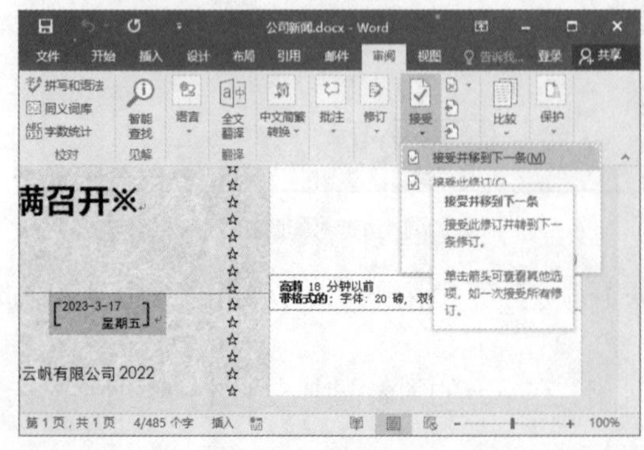

图 1-54　接受修订

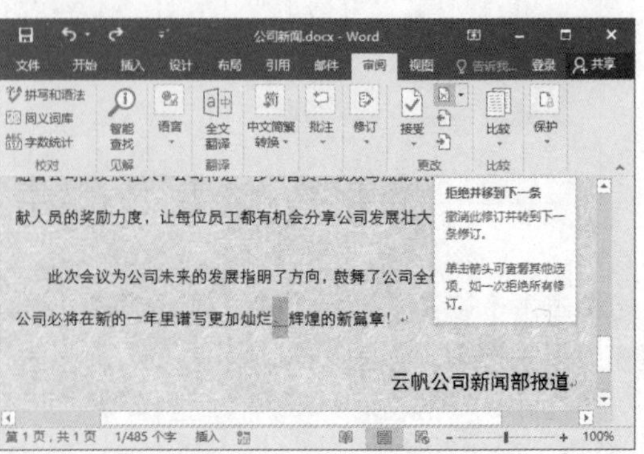

图 1-55　拒绝修订

⑲ 修订完成后，在弹出的提示框中单击“确定”按钮，再单击【审阅】/【修订】选项组中的“修订”按钮，退出修订状态。

⑳ 选择【文件】/【另存为】选项，打开“另存为”界面，选择“OneDrive”选项，再单击“登录”按钮，登录 Microsoft Office 账号（若无账号，则可单击“注册”链接注册账号），如图 1-56 所示。

㉑ 成功登录后，将文档另存到 OneDrive 中，文档保存成功后的界面如图 1-57 所示。

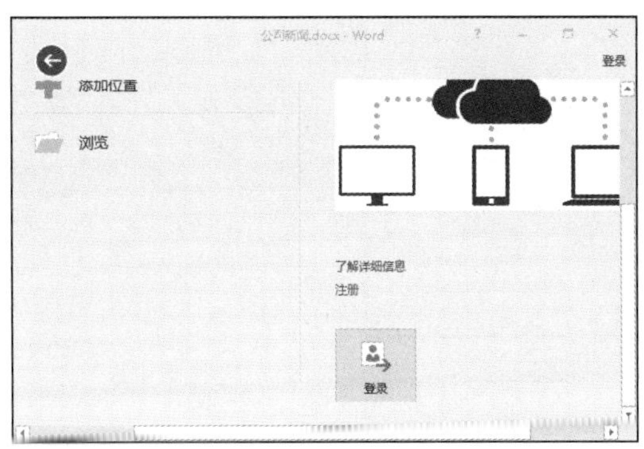

图 1-56　登录 OneDrive

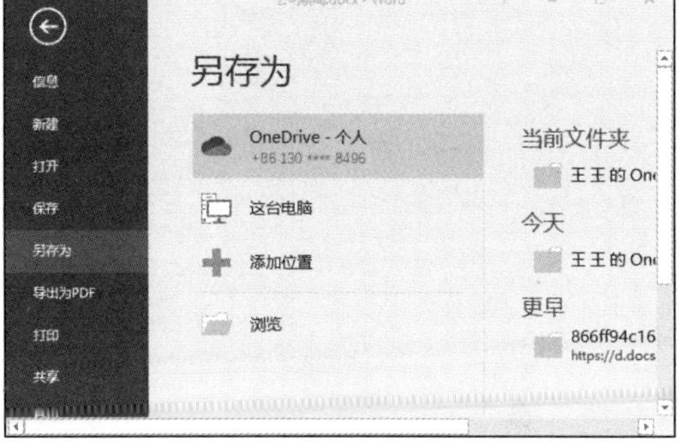

图 1-57　将文档保存到 OneDrive 中

㉒ 选择【文件】/【共享】选项，打开“共享”界面，在其中选择“与人共享”选项，再单击“与人共享”按钮，如图 1-58 所示。

㉓ 打开“共享”任务窗格，在“邀请人员”文本框中输入对应人员的电子邮件地址，如图 1-59 所示，在“可编辑”下方的文本框中输入邀请信息，然后单击“共享”按钮（配套资源：\效果文件\第 1 章\公司新闻.docx）。

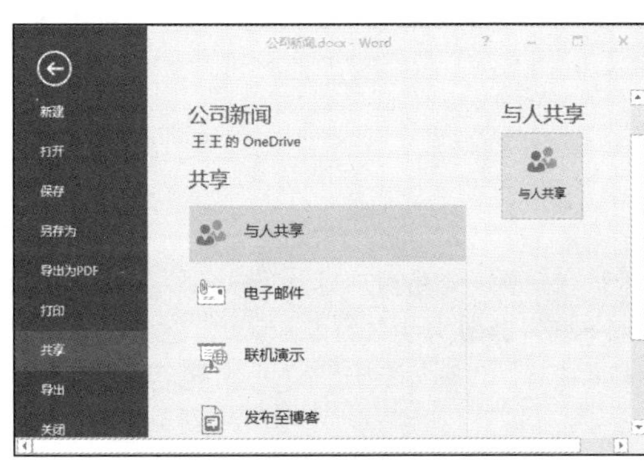

图 1-58　与人共享文档

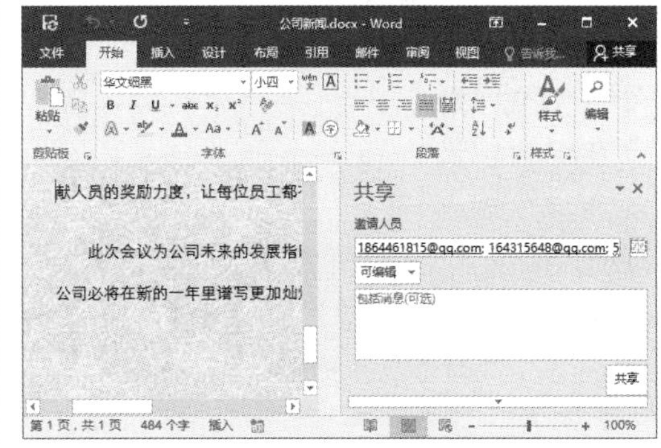

图 1-59　邀请其他人员

1.2.2　制作“个人简历”文档

1. 任务目标

招聘季快要到了，因此某公司准备制作“个人简历”文档，以便求职者填写，其制作要求如下。

① 将制作的文档以“个人简历”为名进行保存。

② 设置部分合并单元格的底纹为“白色，背景 1，深色 5%”。

③ 设置部分单元格的下边框为双实线。

④ 设置表格的行高和列宽，并使文本居中显示。

制作完成的“个人简历”文档参考效果如图 1-60 所示。

个人简历

个人信息				
姓名		性别		照片
出生日期		籍贯		
电子邮件		联系电话		
应聘方向				
求职行业				
应聘职位				
薪资要求				
工作经历				
教育培训				

图 1-60 “个人简历”文档参考效果

2. 案例分析

个人简历是求职者应聘时撰写的简要自我介绍，包含自己的个人信息，以及应聘方向、工作经历、教育培训等内容。优秀的个人简历既要简洁，又富有感召力，从而能够突出应聘者的优点和优势。

本案例在 Word 2016 中编辑，主要会用到以下操作。

① 新建并保存文档。

② 设置文本格式。

③ 插入并编辑表格。

3. 案例实现

① 新建一个空白文档，单击快速访问工具栏中的“保存”按钮，打开“另存为”界面，在其中选择“这台电脑”选项，在右侧选择“桌面”选项，如图 1-61 所示。

② 打开“另存为”对话框，在“文件名”文本框中输入“个人简历”文本，然后单击“保存”按钮，如图 1-62 所示。

图 1-61 选择文档保存位置

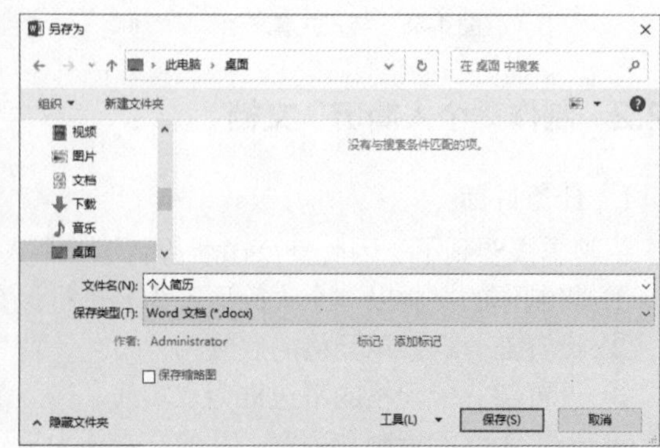

图 1-62 输入文件名

③ 输入并选择“个人简历”文本，在【开始】/【字体】选项组中的“字体”下拉列表中选择“黑体”选项，在该选项组的“字号”下拉列表中选择“20”选项，再单击【开始】/【段落】选项组中的“居中”按钮，效果如图 1-63 所示。

④ 将文本插入点定位至“个人简历”文本后，按 Enter 键换行，再单击【开始】/【字体】选项组中的“清除格式”按钮，如图 1-64 所示，清除设置的格式。

图 1-63　设置文本字体和字号

图 1-64　清除格式

⑤ 单击【插入】/【表格】选项组中的“表格”下拉按钮，在弹出的下拉列表中选择“插入表格”选项，如图 1-65 所示。

⑥ 打开“插入表格”对话框，在“表格尺寸”选项组中的“列数”数值框中输入“7”，在“行数”数值框中输入“16”，然后单击“确定”按钮，如图 1-66 所示。

图 1-65　选择“插入表格”选项

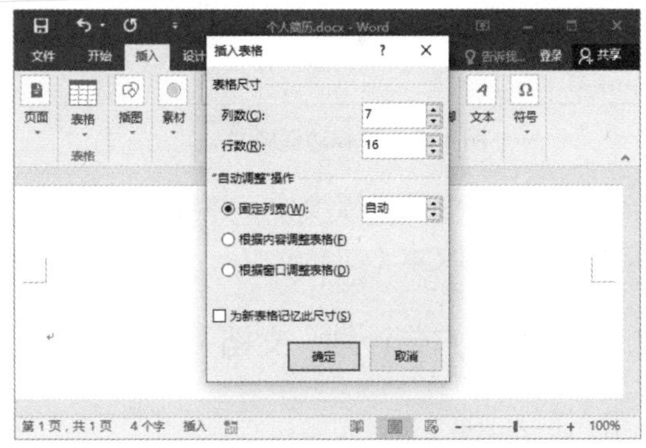

图 1-66　设置表格尺寸

⑦ 选择表格中的第 1 行，单击【表格工具-布局】/【合并】选项组中的“合并单元格”按钮，如图 1-67 所示，使多个单元格合成一个单元格，然后使用相同的方法对第 5 行、第 9 行和第 13 行中的单元格进行合并。

⑧ 按住 Ctrl 键，同时选择第 1 行、第 5 行、第 9 行和第 13 行单元格，单击【表格工具-设计】/【表格样式】选项组中的“底纹”下拉按钮，在弹出的下拉列表中选择“白色，背景 1，深色 5%”选项，如图 1-68 所示，然后继续合并表格中的其他单元格。

⑨ 单击【表格工具-设计】/【边框】选项组中“边框样式”下拉按钮，在弹出的下拉列表中选择“双实线，1/2pt”选项，如图 1-69 所示。

⑩ 单击【表格工具-设计】/【边框】选项组中的“边框刷”按钮，将表格的第 1 行、第 5 行、第 9 行和第 13 行单元格的下边框设置为双实线。

⑪ 单击表格左上角的⊞图标，全选表格，然后在【表格工具-布局】/【单元格大小】选项组中的“高度”编辑框中输入“1.11 厘米”，如图 1-70 所示。

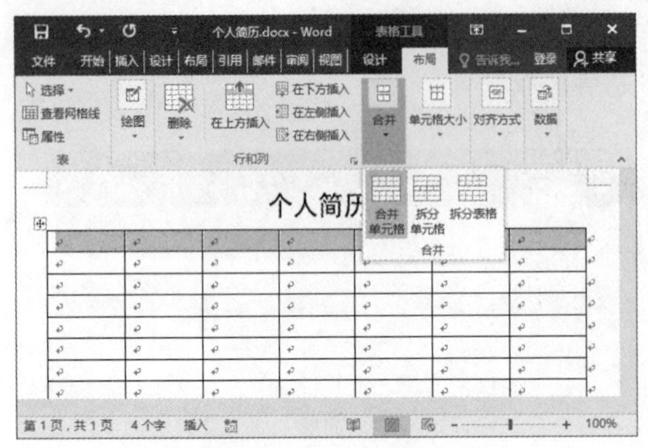

图 1-67　合并单元格

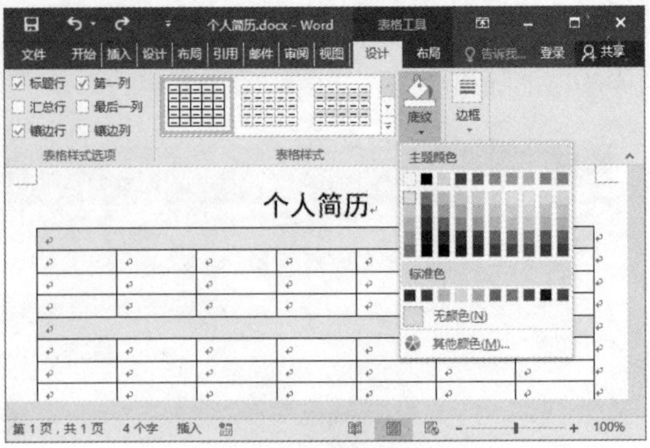

图 1-68　设置表格底纹

图 1-69　选择边框样式

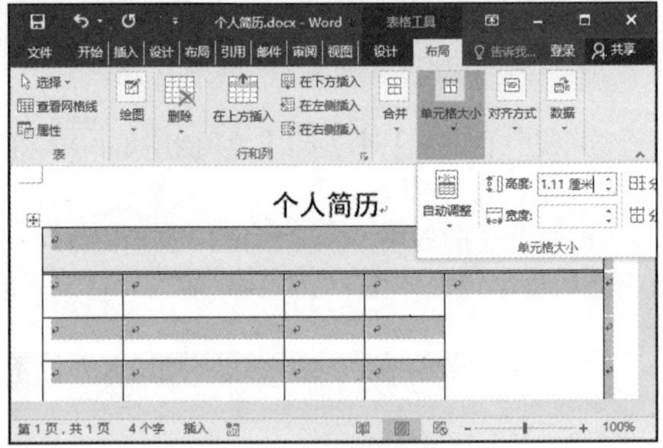

图 1-70　设置表格高度

⑫ 在表格中输入相关文字，并将表格中的文本居中显示，再加粗显示表格第 1 行、第 5 行、第 9 行和第 13 行中的文本（配套资源：\效果文件\第 1 章\个人简历.docx）。

1.2.3　制作“广告计划”文档

1. 任务目标

为了推广产品，某公司需要制作一份“广告计划”文档，以提升产品知名度，使其能够更好地走向市场，其制作要求如下。

① 设置文本样式，包括字体、字号、文本效果和版式等。

② 将提供的素材图片设置为页面背景；再插入另外一张图片，设置该图片的环绕方式，并为其应用样式。

③ 插入艺术字，并设置艺术字的样式。

制作完成的“广告计划”文档参考效果如图 1-71 所示。

2. 案例分析

广告计划是广告主按照广告目标和广告文本而制定、撰写的具体广告行动准则及步骤的书面报告。公司的广告计划是公司对即将进行的广告活动的规划。它是从公司的营销计划中分离出来，并根据公司组织的生产与经营目标、营销策略和促销手段而制定的广告目标体系。

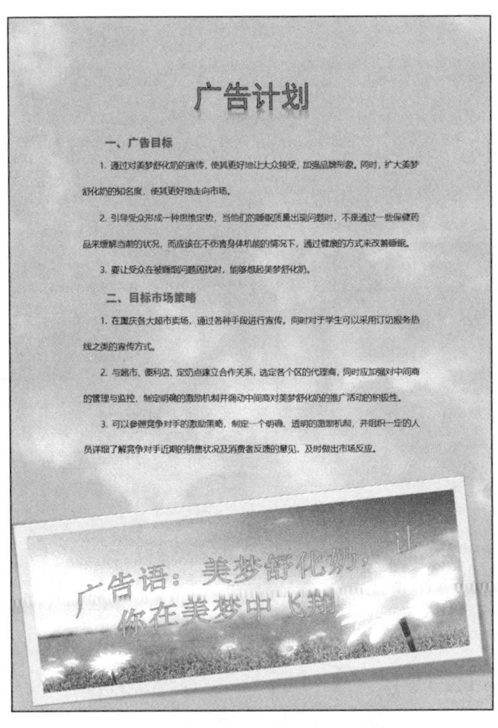

广告计划

一、广告目标

1. 通过对美梦舒化奶的宣传，使其更好地让大众接受，加强品牌形象。同时，扩大美梦舒化奶的知名度，使其更好地走向市场。

2. 引导受众形成一种思维定势，当他们的睡眠质量出现问题时，不是通过一些保健药品来缓解当前的状况，而应该在不伤害身体机能的情况下，通过健康的方式来改善睡眠。

3. 要让受众在被睡眠问题困扰时，能够想起美梦舒化奶。

二、目标市场策略

1. 在重庆各大超市卖场，通过各种手段进行宣传。同时对于学生可以采用订奶服务热线之类的宣传方式。

2. 与超市、便利店、定奶点建立合作关系，选定各个区的代理商，同时应加强对中间商的管理与监控，制定明确的激励机制并调动中间商对美梦舒化奶的推广活动的积极性。

3. 可以参照竞争对手的激励策略，制定一个明确、透明的激励机制，并组织一定的人员详细了解竞争对手近期的销售状况及消费者反馈的意见，及时做出市场反应。

广告语：美梦舒化奶，让你在美梦中飞翔

图 1-71　“广告计划”文档参考效果

本案例在 Word 2016 中编辑，主要会用到以下操作。

① 设置文本样式。

② 设置页面背景。

③ 插图并设置图片。

④ 插入并设置艺术字。

3. 案例实现

① 打开“广告计划.docx”文档（配套资源：\素材文件\第 1 章\广告计划.docx），选择“广告计划”文本，单击【开始】/【字体】选项组中的“文本效果和版式”下拉按钮，在弹出的下拉列表中选择“渐变填充-水绿色，着色 1，反射”选项，如图 1-72 所示。

② 保持文本的选择状态，在【开始】/【字体】选项组中设置文本字体为“黑体”，字号为“小初”，然后单击“字体颜色”下拉按钮，在弹出的下拉列表中选择“蓝色，个性色 1”选项，如图 1-73 所示。

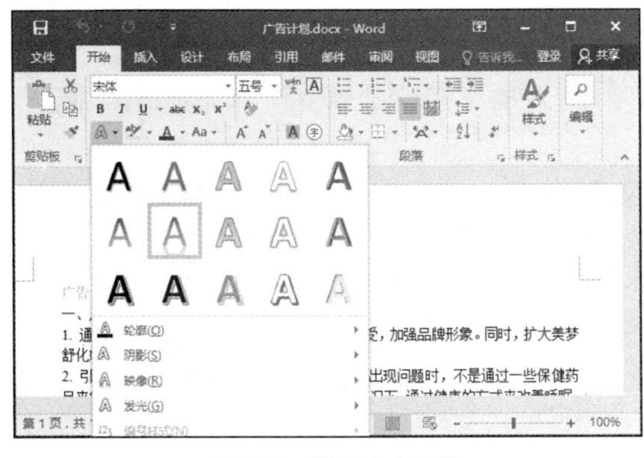

图 1-72　选择文本效果

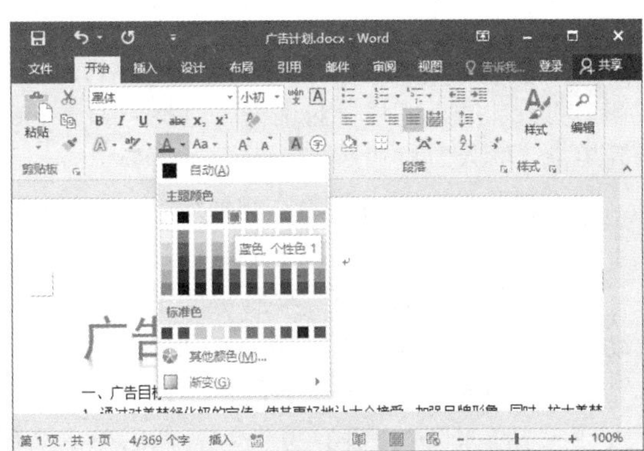

图 1-73　设置文本字体颜色

③ 再次单击【开始】/【字体】选项组中的“文本效果和版式”下拉按钮，在弹出的下拉列表中选择“轮廓”选项，在子菜单中选择“黑色，文字 1”选项，如图 1-74 所示，然后居中显示该文本，并使用同样的方法设置其他文本的字体、字号和字体颜色。

④ 单击【插入】/【插图】选项组中的“图片”按钮，打开“插入图片”对话框，选择“背景.jpg”图片（配套资源：\素材文件\第 1 章\背景.jpg）后，单击“插入”按钮，如图 1-75 所示。

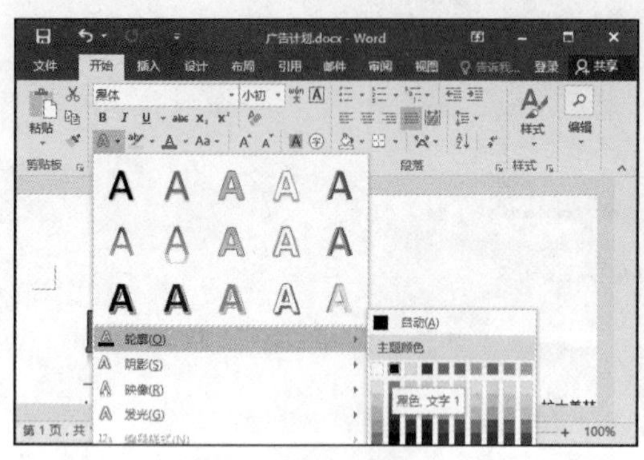

图 1-74 选择轮廓效果

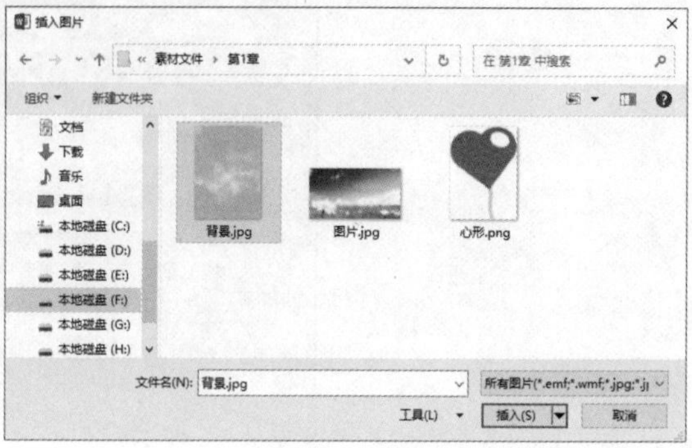

图 1-75 插入图片

⑤ 选择图片，单击【图片工具-格式】/【排列】选项组中的“环绕文字”下拉按钮，在弹出的下拉列表中选择“衬于文字下方”选项，如图 1-76 所示。

⑥ 将图片与页面左上角对齐，然后将鼠标指针移到图片右下角的控制点上，当鼠标指针变成形状时，向页面右下角拖曳，使图片与页面的大小一致，如图 1-77 所示。

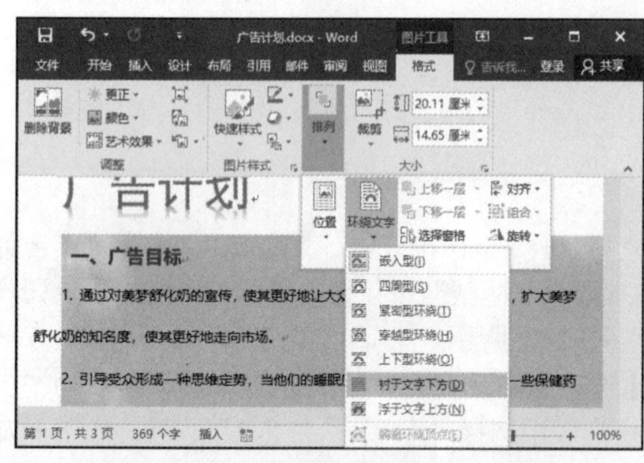

图 1-76 设置图片环绕方式

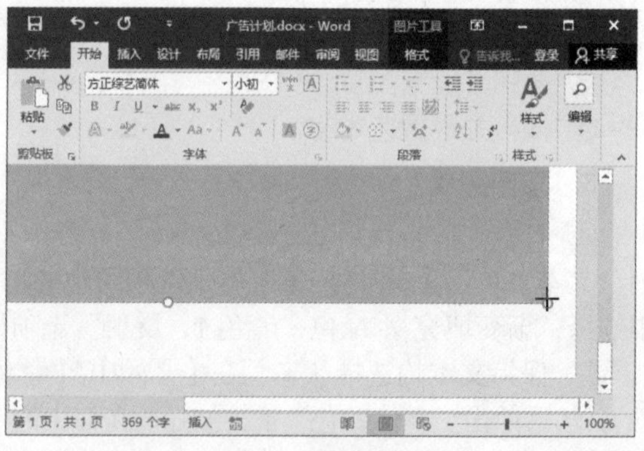

图 1-77 调整图片大小

⑦ 将文本插入点定位到最后一个段落标记处，再次单击【插入】/【插图】选项组中的“图片”按钮，打开“插入图片”对话框，选择“图片.jpg”图片（配套资源：\素材文件\第 1 章\图片.jpg），然后单击“插入”按钮。

⑧ 设置“图片.jpg”图片的环绕方式为“衬于文字下方”，然后在【图片工具-格式】/【图片样式】选项组的列表框中选择“旋转，白色”选项，如图 1-78 所示。

⑨ 将“图片.jpg”图片移到页面下方，单击【图片工具-格式】/【大小】选项组右下角的对话框启动器，打开“布局”对话框。先取消选中“缩放”选项组中的“锁定纵横比”复选框，再在“高度”选项组中的“绝对值”数值框中输入“7.26”厘米，在“宽度”选项组中的“绝对值”数值框中输入“19.2 厘米”，如图 1-79 所示，然后单击“确定”按钮。

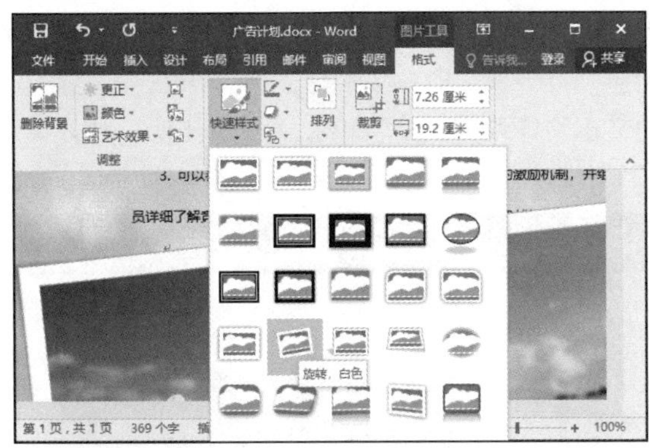
图 1-78　选择图片样式

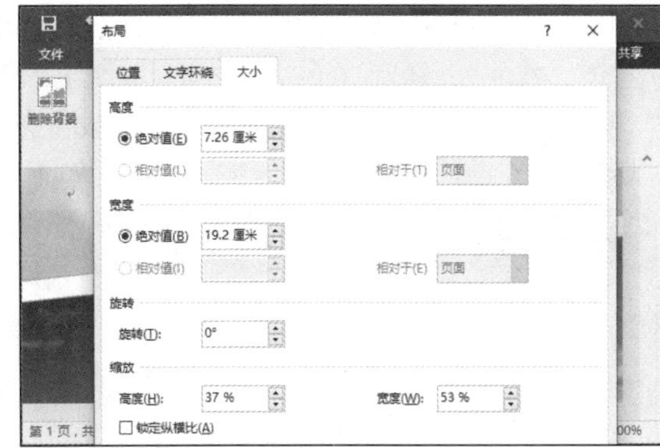
图 1-79　设置图片大小

⑩ 将图片左侧与页面左侧对齐，然后单击【图片工具-格式】/【图片样式】选项组中的“图片边框”下拉按钮，在弹出的下拉列表中选择“茶色，背景 2”选项，如图 1-80 所示。

⑪ 单击【图片工具-格式】/【排列】选项组中的“旋转”下拉按钮，在弹出的下拉列表中选择“水平翻转”选项，如图 1-81 所示。

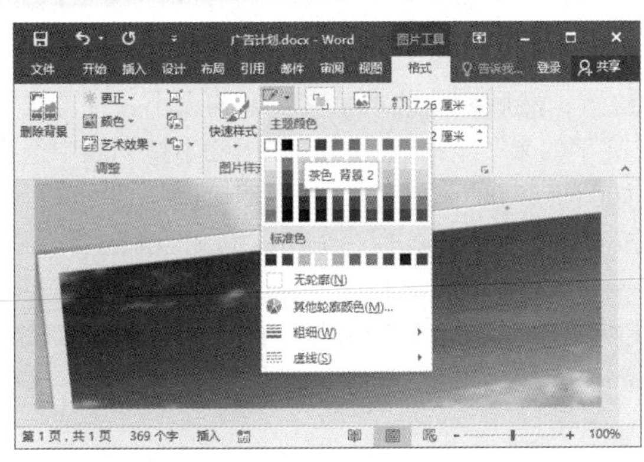
图 1-80　选择边框颜色

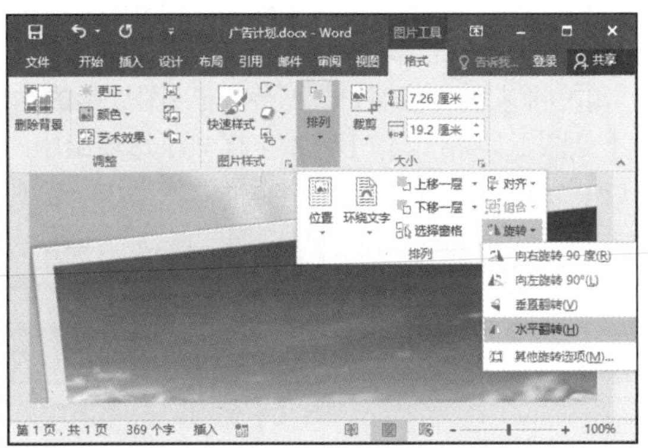
图 1-81　旋转图片

⑫ 单击【图片工具-格式】/【调整】选项组中的“更正”下拉按钮，在弹出的下拉列表中选择“锐化：25%”选项，如图 1-82 所示。

⑬ 单击【图片工具-格式】/【调整】选项组中的“艺术效果”下拉按钮，在弹出的下拉列表中选择“发光散射”选项，如图 1-83 所示。

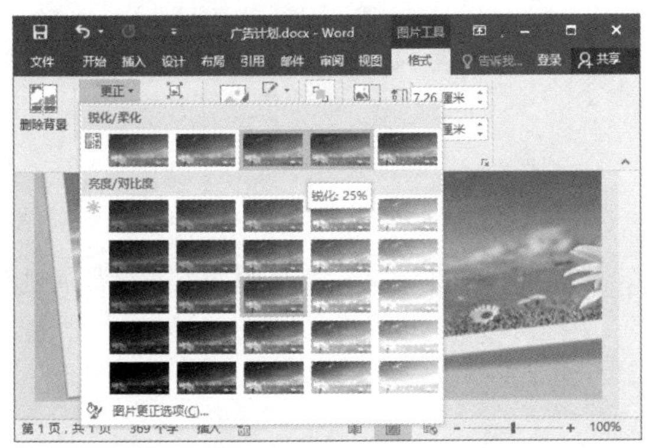
图 1-82　锐化图片

图 1-83　设置图片艺术效果

⑭ 单击【插入】/【文本】选项组中的“艺术字”下拉按钮A，在弹出的下拉列表中选择“填充-红色，着色 2，轮廓-着色 2”选项，如图 1-84 所示。

⑮ 将艺术字文本框中的文本“请在此放置您的文本”修改为“广告语：美梦舒化奶，让你美梦中飞翔”，并设置其字体为“宋体”，效果如图 1-85 所示。

图 1-84　选择艺术字样式

图 1-85　修改艺术字

⑯ 选择艺术字，单击【绘图工具-格式】/【艺术字样式】选项组中的“文字效果”下拉按钮，在弹出的下拉列表中选择“三维旋转”选项，如图 1-86 所示，在其子菜单中选择“离轴 1 右”选项。

⑰ 将艺术字移动到“图片.jpg”图片中的中间位置，然后调整艺术字文本框的大小，并再次单击【绘图工具-格式】/【艺术字样式】选项组中的“文字效果”下拉按钮，在弹出的下拉列表中选择“转换”选项，在其子菜单中选择“波形 1”选项，如图 1-87 所示。

⑱ 单击快速访问工具栏中的“保存”按钮，或按 Ctrl+S 组合键，保存编辑后的文档（配套资源：\效果文件\第 1 章\广告计划.docx）。

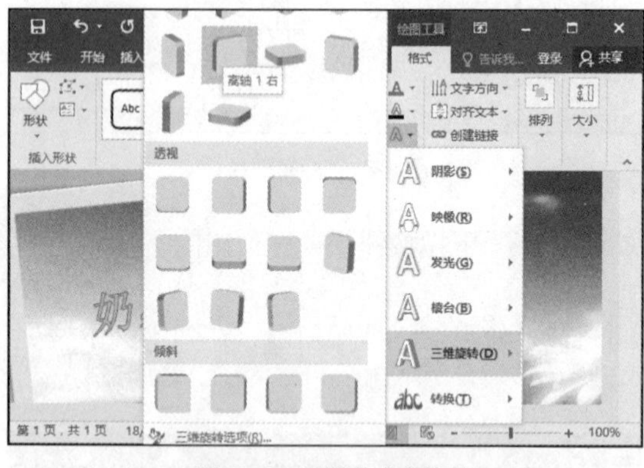

图 1-86　设置艺术字旋转

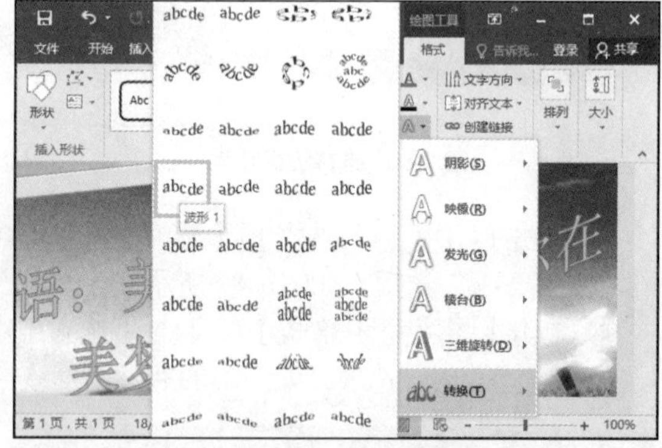

图 1-87　设置艺术字转换

1.2.4 制作“毕业论文”文档

1. 任务目标

某学生是数字媒体艺术专业的一名应届毕业生，正在撰写毕业论文，请按照如下要求帮助她对论文进行编辑排版。

① 设置字体格式和段落格式。

② 添加页眉和页脚。

③ 插入目录。

制作完成的“毕业论文”文档参考效果如图 1-88 所示。

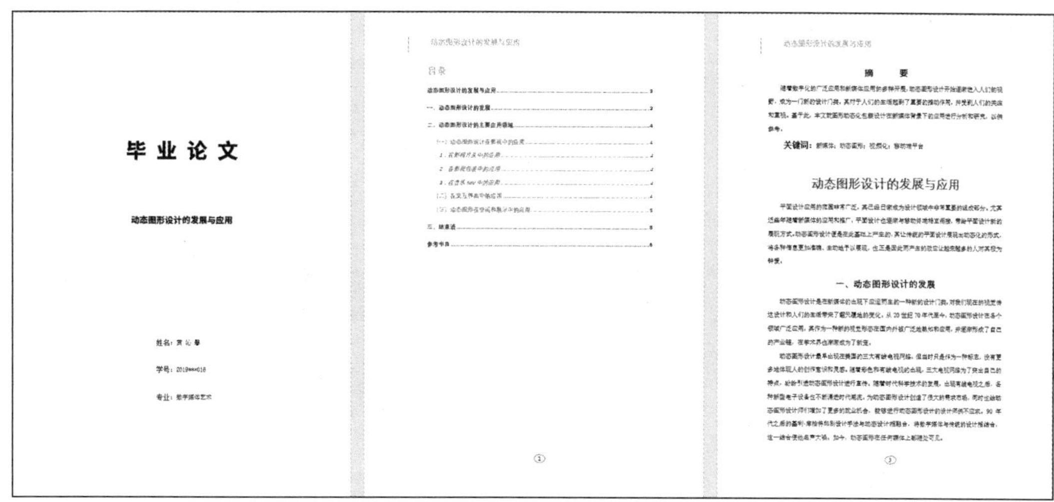

图 1-88　“毕业论文”文档参考效果

2. 案例分析

毕业论文的撰写是大学生的必修课，毕业论文内容和作者研究的专业紧密相关，但是各种毕业论文的格式排版都有共同的一般性要求，熟练掌握 Word 2016，并根据专业要求对毕业论文进行排版设计是当代大学生必须掌握的基本技能。

本案例在 Word 2016 中编辑，主要会用到以下操作。

① 文字格式设置。

② 插入分页符。

③ 应用样式。

④ 将文本转换为表格。

⑤ 设置页眉和页脚。

⑥ 插入目录。

3. 案例实现

① 启动 Word 2016，新建并保存“毕业论文”文档，然后将文本插入点定位至文档上方，按 Enter 键后换行输入“毕业论文.txt”（配套资源：\素材文件\第 1 章\毕业论文.txt）文档中的内容，如图 1-89 所示。

② 按 Ctrl+A 组合键选择所有文本，单击【开始】/【段落】选项组中的“行和段落间距”下拉按钮，在弹出的下拉列表中选择“1.5”选项，如图 1-90 所示。

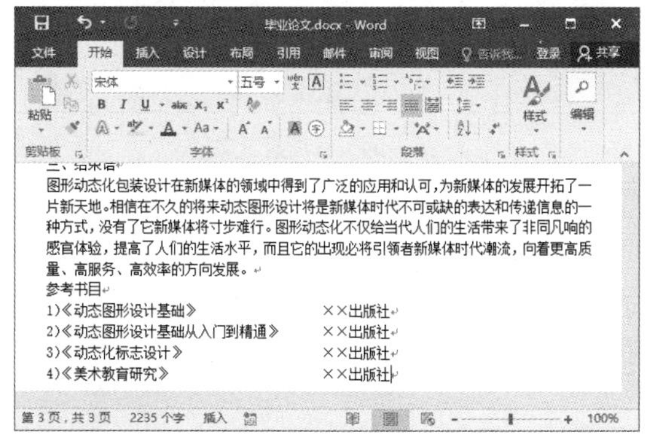

图 1-89　输入文本

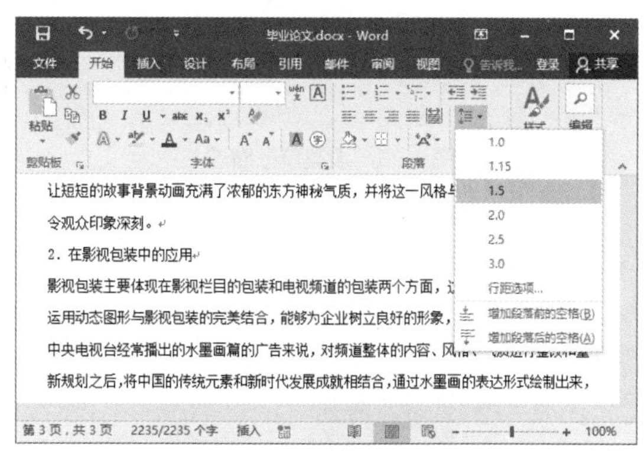

图 1-90　设置行和段落间距

③ 保持所有文本的选择状态，单击【开始】/【段落】选项组右下角的对话框启动器，打开“段落”对话框，在“缩进”选项组中的“特殊”下拉列表中选择“首行”选项，保持其右侧“缩进值”编辑框中的默认设置，如图 1-91 所示，然后单击“确定”按钮。

④ 选择“毕业论文”文本，取消其首行缩进，然后在【开始】/【字体】选项组中的“字体”下拉列表中选择“微软雅黑”选项，在“字号”下拉列表中选择“初号”选项，再单击“加粗”按钮和【开始】/【段落】选项组中的“居中”按钮，效果如图 1-92 所示。

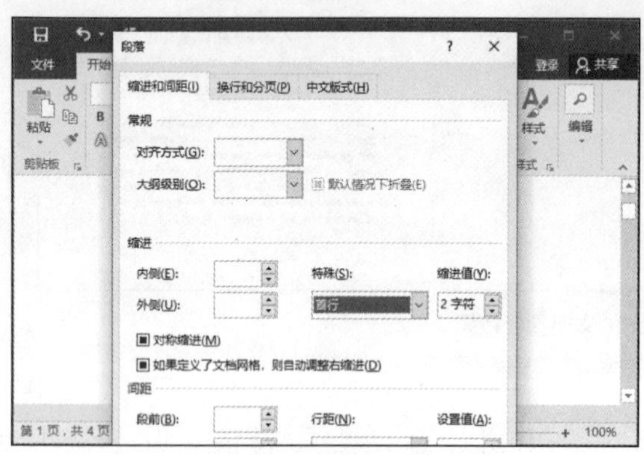

图 1-91 设置段落缩进

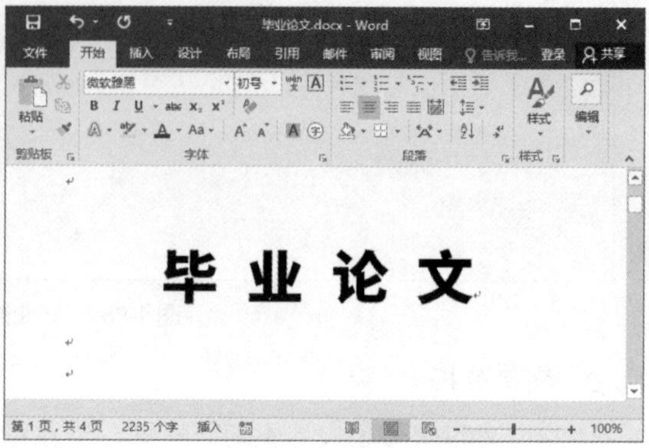

图 1-92 设置字体格式

⑤ 使用同样的方法设置“动态图形设计的发展与应用”和“摘要”的格式为“微软雅黑、小三、加粗、居中”。

⑥ 选中【视图】/【显示】选项组中的“标尺”复选框，然后在按住 Ctrl 键的同时选择“姓名”“学号”“专业”所在的段落，在标尺中拖曳“首行缩进”标记到“16”处，设置首行缩进为 16 字符，如图 1-93 所示。

⑦ 将文本插入点定位至“摘要”文本的前面，单击【布局】/【页面设置】选项组中的“分隔符”下拉按钮，在弹出的下拉列表中选择“分节符”中的“下一页”选项，如图 1-94 所示。

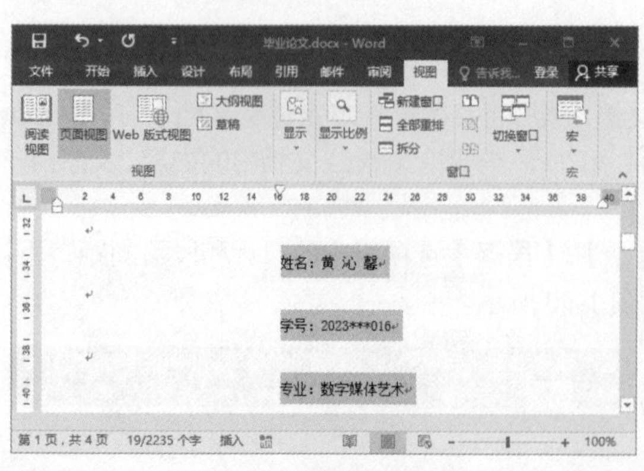

图 1-93 设置首行缩进

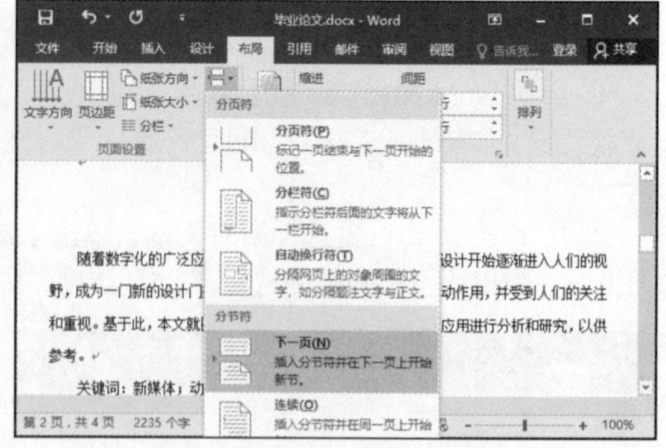

图 1-94 分页显示文档

⑧ 使用同样的方法在“参考书目”文本前插入一个分页符，然后选择“关键词:”文本，在【开始】/【字体】选项组中设置其格式为“宋体、四号、加粗”。

⑨ 在按住 Ctrl 键的同时选择“动态图形设计的发展与应用”和“参考书目”段落，在【开始】/【样式】选项组中的“样式”下拉列表中选择“标题”选项，如图 1-95 所示。

⑩ 使用相同的方法将“一、动态图形设计的发展”“二、动态图形设计的主要应用领域”“三、结束语”段落的样式设置为“标题 1”。

⑪ 使用相同的方法将“(一)动态图形设计在影视中的应用”“(二)在交互界面中的应用”“(三)动态图形在空间和展示中的应用”段落的样式设置为“标题 2”。

⑫ 使用相同的方法将“1. 在影视片头中的应用”“2. 在影视包装中的应用”“3. 在音乐 MV 中的应用”段落的样式设置为“标题 3”。

⑬ 选择最后 4 行文本，包括最后一行的段落符号，单击【插入】/【表格】选项组中的“表格”下拉按钮，在弹出的下拉列表中选择“文本转换成表格”选项，如图 1-96 所示。

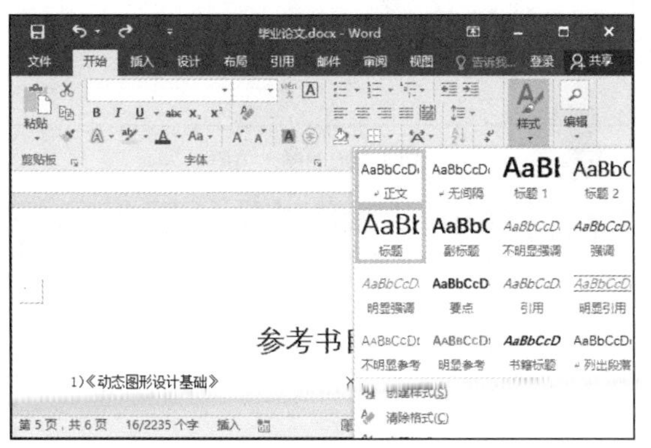

图 1-95　应用样式

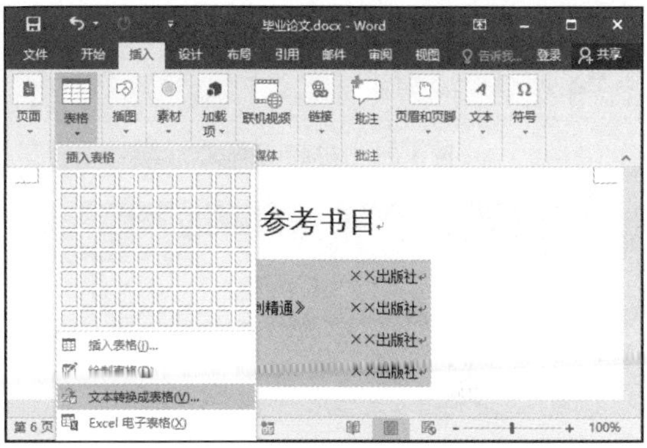

图 1-96　将文本转换为表格

⑭ 打开“将文字转换成表格”对话框，在“表格尺寸”选项组中的“列数”编辑框中输入“1”，在“文字分隔位置”选项组中选中“段落标记”单选项，然后单击“确定”按钮，如图 1-97 所示。

⑮ 此时，所选文本将转换成表格样式，然后在【表格工具-设计】/【表格样式】选项组中的“样式”列表框中选择“清单表 2”选项，如图 1-98 所示。

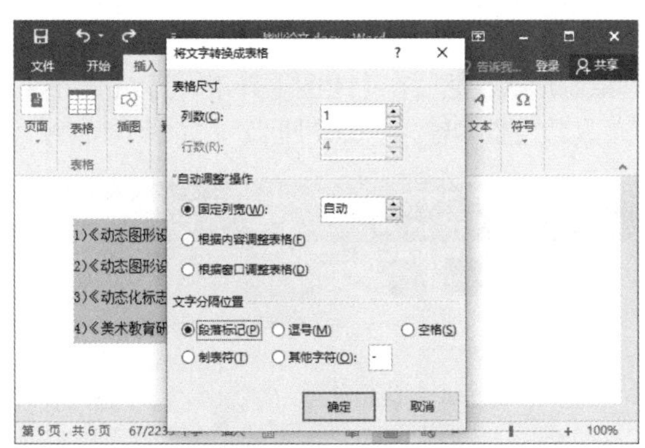

图 1-97　设置表格尺寸和文字分隔位置

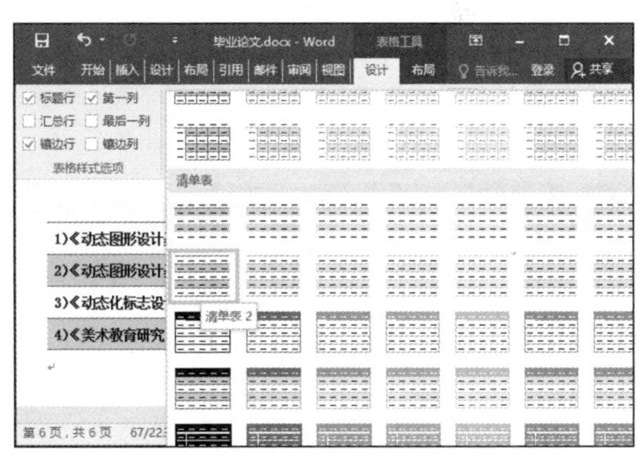

图 1-98　套用表格样式

⑯ 将文本插入点定位到“摘要”文本前一页的段落中，然后单击【引用】/【目录】选项组中的“目录”下拉按钮，在弹出的下拉列表中选择“自动目录 1”选项，如图 1-99 所示。

⑰ 单击【插入】/【页眉和页脚】选项组中的“页眉”下拉按钮，在弹出的下拉列表中选择“边线型”选项，如图 1-100 所示。

⑱ 在【页眉和页脚工具-设计】/【选项】选项组中选中“首页不同”复选框，然后在页眉的标题处输入“动态图形设计的发展与应用”文本，如图 1-101 所示。

⑲ 在【页眉和页脚工具-设计】/【页眉和页脚】选项组中单击“页码”下拉按钮，在弹出的下拉列表中选择“页面底端”选项，在其子菜单中选择“普通数字 2”选项，如图 1-102 所示。

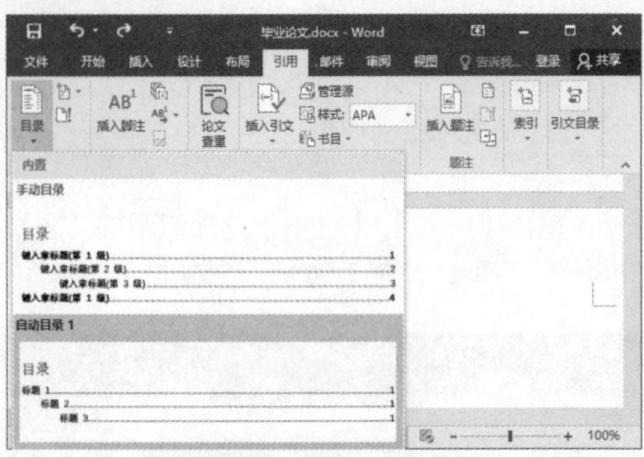

图 1-99　选择目录样式

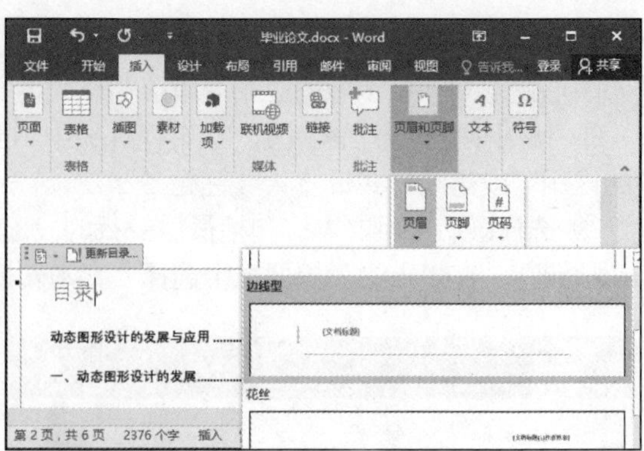

图 1-100　插入页眉

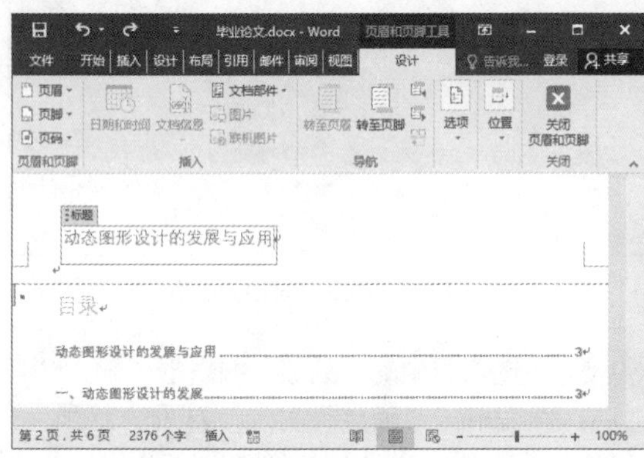

图 1-101　设置页眉

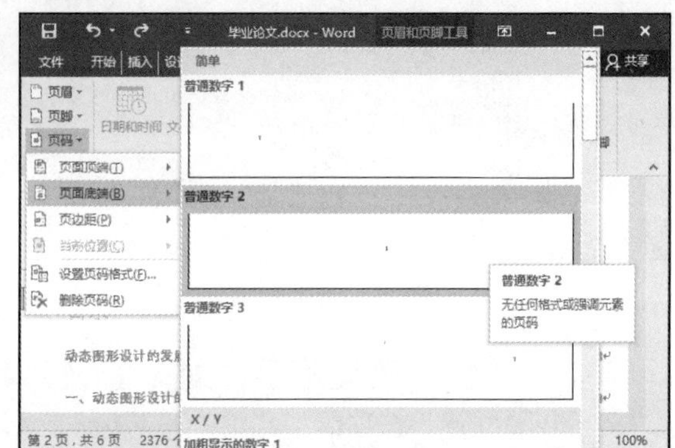

图 1-102　插入页码

⑳ 保持页眉和页脚的编辑状态，单击【插入】/【插图】选项组中的“形状”下拉按钮，在弹出的下拉列表中选择“基本形状”中的“椭圆”选项，如图 1-103 所示。

㉑ 将文本插入点定位至页码所在区域，拖曳鼠标绘制形状，然后在【绘图工具-格式】/【大小】选项组中的“高度”数值框中输入“0.49 厘米”，在“宽度”数值框中输入“0.67 厘米”，如图 1-104 所示。

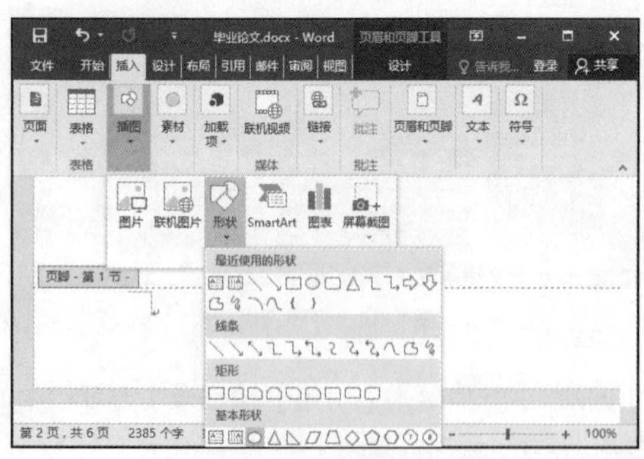

图 1-103　插入形状

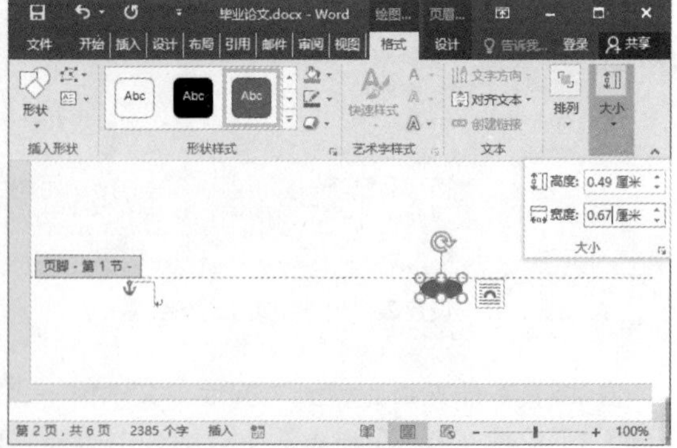

图 1-104　设置形状大小

㉒ 保持形状的选择状态，单击【绘图工具-格式】/【形状样式】选项组中的“形状填充”下拉按钮，在弹出的下拉列表中选择“无填充颜色”选项，然后适当移动椭圆的位置，使其居中显示在页码处，如图 1-105 所示。

㉓ 单击【页眉和页脚工具-设计】/【关闭】选项组中的“关闭页眉和页脚”按钮，退出页眉和页脚的编辑状态，然后单击状态栏中的“阅读视图”按钮，进入阅读视图模式，如图 1-106 所示，

查看编辑的文档是否有误，确认无误后按 Ctrl+S 组合键保存文档，并退出 Word 2016（配套资源：\效果文件\第 1 章\毕业论文.docx）。

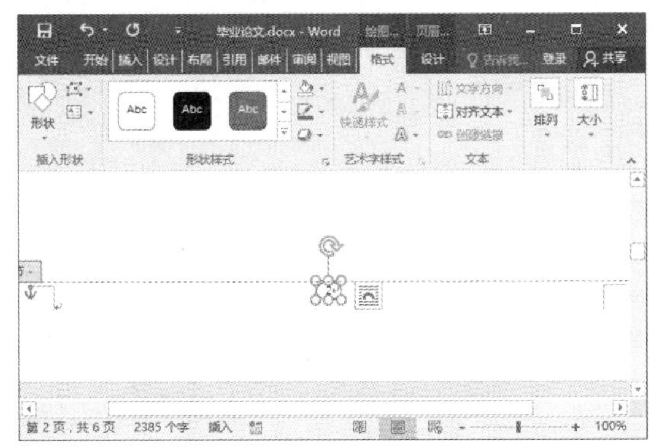

图 1-105　设置形状填充颜色

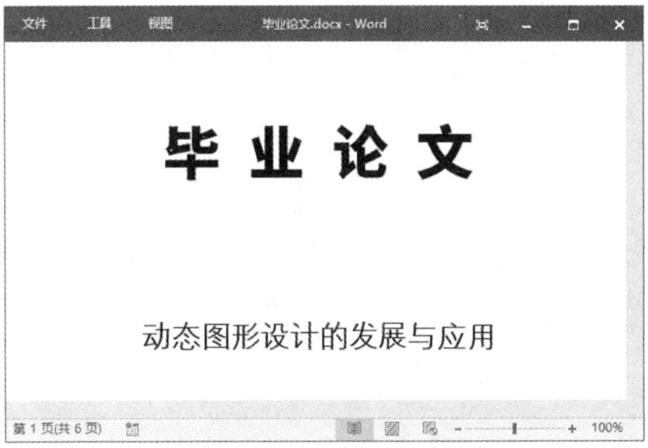

图 1-106　进入阅读视图模式

1.2.5　制作“邀请函”文档

1. 任务目标

某公司将要举办周年庆典活动，现需要根据邀请嘉宾制作“邀请函”文档，其具体要求如下。

① 根据提供的嘉宾人数制作相应份数的邀请函。

② 将所有的邀请函放在一个文档中。

制作完成的“邀请函”文档参考效果如图 1-107 所示。

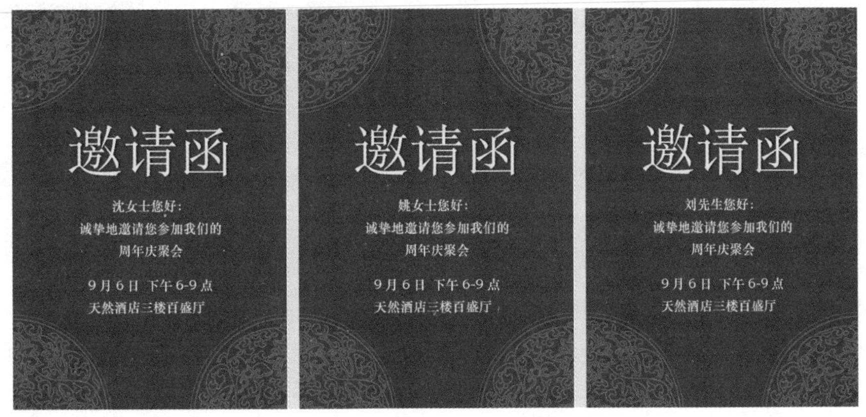

图 1-107　“邀请函”文档参考效果

2. 案例分析

各种类型的请柬和邀请函均属于对客人发出邀请时使用的专用礼仪信函，在当今社会组织的公共关系活动中应用非常广泛和频繁。Word 2016 提供的邮件功能可以很好地满足这类需要，从而高效生成多份统一格式的文档。

本案例在 Word 2016 中编辑，主要会用到的操作是邮件功能的应用。

3. 案例实现

① 打开“邀请函.docx”文档（配套资源：\素材文件\第 1 章\邀请函.docx），单击【邮件】/【开始邮件合并】选项组中的“选择收件人”下拉按钮，在弹出的下拉列表中选择“使用现有列表”选项，如图 1-108 所示。

② 打开“选取数据源”对话框，选择“嘉宾名单.xlsx”选项（配套资源：\素材文件\第 1 章\嘉宾名单.xlsx），然后单击“打开”按钮，如图 1-109 所示。

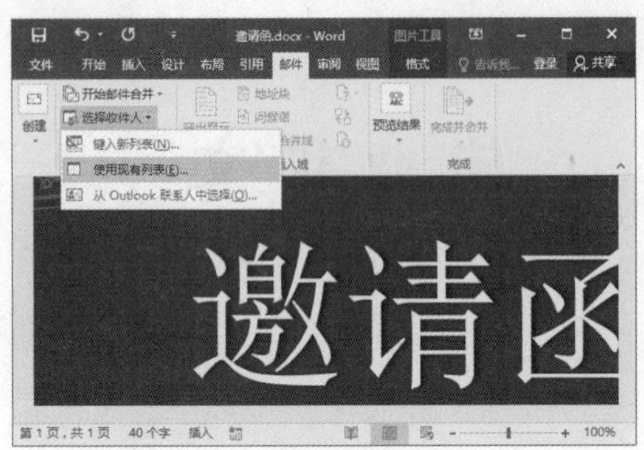

图 1-108 选择收件人

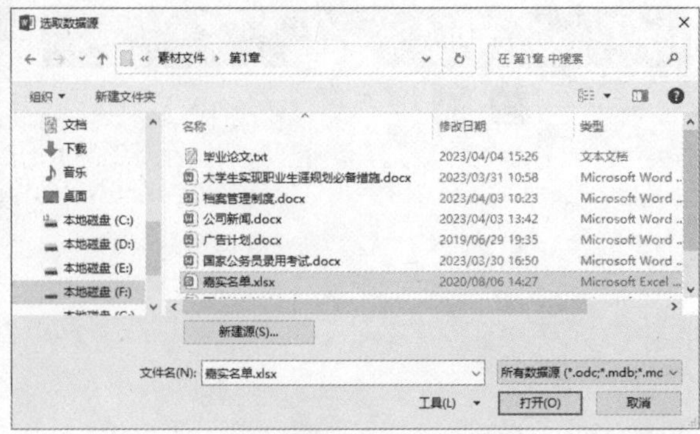

图 1-109 选取数据源

③ 打开“选择表格”对话框，在其中选择“Sheet1”表格，并选中“数据首行包含列标题”复选框，然后单击“确定”按钮，如图 1-110 所示。

④ 返回文档后，选择“×××”文本，单击【邮件】/【编写和插入域】选项组中“插入合并域”下拉按钮，在弹出的下拉列表中选择“姓名”选项，如图 1-111 所示。

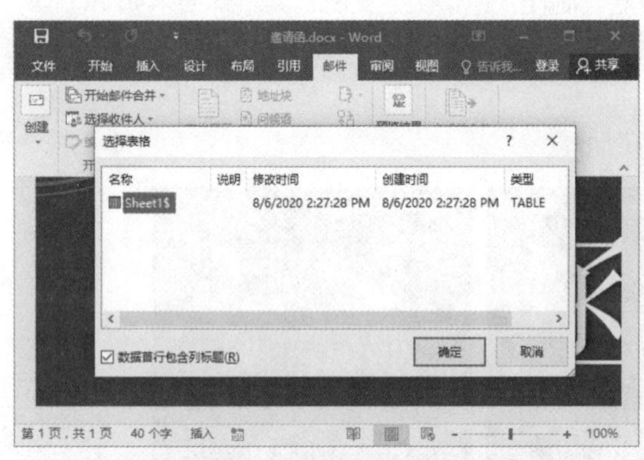

图 1-110 选择表格

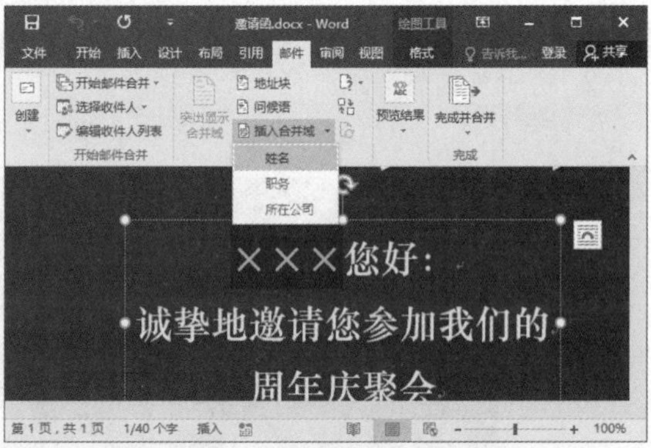

图 1-111 插入合并域

⑤ 此时，邀请函中的“×××”文本将变为“«姓名»”，然后单击【邮件】/【完成】选项组中的“完成并合并”下拉按钮，在弹出的下拉列表中选择“编辑单个文档”选项，如图 1-112 所示。

⑥ 打开“合并到新文档”对话框，选中“全部”单选项，然后单击“确定”按钮，如图 1-113 所示。

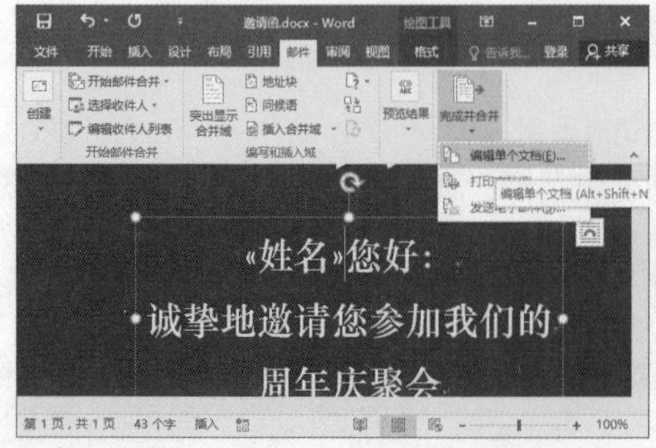

图 1-112 选择“编辑单个文档”选项

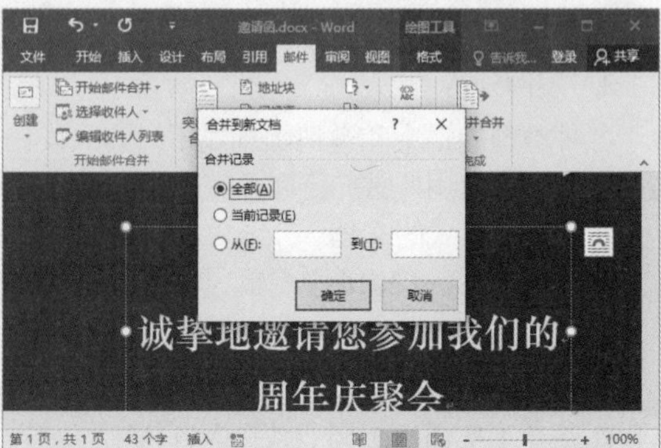

图 1-113 合并到新文档

⑦ 此时将生成“信函 1”新文档，该文档中包含了所有人员的邀请信息，然后将该文档另存为“邀请函.docx”（配套资源：\效果文件\第 1 章\邀请函.docx）。

1.3　习题

一、单选题

1. 下列不属于 Word 文档视图的是（　　）。

A. Web 版式视图　　B. 大纲视图
C. 放映视图　　D. 阅读版式视图

2. 在 Word 文档中，不可以直接操作的是（　　）。

A. 屏幕截图　　B. 录制屏幕操作视频
C. 插入 Excel 图表　　D. 插入 SmartArt 图形

3. 在文档编辑状态下，将文本插入点定位于任意一个段落中并设置 1.5 倍行距后，得到的结果是（　　）。

A. 文本插入点所在段落将按 1.5 倍行距调整段落格式
B. 文本插入点所在行将按 1.5 倍行距调整段落格式
C. 文档全部内容将按 1.5 倍行距调整段落格式
D. 文档没有任何改变

4. 在 Word 2016 中编辑一篇文档时，纵向选择一块文本区域的最快捷的操作方法是（　　）。

A. 按 Ctrl+Shift+F8 组合键，然后拖曳鼠标选择所需文本
B. 按下 Alt 键不放，拖曳鼠标选择所需文本
C. 按下 Ctrl 键不放，拖曳鼠标分别选择所需文本
D. 按下 Shift 键不放，拖曳鼠标选择所需文本

5. 在 Word 2016 中编辑一篇文档时，如果需要快速选取一个较长段落的区域，则最快捷的操作方法是（　　）。

A. 在段落左侧空白处双击
B. 在段首处单击，按住 Shift 键不放再单击段尾
C. 在段首处单击，按住 Shift 键不放再按 End 键
D. 直接使用鼠标拖曳选择整个段落

6. 小李正在 Word 2016 中编辑一篇包含 12 章的文档，他希望每一章都能自动从新的一页开始，则最优的操作方法是（　　）。

A. 在每一章最后插入分页符
B. 在每一章最后连续按 Enter 键，直到下一页面开始处
C. 将每一章标题指定为标题样式，并将样式的段落格式修改为“段前分页”
D. 将每一章标题的段落格式设为“段前分页”

7. 学生小钟正在 Word 2016 中编排自己的毕业论文，他希望将所有应用了“标题 3”样式的段落修改为 1.25 倍行距、段前间距 12 磅，则最优的操作方法是（　　）。

A. 修改其中一个段落的行距和间距，然后通过格式刷复制到其他段落
B. 直接修改“标题 3”样式的行距和间距
C. 选择所有应用了“标题 3”的段落，统一修改其行距和间距
D. 逐个修改每个段落的行距和间距

8. 小陈正在 Word 2016 中编辑一篇摘自互联网上的文章，现在他需要将文档每行后面的手动换行符删除，则最优的操作方法是（　　）。

A. 在每行的结尾处逐个手动删除

B. 通过查找和替换功能删除

C. 依次选择所有手动换行符后，按 Delete 键删除

D. 按 Ctrl+*组合键删除

9. 刘老师已经利用 Word 2016 编辑完成了一篇中英文混编的科技文档，若希望将该文档中的所有英文单词首字母均改为大写，则最优的操作方法是（　　）。

A. 逐个单词手动进行修改

B. 选择所有文本，通过“字体”选项组中的更改大小写功能来实现

C. 选择所有文本，通过按 Shift+F4 组合键来实现

D. 在自动更正选项中开启“每个单词首字母大写”功能

10. 小华利用 Word 2016 编辑了一份文档，现在出版社要求目录和正文的页码分别采用不同的格式，且均从第 1 页开始，则最优的操作方法是（　　）。

A. 在 Word 2016 中不设置页码，将其转换为 PDF 格式时再增加页码

B. 将目录和正文分别存在两个文档中，并分别设置页码

C. 在目录与正文之间插入分页符，在分页符前后设置不同的页码

D. 在目录与正文之间插入分节符，在不同的节中设置不同的页码

11. 在 Word 文档中有一个占用 3 页篇幅的表格，如果需要使这个表格的标题行都出现在各页面的首行，则最优的操作方法是（　　）。

A. 利用“重复标题行”功能

B. 将表格的标题行复制到另外 2 页中

C. 打开“表格属性”对话框，在列属性中进行设置

D. 打开“表格属性”对话框，在行属性中进行设置

12. 小张完成了自己的毕业论文，现需要在正文前添加论文目录以便检索和阅读，则最优的操作方法是（　　）。

A. 不使用内置标题样式，而是直接基于自定义样式创建目录

B. 利用 Word 2016 提供的“手动目录”功能创建目录

C. 将文档的各级标题设置为内置标题样式，然后基于内置标题样式自动插入目录

D. 直接输入作为目录的标题文字和相对应的页码创建目录

13. 小王计划邀请 30 名客户参加公司举办的答谢会活动，现准备为这些客户发送邀请函，则快速制作 30 份邀请函的最优操作方法是（　　）。

A. 先制作好一份邀请函，然后复印 30 份，并在每份邀请函上添加客户名称

B. 先在 Word 2016 中制作好一份邀请函，通过复制、粘贴功能生成 30 份，然后分别添加客户名称

C. 利用 Word 2016 的邮件合并功能自动生成

D. 发动同事帮忙制作邀请函，每个人写几份

14. 在 Word 2016 中，邮件合并功能支持的数据源不包括（　　）。

A. Excel 工作表　　B. HTML 文件　　C. PowerPoint 演示文稿　　D. Word 数据源

15. 姚老师准备将一篇来自互联网且以 HTML 格式保存的文档内容插入 Word 文档中，则最优的操作方法是（　　）。

A. 通过复制、粘贴功能将其复制到 Word 文档中

B. 选择【插入】/【文本】选项组中的“对象”下拉列表中的“文件中的文字”选项将其插入 Word 文档中

C. 选择【文件】/【打开】选项直接打开 HTML 格式的文档

D. 选择【插入】/【文件】选项将其插入 Word 文档中

16. 若希望 Word 2016 中所有超链接的文本颜色在被访问后变为绿色，则最优的操作方法是（　　）。

A. 通过修改超链接样式的格式改变已访问超链接的字体颜色

B. 通过修改主题字体改变已访问超链接的字体颜色

C. 通过查找和替换功能将已访问超链接的字体颜色进行替换

D. 通过新建主题颜色修改已访问超链接的字体颜色

17. 在 Word 2016 中编辑文档时，若希望表格及其上方的题注总是出现在同一页上，则最优的操作方法是（　　）。

A. 当题注与表格分离时，在题注前通过按 Enter 键增加空白段落来实现

B. 在表格最上方插入一个空行，将题注内容移动到该行中，并禁止该行跨页断行

C. 设置题注所在段落孤行控制

D. 设置题注所在段落与下段同页

18. 郝秘书准备在 Word 2016 中草拟一份会议通知，他希望该通知结尾处的日期能够随系统日期的变化而自动更新，则最快捷的操作方法是（　　）。

A. 直接手动输入日期，然后将其格式设置为可以自动更新

B. 通过插入域的方式插入日期和时间

C. 通过插入对象功能插入一个可以链接到原文件的日期

D. 通过插入日期和时间功能插入特定格式的日期并将其设置为自动更新

19. 若要在 Word 2016 中把某段落包含 3 个文本的词汇宽度调整为 4 字符，则最优的操作方法是（　　）。

A. 在“字体”对话框中调整字符的间距

B. 在“段落”对话框中调整字符的间距

C. 使用【开始】/【字体】选项组中的“调整宽度”功能

D. 使用【开始】/【段落】选项组中的“调整宽度”功能

20. 在 Word 2016 中设计的某些包含复杂效果的内容如果在未来需要经常使用，如公文版头、签名及自定义公式等，则最佳的操作方法是（　　）。

A. 将这些内容复制到空白文件中，并另存为模板，需要时进行调用

B. 每次需要使用这些内容时，打开包含该内容的旧文档进行复制

C. 将这些内容保存到文档部件库，需要时进行调用

D. 每次需要使用这些内容时，重新进行制作

二、操作题

1. 制作“请示”文档

利用所学知识制作“请示.docx”文档（配套资源：\效果文件\第 1 章\请示.docx），如图 1-114 所示，涉及的知识点包括新建并保存文档、输入文本、设置文本字体格式和段落格式、添加项目符合和编号。

2. 制作“荣誉证书”文档

利用所学知识制作“荣誉证书.docx”文档（配套资源：\效果文件\第 1 章\荣誉证书.docx），如

图 1-115 所示，涉及的知识点包括输入文本、设置文本格式、设置纸张大小和纸张方向、设置页面背景和边框、打印文档。

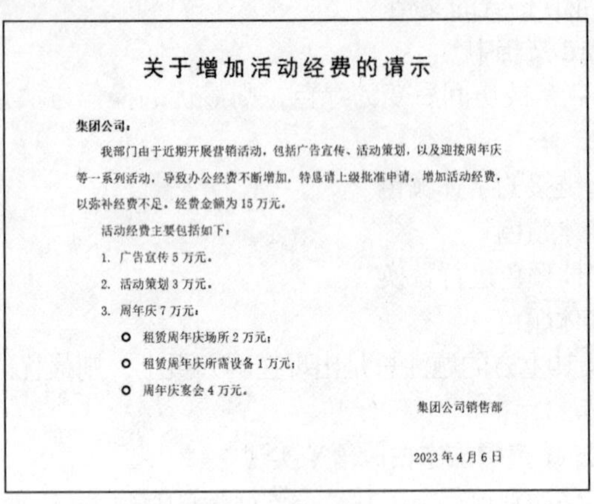

关于增加活动经费的请示

集团公司：

我部门由于近期开展营销活动，包括广告宣传、活动策划，以及迎接周年庆等一系列活动，导致办公经费不断增加，特恳请上级批准申请，增加活动经费，以弥补经费不足，经费金额为 15 万元。

活动经费主要包括如下：

1. 广告宣传 5 万元。
2. 活动策划 3 万元。
3. 周年庆 7 万元：
   - 租赁周年庆场所 2 万元；
   - 租赁周年庆所需设备 1 万元；
   - 周年庆宴会 4 万元。

集团公司销售部

2023 年 4 月 6 日

图 1-114　请示

奖

优秀员工荣誉证书

张×× 同志：

你在 2022 年度里工作勤勤恳恳、认真责任，被评为 优秀员工 。

特发此证，以资鼓励！

成都××责任有限公司

2023 年 2 月 16 日

图 1-115　荣誉证书

3. 制作“企业招聘流程图”文档

利用所学知识制作“企业招聘流程图.docx”文档（配套资源：\效果文件\第 1 章\企业招聘流程图.docx），如图 1-116 所示，涉及的知识点包括设置文本格式、插入并编辑形状。

4. 制作“推广方案”文档

利用所学知识和素材（配套资源：\素材文件\第 1 章\推广方案.docx）制作“推广方案.docx”文档（配套资源：\效果文件\第 1 章\企业招聘流程图.docx），如图 1-117 所示，涉及的知识点包括插入并设置艺术字、SmartArt 图形和表格。

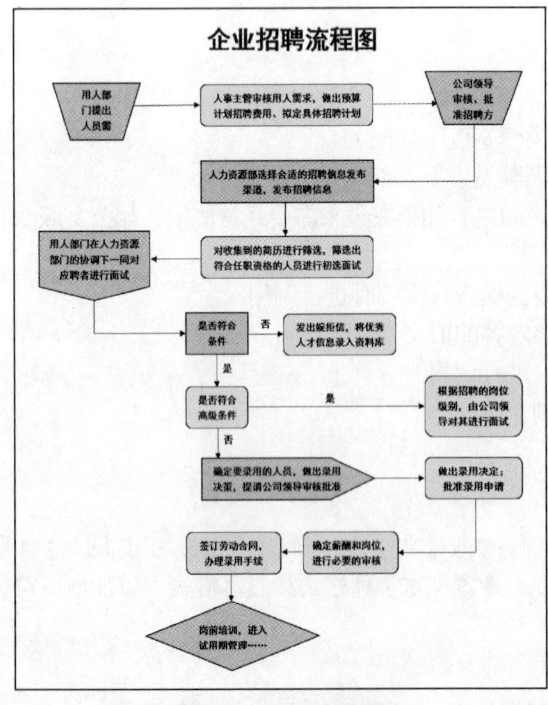

图 1-116　企业招聘流程图

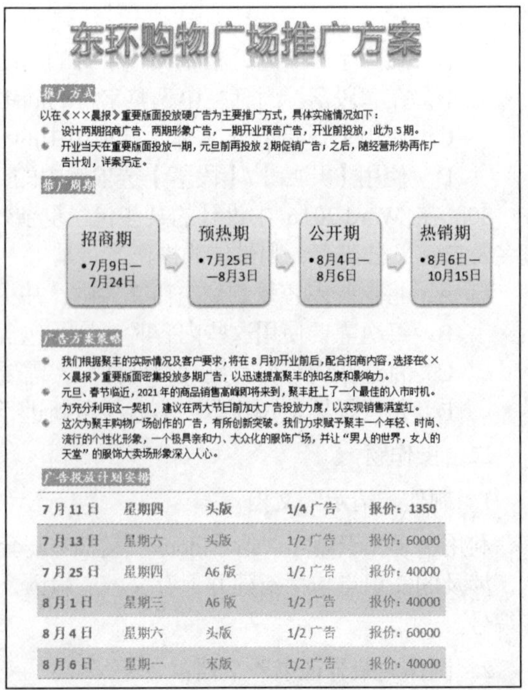

东环购物广场推广方案

推广方式

以在《××晨报》重要版面投放硬广告为主要推广方式，具体实施情况如下：

- 设计两期招商广告、两期形象广告，一期开业预告广告，开业前投放，此为 5 期。
- 开业当天在重要版面投放一期，元旦前再投放 2 期促销广告；之后，随经营形势再作广告计划，详案另定。

推广周期

招商期 •7月9日—7月24日 → 预热期 •7月25日—8月3日 → 公开期 •8月4日—8月6日 → 热销期 •8月6日—10月15日

广告方案策略

- 我们根据聚丰的实际情况及客户要求，将在 8 月初开业前后，配合招商内容，选择在《××晨报》重要版面密集投放多期广告，以迅速提高聚丰的知名度和影响力。
- 元旦、春节临近，2021 年的商品销售高峰即将来到，聚丰赶上了一个最佳的入市时机。为充分利用这一契机，建议在两大节日前加大广告投放力度，以实现销售满堂红。
- 这次为聚丰购物广场创作的广告，有所创新突破。我们力求赋予聚丰一个年轻、时尚、流行的个性化形象，一个极具亲和力、大众化的服饰广场，并让“男人的世界，女人的天堂”的服饰大卖场形象深入人心。

广告投放计划安排

7 月 11 日	星期四	头版	1/4 广告	报价：1350
7 月 13 日	星期六	头版	1/2 广告	报价：60000
7 月 25 日	星期四	A6 版	1/2 广告	报价：40000
8 月 1 日	星期三	A6 版	1/2 广告	报价：40000
8 月 4 日	星期六	头版	1/2 广告	报价：60000
8 月 6 日	星期一	末版	1/2 广告	报价：40000

图 1-117　推广方案

5. 制作“员工培训计划方案”文档

利用所学知识和素材（配套资源：\素材文件\第 1 章\员工培训计划方案.docx）制作“员工培训计划方案.docx”文档（配套资源：\效果文件\第 1 章\员工培训计划方案.docx），如图 1-118 所示，涉及的知识点包括设置纸张大小、应用与新建样式、插入分页符、设置页眉和页脚、插入目录。

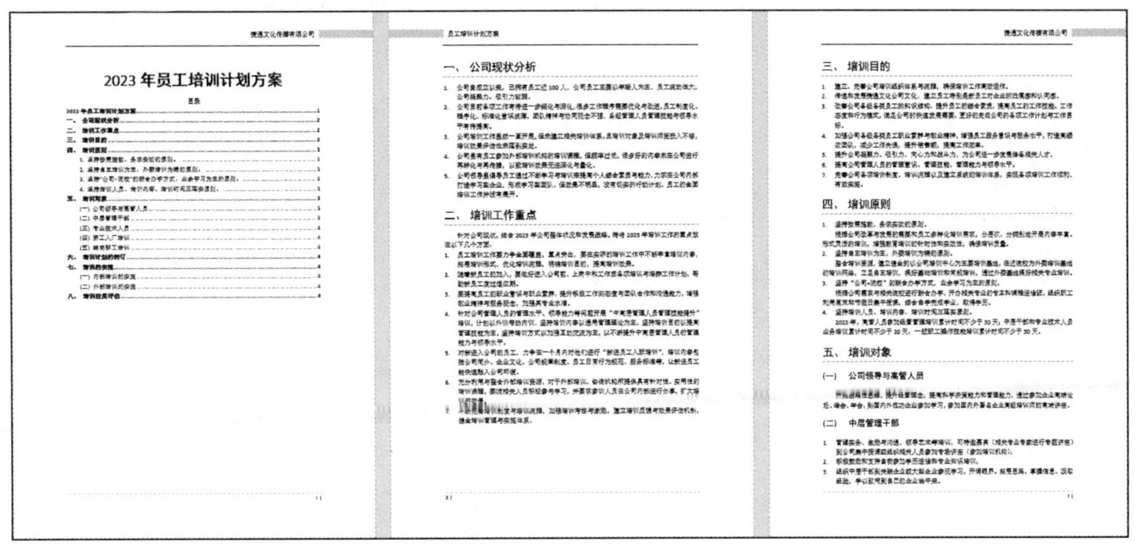

图 1-118　员工培训计划方案

02 第 2 章　电子表格软件 Excel

【学习目标】

- 了解 Excel 2016 的基础知识。
- 掌握输入与编辑数据的操作方法。
- 掌握美化工作表的相关设置方法。
- 掌握计算数据的方法。
- 掌握管理数据的方法。
- 熟悉图表的使用方法。
- 掌握使用 Excel 2016 分析数据的相关操作方法。
- 了解打印 Excel 2016 表格的操作方法。

2.1　知识要点

Excel 2016 是一款功能十分强大的数据编辑与处理软件，它可以将庞大、复杂的数据转换为比较直观的表格或图表，无论是从事会计、人力资源，还是从事数据分析或销售等职业的用户，在日常办公中大都离不开 Excel 软件。本章主要介绍 Excel 2016 的相关知识，主要包括认识 Excel 2016 操作界面组成、了解 Excel 2016 操作基础、Excel 2016 的数据与编辑、美化工作表、计算数据、管理表格、使用图表，以及查看和打印 Excel 2016 表格等内容。

2.1.1　认识 Excel 操作界面组成

Excel 2016 的操作界面与 Office 2016 其他组件的操作界面大致相似，如图 2-1 所示，由快速访问工具栏、标题栏、“文件”菜单、选项卡、功能区、编辑栏和工作表编辑区等部分组成。下面主要介绍编辑栏和工作表编辑区的作用。

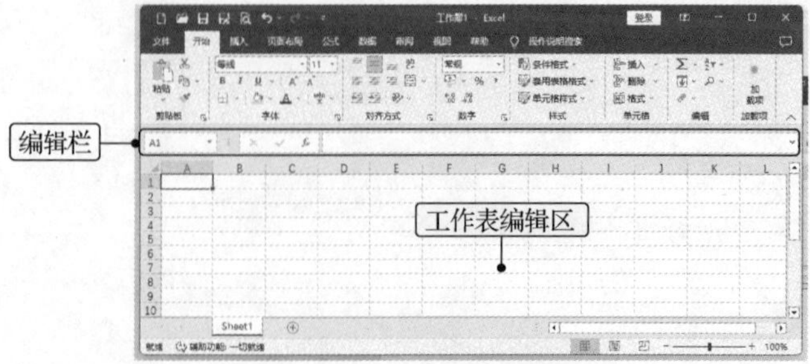

图 2-1　Excel 2016 的操作界面

1. 编辑栏

编辑栏主要用于显示和编辑当前活动单元格中的数据或公式。在默认情况下，编辑栏中会显示名称框、“插入函数”按钮和编辑框等部分，当用户在单元格中输入数据或插入公式与函数时，编辑栏中的“取消”按钮和“输入”按钮也将显示出来。

- 名称框：名称框用来显示当前单元格的地址和函数名称，或定位单元格。例如，在名称框中输入“B2”后，按 Enter 键将直接定位并选择 B2 单元格。
- “取消”按钮：单击该按钮，可取消输入的内容。
- “输入”按钮：单击该按钮，可确定输入的内容并完成输入。
- “插入函数”按钮：单击该按钮，将打开“插入函数”对话框，在其中可选择相应的函数并将其插入单元格。
- 编辑框：编辑框可显示在单元格中输入或编辑的内容，用户也可以选择单元格后，直接在编辑框中进行输入和编辑的操作。

2. 工作表编辑区

工作表编辑区是 Excel 2016 编辑数据的主要区域，表格中的内容通常都显示在工作表编辑区中，用户的大部分操作也需通过工作表编辑区进行。工作表编辑区主要包括行号、列标、单元格和工作表标签等部分。

- 行号与列标：行号用“1、2、3”等阿拉伯数字标识，列标用“A、B、C”等大写英文字母标识。一般情况下，单元格地址由“列标+行号”的形式组成，如位于 B 列 3 行的单元格，其地址表示为“B3”。
- 工作表标签：工作表标签用来显示工作表的名称，默认情况下，Excel 2016 中只包含一个工作表，用户若要添加新的工作表，则需要单击工作表标签右侧的“新工作表”按钮。当工作簿中包含多个工作表后，单击工作表左下角的或按钮可切换工作表，单击任意一个工作表标签也可以进行工作表之间的切换操作。

2.1.2　了解 Excel 基础操作

用户若要熟练使用 Excel 2016，首先就需要先了解 Excel 2016 的一些基础操作，如工作簿及其操作、工作表及其操作、单元格及其操作等。

1. 工作簿及其操作

用户在使用 Excel 2016 编辑和处理数据之前，首先需要创建工作簿。Excel 2016 中的所有操作都是在工作簿中完成的，因此，学习 Excel 2016 首先就应该学会工作簿的基本操作，包括新建、保存、打开及关闭工作簿。

（1）新建工作簿

工作簿即.xlsx 文件，也称为电子表格。在默认情况下，新建的工作簿以“工作簿 1”命名，若继续新建工作簿则依次以“工作簿 2”“工作簿 3”……命名，其名称一般会显示在 Excel 2016 操作界面的标题栏中。新建工作簿的常用方法有以下 3 种。

- 启动 Excel 2016，在窗口右侧选择“空白工作簿”选项，此时 Excel 2016 将自动新建一个名为“工作簿 1”的空白工作簿。
- 在桌面或需要新建工作簿的文件夹空白处右击，在弹出的快捷菜单中选择“新建”→“Microsoft Excel 工作表”选项，即可新建一个名为“新建 Microsoft Excel 工作表.xlsx”的空白工作簿。
- 启动 Excel 2016，选择【文件】/【新建】选项，打开“新建”界面，在其中选择“空白工作簿”选项也可以新建一个空白工作簿。

用户在“新建”界面中选择其他选项，可创建带模板的工作簿，如选择“个人月预算”选项，在打开的界面中单击“创建”按钮，即可创建一个已设置好表格内容的工作簿。

（2）保存工作簿

编辑工作簿后，用户需要对工作簿进行保存操作。对于重复编辑的工作簿，可根据需要直接进行保存，也可以通过另存操作将编辑过的工作簿保存为新的文件。

- 直接保存工作簿：单击快速访问工具栏中的“保存”按钮，或按 Ctrl+S 组合键，或选择【文件】/【保存】选项，均可打开“另存为”界面，在其中选择不同的保存方式进行工作簿的保存。
- 另存工作簿：选择【文件】/【另存为】选项，打开“另存为”界面，在其中选择需要的保存方式进行工作簿的保存。

（3）打开工作簿

对工作簿进行查看和再次编辑时，用户需要先打开工作簿。打开工作簿的常用方法有以下两种。

- 选择【文件】/【打开】选项，或按 Ctrl+O 组合键，打开“打开”界面，其中显示了最近编辑过的工作簿和打开过的文件夹。若要打开最近使用过的工作簿，则只需单击“工作簿”选项卡中的相应文件；若要打开计算机中保存的其他工作簿，则需要单击“浏览”按钮，在弹出的“打开”对话框中选择需要打开的工作簿，然后单击“打开”按钮，打开所选工作簿。

如果用户需要经常使用某一个工作簿，则可将其固定到“已固定”选项组中。其方法为，打开“打开”界面，将鼠标指针移至“最近”列表中的某一个工作簿上，右击，在弹出的快捷菜单中选择“固定至列表”选项，将所选工作簿固定到“已固定”选项组中，下次使用时就可直接在“最近”列表的“已固定”选项组中选择该工作簿。

- 打开工作簿所在的文件夹，双击工作簿，即可直接将其打开。

（4）关闭工作簿

在 Excel 2016 中，关闭工作簿的常用方式主要有以下两种。

- 选择【文件】/【关闭】选项。
- 按 Ctrl+W 组合键。

2. 工作表及其操作

工作表是显示和分析数据的场所，主要用于组织和管理各种数据信息。工作表存储在工作簿中，在默认情况下，一个工作簿中只包含一个工作表，其名称为“Sheet1”，但用户可以根据需要对工作表进行删除和添加操作。另外，在编辑工作表的过程中，用户还可以进行选择、重命名、移动和复制、插入、删除、保护工作表等操作。

（1）选择工作表

在编辑工作表之前，用户的首要工作就是选择工作表。选择工作表一般包括选择一个工作表、选择连续的多个工作表、选择不连续的多个工作表和选择所有工作表等。

- 选择一个工作表：单击相应的工作表标签，即可选择该工作表，且被选择的工作表将呈高亮显示。
- 选择连续的多个工作表：单击一个工作表标签后按住 Shift 键，再单击另一个工作表标签，即可同时选择这两个工作表及其之间的所有工作表。
- 选择不连续的多个工作表：单击一个工作表标签后按住 Ctrl 键，再依次单击其他工作表标签，即可同时选择这些不连续的工作表。
- 选择所有工作表：在工作表标签的任意位置处右击，在弹出的快捷菜单中选择“选定全部工作表”选项，即可选择所有工作表。

（2）重命名工作表

对工作表进行重命名，可以帮助用户快速了解工作表内容，便于查找和分类。重命名工作表的方法主要有以下两种。

- 双击工作表标签，此时工作表标签呈可编辑状态，输入新的名称后按 Enter 键确认。
- 在工作表标签上右击，在弹出的快捷菜单中选择“重命名”选项，此时工作表标签呈可编辑状态，输入新的名称后按 Enter 键确认。

（3）移动和复制工作表

移动和复制工作表主要包括在同一工作簿中移动和复制工作表、在不同的工作簿中移动和复制工作表两种。

- 在同一工作簿中移动和复制工作表：在同一工作簿中移动和复制工作表的方法比较简单，在需要移动的工作表标签上按住鼠标左键不放，将其拖曳到目标位置即可；如果要复制工作表，则需要在拖曳鼠标时按住 Ctrl 键。
- 在不同的工作簿中移动和复制工作表：在不同的工作簿中移动和复制工作表是指将一个工作簿中的内容移动或复制到另一个工作簿中。下面将“库存管理”工作簿中的“网店销售”工作表复制到“销量统计”工作簿中，其具体操作如下。

① 打开“库存管理.xlsx”工作簿和“销量统计.xlsx”工作簿（配套资源：\素材文件\第 2 章\库存管理.xlsx、销量统计.xlsx），选择要复制的“网店销量”工作表，然后单击【开始】/【单元格】选项组中的“格式”下拉按钮，在弹出的下拉列表中选择“移动或复制工作表”选项，如图 2-2 所示。

② 打开“移动或复制工作表”对话框，在“工作簿”下拉列表中选择“销量统计.xlsx”工作簿，在“下列选定工作表之前”列表框中选择要移动或复制到的位置，这里选择“Sheet1”选项，并选中“建立副本”复选框，以复制工作表，如图 2-3 所示。

③ 单击“确定”按钮，完成工作表的复制（配套资源：\效果文件\第 2 章\销量统计.xlsx）。

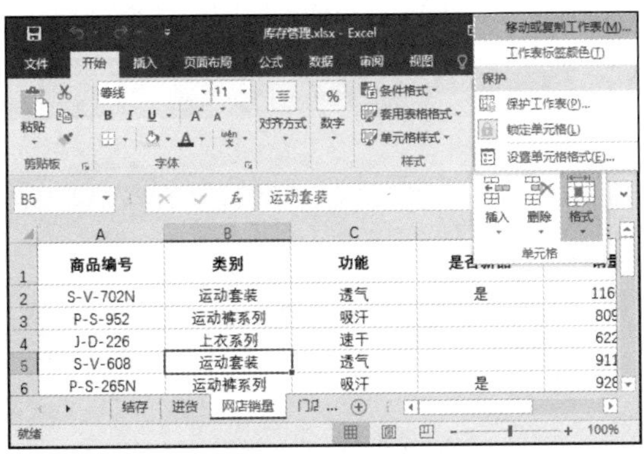

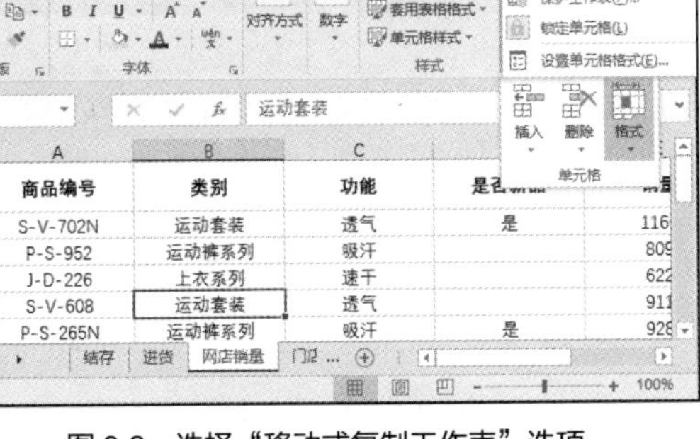

图 2-2　选择“移动或复制工作表”选项

图 2-3　复制工作表

在“移动或复制工作表”对话框中，若未选中“建立副本”复选框，则表示移动工作表到另一个工作簿中。

（4）插入工作表

根据实际需要，用户可在工作簿中插入工作表。插入工作表的方法有以下两种。

- 通过按钮插入：在工作表标签右侧单击“新工作表”按钮，即可插入一个空白的工作表。

- 通过对话框插入：在工作表标签上右击，在弹出的快捷菜单中选择“插入”选项，打开“插入”对话框。在“常用”选项卡的列表框中选择“工作表”选项，表示插入一个空白工作表，如图 2-4 所示。用户也可以在“电子表格方案”选项卡中选择一种需要的表格样式，然后单击“确定”按钮，插入一个带样式的工作表。

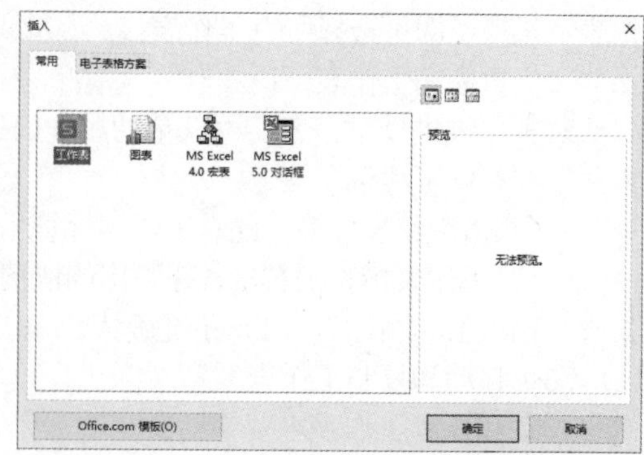

图 2-4　通过“插入”对话框插入工作表

（5）删除工作表

当工作簿中的某个工作表作废或多余时，用户可以在其工作表标签上右击，在弹出的快捷菜单中选择“删除”选项将其删除。如果工作表中有数据，删除工作表时将弹出提示框，然后单击“确定”按钮确认删除。

（6）保护工作表

Excel 2016 不仅提供了编辑和存储数据的功能，还提供了密码保护功能，用以保护工作表。下面将打开“库存管理”工作簿，为“总销量”工作表设置保护密码，然后将其撤销，其具体操作如下。

① 打开“库存管理.xlsx”工作簿（配套资源：\素材文件\第 2 章\库存管理.xlsx），选择“总销量”工作表，单击【开始】/【单元格】选项组中的“格式”下拉按钮，在弹出的下拉列表中选择“保护工作表”选项。

② 打开“保护工作表”对话框，在“取消工作表保护时使用的密码”文本框中输入密码，如“123”，在“允许此工作表的所有用户进行”列表框中设置用户可以进行的操作，设置完成后单击“确定”按钮，如图 2-5 所示。

③ 打开“确认密码”对话框，在“重新输入密码”文本框中再次输入密码，然后单击“确定”按钮，完成工作表的保护操作。

④ 在“总销量”工作表标签上右击，在弹出的快捷菜单中选择“撤销工作表保护”选项，如图 2-6 所示，打开“撤销工作表保护”对话框，在其中输入密码后单击“确定”按钮，取消工作表的保护。

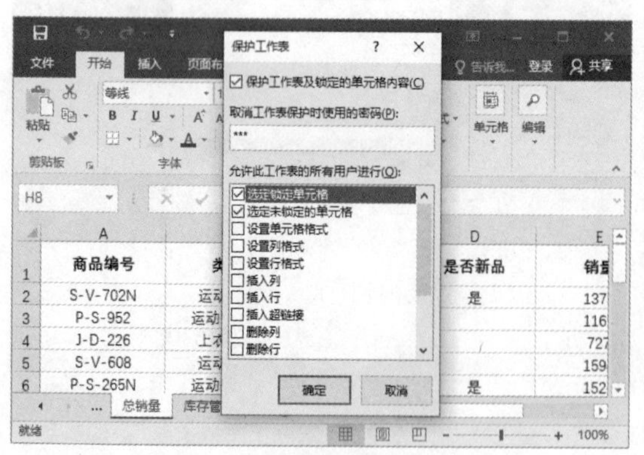

图 2-5　设置保护密码和参数

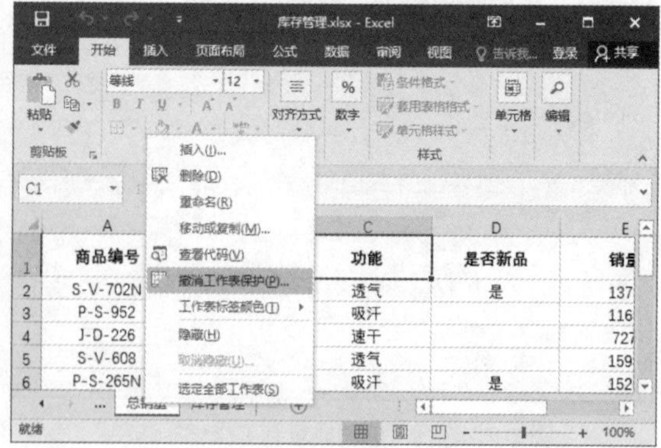

图 2-6　选择“撤销工作表保护”选项

提示

用户在工作表标签上右击，在弹出的快捷菜单中选择“工作表标签颜色”选项，在弹出的子菜单中选择所需颜色，就可以为工作表标签设置标识颜色了。

3. 单元格及其操作

单元格是 Excel 2016 中最基本的数据存储单元，它通过对应的行号和列标进行命名及引用。多个连续的单元格称为单元格区域，其地址表示为“单元格:单元格”，如 C5 单元格与 H8 单元格之间连续的单元格可表示为“C5:H8”单元格区域。用户在编辑电子表格的过程中，通常需要对单元格进行多项操作，包括选择、合并与拆分、插入与删除等。

（1）选择单元格

在对单元格进行操作之前，用户首先应该选择需要操作的单元格或单元格区域。在 Excel 2016 中选择单元格的方法主要有以下几种方法。

- 选择单个单元格：单击要选择的单元格。
- 选择多个连续的单元格：选择一个单元格，然后按住鼠标左键不放并拖曳鼠标，即可选择多个连续的单元格（即单元格区域）。
- 选择不连续的单元格：按住 Ctrl 键不放，分别单击要选择的单元格，即可选择不连续的多个单元格。
- 选择整行：单击行号即可选择整行单元格。
- 选择整列：单击列标即可选择整列单元格。
- 选择整个工作表中的所有单元格：单击工作表编辑区左上角行号与列标交叉处的按钮，即可选择整个工作表中的所有单元格。

（2）合并与拆分单元格

合并单元格就是将选择的多个连续的单元格合成一个单元格，而拆分单元格则是将合并后的一个单元格分为若干个大小相同的单元格。

- 合并单元格：用户在编辑表格的过程中，为了使表格结构看起来更美观、层次更清晰，往往需要对某些单元格进行合并。合并单元格的方法如下：选择需要合并的多个连续的单元格，单击【开始】/【对齐方式】选项组中的“合并后居中”按钮，完成合并操作，并使其中的内容居中显示。另外，单击该按钮右侧的下拉按钮，可在弹出的下拉列表中选择“跨越合并”“合并单元格”“取消单元格合并”等选项。
- 拆分单元格：拆分单元格的方法与合并单元格的方法完全相反，在拆分时需要先选择合并后的单元格，然后单击【开始】/【对齐方式】选项组中的“合并后居中”下拉按钮，在弹出的下拉列表中选择“取消单元格合并”选项，或单击【开始】/【对齐方式】选项组右下角的对话框启动器，打开“设置单元格格式”对话框，在“对齐”选项卡的“文本控制”选项组中取消选中“合并单元格”复选框。

（3）插入与删除单元格

用户在编辑表格时，既可以根据需要插入或删除单个单元格，也可以插入或删除一行（列）单元格。

- 插入单元格：插入单元格是表格编辑过程中的一项常见操作，其操作方法比较简单：选择要插入单元格的位置，如在 G6 单元格所在位置插入单元格，则需选择 G6 单元格，然后单击【开始】/【单元格】选项组中的“插入”下拉按钮，在弹出的下拉列表中选择“插入单元格”选项，打开“插入”对话框，如图 2-7 所示。选中“活动单元格右移”单选项或“活动单元格下移”单选项，可在所选单元格的左侧或上方插入一个单元格；选中“整行”单选项，表示插入整行单元格；选中“整列”单选项，表示插入整列单元格。
- 删除单元格：选择要删除的单元格，单击【开始】/【单元格】选项组中“删除”下拉按钮，在弹出的下拉列表中选择“删除单元格”选项，打开“删除”对话框，如图 2-8 所示，选中相应的单选项后，单击“确定”按钮删除所选单元格。

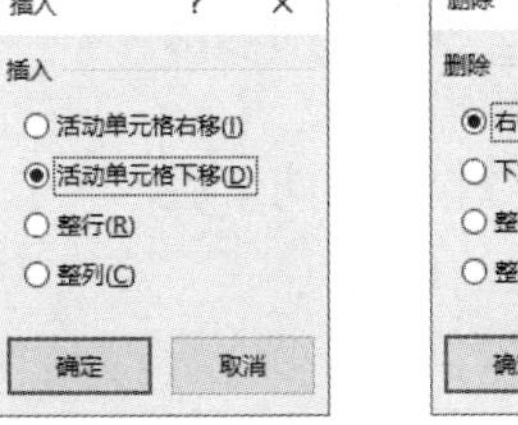

图 2-7　插入单元格　　图 2-8　删除单元格

2.1.3 Excel 的数据与编辑

新建工作表后，用户既可以在单元格中输入数据，又可以根据需要对输入的数据及数据格式进行编辑和设置。

1. 数据类型

Excel 2016 的数据类型包括字符型数据、数值型数据、日期型数据、时间型数据和逻辑型数据。

（1）字符型数据

字符型数据包括汉字、英文字母、空格等。默认情况下，字符型数据输入后的对齐方式为左对齐。当输入的字符串超出当前单元格的宽度时，如果右侧相邻单元格中没有数据，那么字符串会往右侧延伸；如果右侧单元格中有数据，则字符串的超出部分会被隐藏起来，此时需要加大单元格的宽度才能将数据全部显示出来。

如果要输入的字符串全部由数字组成，如电话号码、身份证号码等，为了避免 Excel 2016 把它按数值型数据进行处理，用户在输入时可以先输入一个单引号“'”（英文符号），然后输入具体的数字。例如，若要在单元格中输入身份证号码“510129888888888888”，则可先输入单引号“'”，然后输入数字“510129888888888888”，此时，单元格中显示的就是“510129888888888888”，而不是“5.1013E+17”。

（2）数值型数据

数值型数据包括 0～9 中的数字及含有货币符号、百分号、正号和负号等任意一种符号的数据。默认情况下，数值型数据输入后的对齐方式为右对齐。在输入数值型数据时，用户应特别注意以下两种情况。

- 负数：在数值前加一个“-”号或把数值放在括号中，都可以表示为输入负数。例如，若要在单元格中输入“-88”，则可以在单元格中输入英文括号“()”后，再在其中输入 88，即“(88)”，此时，单元格中将显示为“-88”。
- 分数：用户若想在单元格中输入分数形式的数据，那么应先在编辑框中输入“0”和一个空格，然后输入分数，否则 Excel 2016 会把分数当作日期处理。例如，若要在单元格中输入分数“4/5”，那么首先就需要在单元格中输入“0”和一个空格，接着输入“4/5”，最后按 Enter 键，此时，单元格中将显示为“4/5”。

（3）日期型数据

日期型数据即表示日期的数据，日期在 Excel 内部是用 1900 年 1 月 1 日起至某日期的天数序号存储的。例如，1900/02/01 在内部存储的天数序号是 32。日期型数据是 Excel 表格中常用的数据类型之一，用户在输入日期型数据时，年、月、日之间要用“/”或“-”隔开，如“2022-4-6”“2023/4/6”。另外，用户也可以按 Ctrl+; 组合键快速输入系统当前日期。

（4）时间型数据

时间型数据是用来表示时间的数据，用户在输入时间型数据时，时、分、秒之间要用冒号“:”隔开，如“12:23:06”。另外，用户也可以按 Ctrl+Shift+; 组合键快速输入系统当前时间。若用户想要同时输入日期和时间，则日期和时间之间应该使用空格隔开。

（5）逻辑型数据

逻辑型数据只有两个值，一个是真值“TRUE”，另一个是假值“FALSE”。

2. 输入简单数据

输入数据是制作表格的基础，Excel 2016 支持各种类型数据的输入。在 Excel 表格中输入简单数据的方法主要有以下 3 种。

- 选择单元格输入：选择需要输入数据的单元格，直接输入数据，然后按 Enter 键。

- 在单元格中输入：双击需要输入数据的单元格，将文本插入点定位到其中，输入所需数据后按 Enter 键。
- 在编辑框中输入：选择需要输入数据的单元格，将文本插入点定位到编辑框中后，输入数据并按 Enter 键。

3. 自动填充数据

在输入数据的过程中，若单元格中的数据有多处相同或是有规律的数据序列，那么用户就可以利用快速填充表格数据的方法来提高工作效率。

（1）通过“序列”对话框填充数据

对于有规律的数据而言，Excel 2016 提供了快速填充功能，用户只需在表格中输入一个数据，系统便可在连续单元格中快速填充有规律的数据。下面将在单元格中输入数字，并对其进行快速填充，其具体操作如下。

① 新建一个空白工作簿，在“Sheet1”工作表的起始单元格中输入起始数据，如“20201001”，然后选择需要填充有规律数据的单元格区域，这里选择 A1:A9 单元格区域，单击【开始】/【编辑】选项组中的“填充”下拉按钮，在弹出的下拉列表中选择“序列”选项，如图 2-9 所示。

② 打开“序列”对话框，在“序列产生在”选项组中选择序列产生的位置，这里选中“行”单选项；在“类型”选项组中选择序列的特性，这里选中“等差序列”单选项；在“步长值”文本框中输入序列的步长，这里输入“1”，如图 2-10 所示，然后单击“确定”按钮。

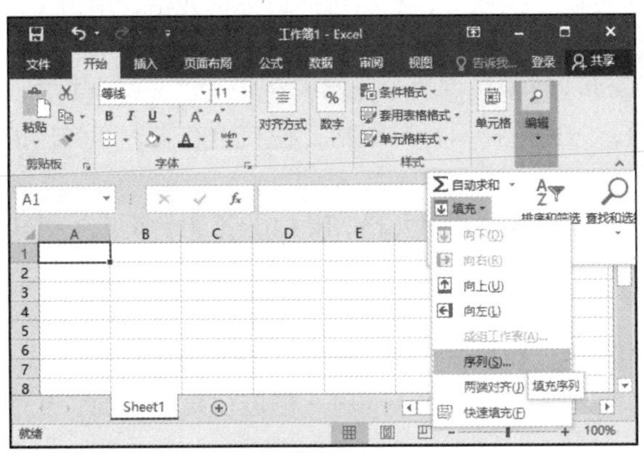

图 2-9　选择“序列”选项

图 2-10　设置序列参数

提示：在起始单元格中输入数据后，将鼠标指针移至所选单元格右下角的控制柄上，当其变为✚形状时，按住鼠标左键不放并将其拖曳至所需位置，然后释放鼠标左键，单击目标单元格右侧的“自动填充选项”下拉按钮，在弹出的下拉列表中也可以设置数据填充方式。

（2）使用控制柄填充相同数据

在起始单元格中输入起始数据后，将鼠标指针移至该单元格右下角的控制柄上，当其变为✚形状时，按住鼠标左键不放并将其拖曳至所需位置，然后释放鼠标左键，可以在选择的单元格区域中填充相同的数据，日期型数据除外。另外，在起始单元格中输入起始数据后，按住 Ctrl 键的同时拖曳控制柄，系统将默认以等差为 1 的等差数列进行填充；如果用户已经设置了其他填充方式，则系统会按照所设置的方式进行填充。

（3）使用控制柄填充有规律的数据

在起始单元格中输入起始数据，在相邻单元格中输入下一个数据，然后选择已输入数据的两个单元格，将鼠标指针移至该选区右下角的控制柄上，当其变为+形状时，按住鼠标左键不放并将其拖动至所需位置，然后释放鼠标左键，即可根据两个数据的特点自动填充有规律的数据。

4. 编辑数据

在编辑表格的过程中，用户通常还需要对已有的数据进行修改、删除、移动、复制、查找与替换等编辑操作。

（1）修改和删除数据

在表格中修改和删除数据的方法主要有以下 3 种。

- 在单元格中修改或删除：双击需要修改或删除数据的单元格，将文本插入点定位到其中，修改或删除数据后按 Enter 键。
- 选择单元格修改或删除：当用户需要对某个单元格中的全部数据进行修改或删除时，此时只需选择该单元格，然后重新输入正确的数据；或者在选择单元格后按 Delete 键删除所有数据，然后输入正确的数据并按 Enter 键。
- 在编辑框中修改或删除：选择需要修改或删除数据的单元格后，将文本插入点定位到编辑框中，修改或删除数据后按 Enter 键。

（2）移动和复制数据

在工作表中移动和复制数据的方法主要有以下 3 种。

- 通过【开始】/【剪贴板】选项组移动或复制数据：选择需要移动或复制数据的单元格，单击【开始】/【剪贴板】选项组中的“剪切”按钮或“复制”按钮，然后选择目标单元格，单击【开始】/【剪贴板】选项组中的“粘贴”按钮。
- 通过快捷菜单移动或复制数据：选择需要移动或复制数据的单元格，在所选单元格上右击，在弹出的快捷菜单中选择“剪切”或“复制”选项，然后选择目标单元格，在其上右击，在弹出的快捷菜单中选择“粘贴”选项。
- 通过快捷键移动或复制数据：选择需要移动或复制数据的单元格，按 Ctrl+X 组合键或 Ctrl+C 组合键，然后选择目标单元格，按 Ctrl+V 组合键。

（3）查找和替换数据

当 Excel 2016 工作表中的数据量很大时，在其中直接查找数据就比较困难，此时用户可通过 Excel 提供的查找和替换功能来快速查找符合条件的单元格，并对符合条件的单元格进行统一替换，从而提高编辑效率。

- 查找数据：利用 Excel 2016 提供的查找功能不仅可以查找普通数据，还可以查找公式、值、批注等。下面将在“员工档案”工作簿中查找“蝴蝶谷 5 号”，其具体操作如下。

① 打开“员工档案.xlsx”工作簿（配套资源：\素材文件\第 2 章\员工档案.xlsx），单击【开始】/【编辑】选项组中的“查找和选择”下拉按钮，在弹出的下拉列表中选择“查找”选项。

② 打开“查找和替换”对话框，在“查找内容”文本框中输入“蝴蝶谷 5 号”，然后单击“确定”按钮，查找符合条件的单元格，如图 2-11 所示。

③ 单击“选项”按钮，展开更多的查找条件，在其中单击“查找全部”按钮，可以在下方的列表框中显示所有包含需要查找文本的单元格位置。

- 替换数据：如果用户发现表格中有多处相同的错误，或需要对某项数据进行统一修改，则可以使用 Excel 2016 的替换功能快速实现。下面将在“员工档案”工作簿中查找“员工”文本，并将其替换为“职员”，其具体操作如下。

① 在“员工档案.xlsx”工作簿中按 Ctrl+F 组合键，打开“查找和替换”对话框。

② 选择“替换”选项卡，在“查找内容”文本框中输入要查找的数据“员工”，在“替换为”文本框中输入要替换的内容“职员”，如图 2-12 所示。

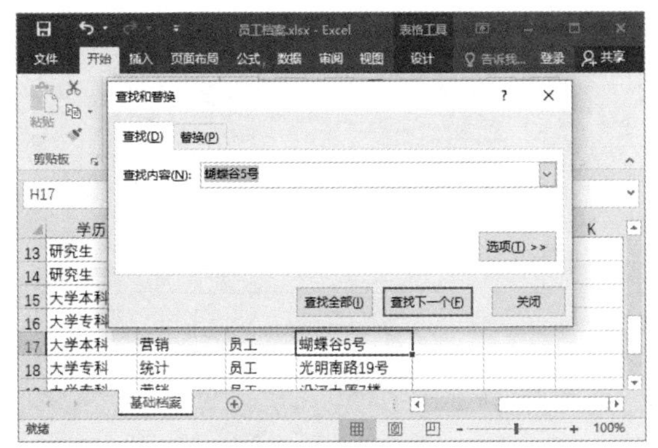
图 2-11　查找数据

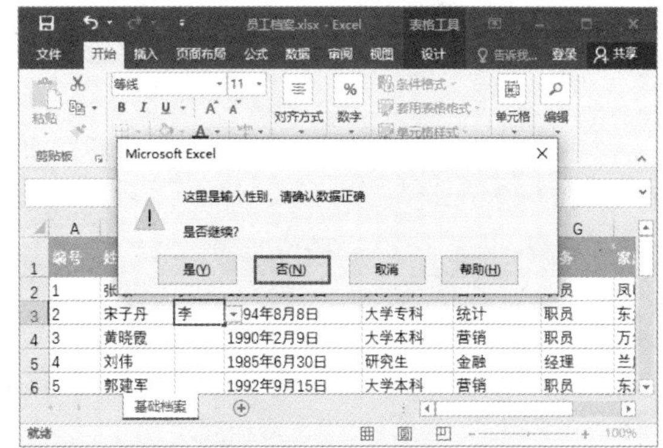
图 2-12　替换数据

③ 单击“确定”按钮，查找符合条件的数据，然后单击“替换”按钮进行替换；或单击“全部替换”按钮，将所有符合条件的数据一次性全部替换。

“*”在查找与替换中作为通配符有特殊用途，但若想将符号“*”修改为其他字符，则用户需要在“查找内容”文本框中输入“~*”，而不是“*”，否则就会出现错误。

5. 设置数据验证

设置数据验证不仅能够对单元格中输入的数据进行条件限制，大大提高用户填写数据的正确性，还能在单元格中创建下拉列表，方便用户进行选择输入。下面将通过创建下拉列表的方式来介绍数据验证的设置方法，其具体操作如下。

① 在“员工档案”工作簿中选择 C2:C21 单元格区域，然后按 Delete 键删除数据。

② 单击【数据】/【数据工具】选项组中的“数据验证”按钮，打开“数据验证”对话框，在“设置”选项卡的“允许”下拉列表中选择“序列”选项，在“来源”文本框中输入“男,女”，如图 2-13 所示。

③ 选择“出错警告”选项卡，在“样式”下拉列表中选择“警告”选项，在“错误信息”文本框中输入图 2-14 所示的提示内容，然后单击“确定”按钮。

图 2-13　输入验证条件

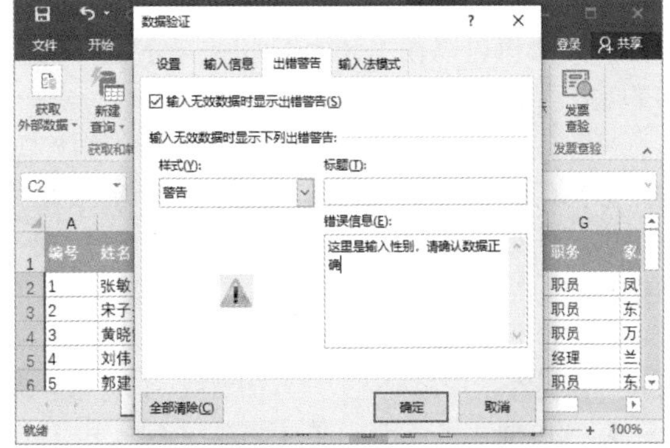
图 2-14　输入出错警告信息

④ 返回工作表后，单击 C2 单元格右下角的下拉按钮，在弹出的下拉列表中选择所需的数据进行输入，如图 2-15 所示。

⑤ 如果用户不是选择输入，而是直接在单元格中输入数据，那么当输入的数据有误时，系统就会自动弹出提示框，提示用户输入正确的数据，如图 2-16 所示（配套资源：\效果文件\第 2 章\员工档案.xlsx）。

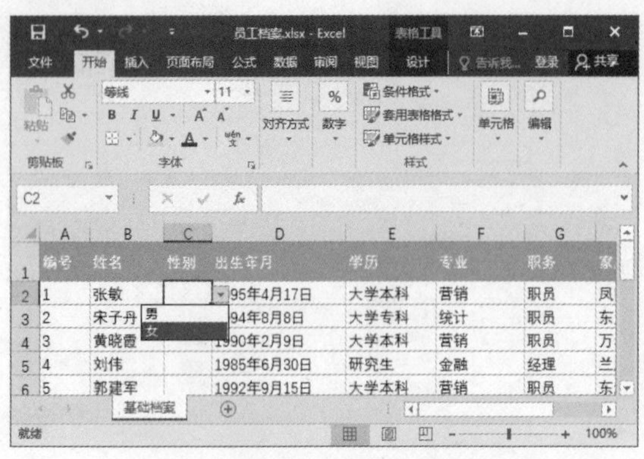

图 2-15　通过下拉列表选择输入数据

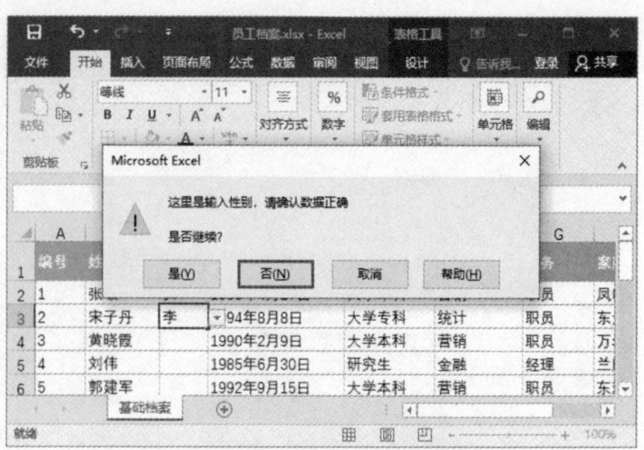

图 2-16　提示输入正确信息

2.1.4　美化工作表

默认状态下，工作表中的单元格是没有格式的，因此用户可根据实际需要对工作表进行自定义设置，包括设置单元格格式、设置行高和列宽、使用条件格式和套用表格格式等。

1. 设置单元格格式

在所有的数据输入完成后，用户还需要对工作表中的单元格格式进行设置，包括设置数字格式、对齐方式、边框样式、填充颜色等。通过设置单元格格式，不仅可以使表格更加美观，还可以方便用户对表格内容进行区分，以便于查阅。

设置单元格格式主要可通过"设置单元格格式"对话框来实现。其方法如下：选择需要设置格式的单元格，单击【开始】/【单元格】选项组中的"格式"下拉按钮，在弹出的下拉列表中选择"设置单元格格式"选项，打开"设置单元格格式"对话框，其中提供了 6 个不同的选项卡，用户通过设置选项卡中的相关参数，即可对单元格格式进行设置，如图 2-17 所示。

图 2-17　"设置单元格格式"对话框

- "数字"选项卡：通过该选项卡，用户可以设置单元格中的数据类型，如数值型、货币型、日期型、百分比等。另外，用户也可以在【开始】/【数字】选项组中对单元格中的数据类型进行快速设置。
- "对齐"选项卡：通过该选项卡，用户可以设置单元格数据的水平和垂直对齐方式、文字的排列方向和文本控制等内容，如居中对齐、两端对齐、分散对齐等。另外，用户也可以在【开始】/【对齐方式】选项组中对单元格中数据的对齐方式进行快速设置。
- "字体"选项卡：通过该选项卡，用户可以设置单元格中数据的字体、字形、字号、颜色和特殊效果等。另外，用户也可以在【开始】/【字体】选项组中对单元格中数据的字符格式进行快速设置。
- "边框"选项卡：通过该选项卡，用户可以为单元格设置各种粗细、样式或颜色的边框。
- "填充"选项卡：通过该选项卡，用户可以设置单元格的填充颜色和图案样式。
- "保护"选项卡：通过该选项卡，用户可以对指定的单元格进行隐藏和锁定设置。需要注意的是，对工作表进行保护之后，保护单元格的设置才会生效。

2. 设置行高和列宽

在 Excel 表格中，单元格的行高与列宽可以根据实际需要进行调整，一般情况下，将其调整至能够完全显示表格数据为宜。设置单元格行高和列宽的方法主要有以下两种。

- 通过拖动边框线调整：将鼠标指针移至行号或列标之间的分隔线上，按住鼠标左键不放，此时将出现一条灰色的实线，该实线即代表边框线移动的位置，将其拖曳到适当位置后再释放鼠标左键，可调整单元格的行高与列宽。
- 通过对话框调整：单击【开始】/【单元格】选项组中的“格式”下拉按钮，在弹出的下拉列表中选择“行高”选项或“列宽”选项，打开“行高”对话框或“列宽”对话框，在其中输入行高值或列宽值后，单击“确定”按钮。

3. 使用条件格式

通过 Excel 2016 的条件格式功能，用户可以为表格设置不同的条件格式，并将满足条件的单元格数据突出显示，以便查看表格内容。

（1）快速设置条件格式

Excel 2016 为用户提供了很多常用的条件格式，用户可直接选择使用。下面将在“固定资产管理”工作簿中为购置金额大于 10000 元的单元格设置条件格式，其具体操作如下。

① 打开“固定资产管理.xlsx”工作簿（配套资源：\素材文件\第 2 章\固定资产管理.xlsx），选择 I3:I13 单元格区域，单击【开始】/【样式】选项组中的“条件格式”下拉按钮，在弹出的下拉列表中选择“突出显示单元格规则”选项，在其子菜单中选择“大于”选项，如图 2-18 所示。

② 打开“大于”对话框，在“为大于以下值的单元格设置格式”文本框中输入“10000”，在“设置为”下拉列表中选择“浅红色填充”选项，然后单击“确定”按钮，如图 2-19 所示。

图 2-18　选择条件格式

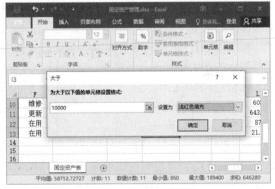

图 2-19　设置条件格式

③ 返回工作表后，可看到满足条件的数据被突出显示后的效果（配套资源：\效果文件\第 2 章\固定资产管理.xlsx）。

（2）新建条件格式规则

如果 Excel 2016 提供的条件格式选项不能满足用户的实际需要，那么用户也可以通过新建条件格式规则的方式来创建合适的条件格式。其方法如下：选择要设置条件格式的单元格或单元格区域，然后单击【开始】/【样式】选项组中的“条件格式”下拉按钮，在弹出的下拉列表中选择“新建规则”选项，打开“新建格式规则”对话框，在其中选择规则类型，并对应用条件的单元格格式进行编辑。

对于已设置条件格式的单元格而言，若用户想要清除其条件格式，则可选择“条件格式”下拉列表中的“清除规则”选项，在其子菜单中选择“清除整个工作表的规则”选项，清除整个工作表中的条件格式；或选择“清除所选单元格的规则”选项，清除指定单元格的条件格式。

4. 套用表格格式

利用 Excel 2016 的套用格式功能可以快速设置单元格格式和表格格式，以对表格进行美化。

- 应用单元格样式：选择要设置样式的单元格或单元格区域，单击【开始】/【样式】选项组中的“单元格样式”下拉按钮，在弹出的下拉列表中选择需要的单元格样式。
- 套用表格格式：选择要套用表格格式的单元格区域，单击【开始】/【样式】选项组中的“套用表格格式”下拉按钮，在弹出的下拉列表中选择需要的表格样式，打开“套用表格式”对话框，确认所选数据区域无误后，单击“确定”按钮。

2.1.5 计算数据

Excel 2016 作为一款功能强大的数据处理软件，其强大性主要体现在数据计算和分析方面。它不仅可以通过公式对表格中的数据进行一般的加、减、乘、除运算，还可以利用函数进行一些高级运算，极大地提高了用户的工作效率。

1. 公式的概念

Excel 2016 中的公式即对工作表中的数据进行计算的等式，以“=”（等号）开始，通过各种运算符号，将值或常量和单元格引用、函数返回值等部分组合起来，从而形成公式表达式。公式是计算表格数据时非常有效的工具，Excel 2016 可以自动计算公式表达式的结果，并显示在相应的单元格中。

- 常量：Excel 2016 中的常量包括数字或文本等各类数据，主要可分为数值型常量、文本型常量和逻辑型常量。其中，数值型常量可以是整数、小数、百分数，不能带千位分隔符和货币符号；文本型常量是用英文引号（''）引起来的若干字符，其中不能包含英文双引号；逻辑型常量只有两个值，即 TRUE 和 FALSE，分别表示真值和假值。
- 运算符：运算符即公式中的运算符号，用于对公式中的元素进行特定计算。运算符主要用于连接数字并产生相应的计算结果。运算符有算术运算符（如加、减、乘、除）、比较运算符（如逻辑值 FALSE 与 TRUE）、文本运算符（如&）、引用运算符（如冒号与空格）和括号运算符（如()）5 种，当一个公式中同时包含了这 5 种运算符时，就应当遵循从高到低的优先级进行计算；若公式中包含多个括号运算符，则一定要注意每个左括号必须配一个右括号。
- 语法：Excel 2016 中的公式是按照特定的顺序进行数值运算的，这一特定顺序即为语法。Excel 2016 中的公式遵循特定的语法，即最前面是等号，后面是参与计算的元素和运算符。如果公式中同时用到了多个运算符，则应按照运算符的优先级别进行运算；如果公式中包含了相同优先级别的运算符，则先进行括号中的运算，再从左到右依次计算。
- 公式的构成。Excel 2016 中的公式由“=”和“运算式”构成，运算式可以是由运算符构成的计算式，也可以是函数。计算式中参与计算的可以是常量、单元格地址，也可以是函数。

2. 公式的使用

Excel 2016 中的公式可以帮助用户快速完成各种计算，而为了进一步提高计算效率，在计算数据的过程中，用户除需要输入公式外，还需要对公式进行编辑和填充等操作。

（1）输入公式

在 Excel 2016 中输入公式的方法与输入数据的方法类似，只需要将公式输入相应的单元格中，系统就会自动计算出结果。输入公式的方法如下：选择要输入公式的单元格，在单元格或编辑栏中输入“=”，接着输入公式内容，完成后按 Enter 键或单击编辑栏上的“输入”按钮✔。

在单元格中输入公式后，按 Enter 键可在计算出公式结果的同时选择同列的下一个单元格；按 Tab 键可在计算出公式结果的同时选择同行的下一个单元格；按 Ctrl+Enter 组合键则可在计算出公式结果后，仍保持当前单元格的选择状态。

（2）编辑公式

选择含有公式的单元格，将文本插入点定位到编辑栏或单元格中需要修改的位置，然后按 Backspace 键删除多余或错误的内容，接着输入正确的内容，并按 Enter 键确认。

（3）填充公式

在输入公式完成计算后，如果该行或该列后的其他单元格皆需要使用该公式进行计算，则用户可直接通过填充公式的方式快速完成其他单元格的数据计算。其方法如下：选择已添加公式的单元格，将鼠标指针移至该单元格右下角的控制柄上，当其变为✚形状时，按住鼠标左键不放并将其拖曳至所需位置，然后释放鼠标左键，所选单元格区域中将会填充相同的公式并自动计算出结果，如图 2-20 所示。

员工培训成绩表

办公软件	财务知识	法律知识	英语口语	职业素养	人力管理	总成绩
60	85	88	70	80	82	465
62	60	61	50	63	61	
99	92	94	90	91	89	
60	54	55	58	75	55	

员工培训成绩表

办公软件	财务知识	法律知识	英语口语	职业素养	人力管理	总成绩
60	85	88	70	80	82	465
62	60	61	50	63	61	357
99	92	94	90	91	89	555
60	54	55	58	75	55	357

图 2-20　填充公式

在填充公式时，被填充的目标单元格中数据的计算方式会根据原始单元格的公式引用情况而有所不同。如果原始单元格为相对引用，则目标单元格的填充会根据位移情况自动调整所引用单元格；如果原始单元格为绝对引用，则目标单元格的公式不会发生任何改变。

3. 单元格引用

单元格引用是指引用数据所在单元格或单元格区域的地址。在 Excel 2016 中，用户可以根据实际计算需要引用当前工作表、当前工作簿或其他工作簿中的其他单元格数据。在引用单元格后，公式的运算值将随着被引用单元格的变化而变化。例如，在某公式“=80+65+78+90”中，数据“80”位于 B3 单元格，其他数据依次位于 C3、D3 和 E3 单元格中，通过单元格引用，可以输入公式“=B3+C3+D3+E3”，同样可以获得相同的计算结果。

（1）单元格引用类型

在计算工作表中的数据时，用户通常会通过复制或移动公式的方法来实现快速计算。根据单元格地址是否改变，可将单元格引用分为相对引用、绝对引用和混合引用 3 类。

- 相对引用。相对引用是指输入公式时直接通过单元格地址来引用单元格。相对引用单元格后，如果复制或剪切公式到其他单元格，那么公式中引用的单元格地址将会根据粘贴的位置而发生相应改变。
- 绝对引用。绝对引用是指无论引用单元格的公式位置如何改变，所引用的单元格均不会发生变化。绝对引用的方法是在单元格的行号、列标前均加上符号“$”。
- 混合引用。混合引用包含了相对引用和绝对引用。混合引用有两种形式：一种是行绝对、列相对，如“B$2”表示行不发生变化，但是列会随着位置的变化而发生改变；另一种是行相对、列绝对，如“$B2”表示列保持不变，但是行会随着位置的变化而发生改变。

（2）同一工作簿中不同工作表的单元格引用

在同一工作簿中引用不同工作表中的内容，需要在单元格或单元格区域前标注工作表名称，表示引用该工作表中相应单元格或单元格区域的值。下面将“日用品销售业绩表”工作簿中“Sheet1”工作表中的 B3 单元格数据引用到“Sheet2”工作表中，并计算季度销售总额，其具体操作如下。

① 打开“日用品销售业绩表.xlsx”工作簿（配套资源：\素材文件\第 2 章\日用品销售业绩表.xlsx），选择“Sheet2”工作表中的 B3 单元格，在该单元格中输入公式“=SUM(Sheet1!B3:E3)”，如图 2-21 所示，然后按 Enter 键。

② 此时，“Sheet2”工作表中的 B3 单元格中将显示计算结果，将鼠标指针移至 B3 单元格右下角的控制柄上，当其变为**+**形状时，按住鼠标左键不放并将其拖曳至 B13 单元格，然后释放鼠标左键，计算出其他产品的季度销售总额，效果如图 2-22 所示。

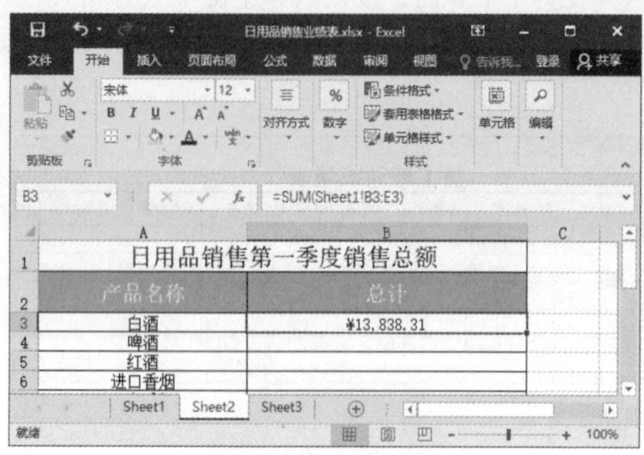

图 2-21 输入引用地址

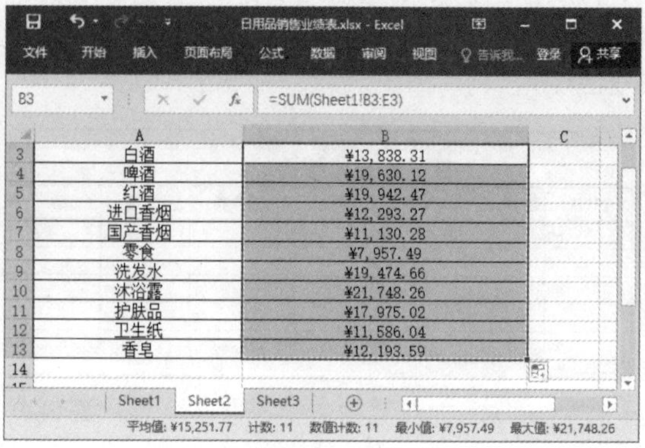

图 2-22 复制公式

（3）不同工作簿的单元格引用

在 Excel 2016 中，用户不仅可以引用同一工作簿中的内容，还可以引用不同工作簿中的内容，为了操作方便，可以将引用工作簿和被引用工作簿同时打开。下面将在“日用品销售业绩表”工作簿中引用“员工业绩统计”工作簿中的数据，其具体操作如下。

① 打开“员工业绩统计.xlsx”工作簿（配套资源：\素材文件\第 2 章\员工业绩统计.xlsx），在“日用品销售业绩表”工作簿的“Sheet3”工作表中的 B3 单元格中输入“=”，然后切换到“员工业绩统计”工作簿，选择 B9 单元格，效果如图 2-23 所示。

② 此时，在编辑栏中可查看当前引用公式，按 Ctrl+Enter 组合键确认引用，返回“日用品销售业绩表”工作簿，在“Sheet3”工作表中的 B3 单元格中可看到已成功引用“员工业绩统计”工作簿中 B9 单元格中的数据，如图 2-24 所示。

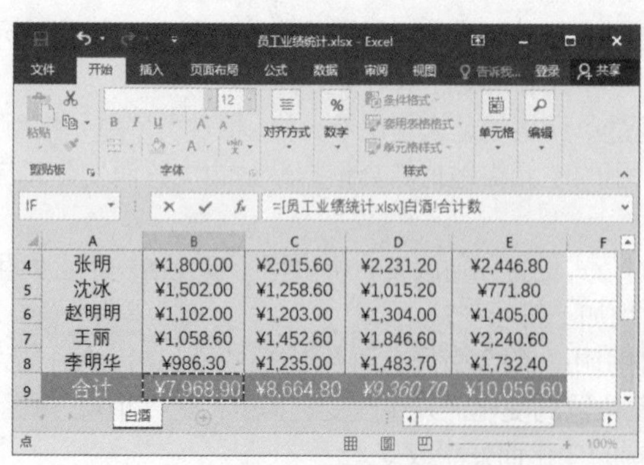

图 2-23 选择条件格式

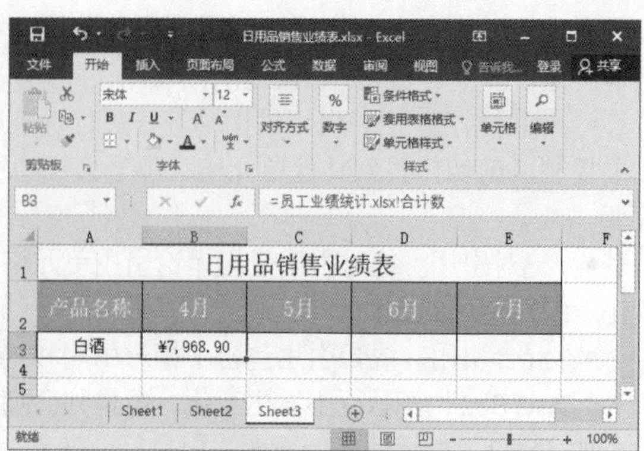

图 2-24 设置条件格式

③ 使用相同的方法计算 C3、D3、E3 单元格中的数据（配套资源：\效果文件\第 2 章\日用品销售业绩表.xlsx）。

4. 函数的使用

函数相当于预设好的公式，用户可以通过这些函数简化公式的输入过程，提高计算效率。Excel 2016 中的函数主要包括财务、统计、逻辑、文本、日期与时间、查找与引用、数学与三角函数、工程、数据库和信息等。函数一般包括等号、函数名称和函数参数 3 个部分，其中，函数名称表示函数的功能，每个函数都具有唯一的函数名称；函数参数表示函数运算对象，可以是数字、文本、逻辑值、表达式、引用或其他函数等。

（1）Excel 2016 中的常用函数

Excel 2016 为用户提供了多种函数，每个函数的功能、语法结构及其参数的含义各不相同。在计算表格数据时，常用的函数有 SUM 函数、AVERAGE 函数、IF 函数、MAX/MIN 函数、COUNT 函数、SIN 函数、PMT 函数、SUMIF 函数、RANK 函数和 INDEX 函数等。

- SUM 函数：SUM 函数的功能是对被选择的单元格或单元格区域进行求和计算。其语法结构为 SUM(number1,number2,...)。其中，number1、number2 等表示若干个需要求和的参数。填写参数时，可以使用单元格地址（如 E6,E7,E8），也可以使用单元格区域（如 E6:E8），甚至还可以混合输入（如 E6,E7:E8）。
- AVERAGE 函数：AVERAGE 函数的功能是求平均值。其语法结构为 AVERAGE(number1, number2,...)，其中，number1、number2 等表示需要计算平均值的若干个参数。
- IF 函数：IF 函数是一种常用的条件函数，它能判断真假值，并根据逻辑计算的真假值返回不同的结果。其语法结构为 IF(logical_test,value_if_true,value_if_false)。其中，logical_test 表示计算结果为 TRUE 或 FALSE 的任意值或表达式；value_if_true 表示 logical_test 为 TRUE 时要返回的值，可以是任意数据；value_if_false 表示 logical_test 为 FALSE 时要返回的值，也可以是任意数据。
- MAX/MIN 函数：MAX 函数的功能是返回所选单元格区域中所有数值的最大值，MIN 函数的功能则是返回所选单元格区域中所有数值的最小值。其语法结构为 MAX/MIN(number1,number2,...)。其中，number1、number2 等表示要筛选的若干个参数。
- COUNT 函数：COUNT 函数的功能是返回包含数字及包含参数列表中数字的单元格个数，通常用来计算单元格区域或数字数组中数字字段的输入项个数。其语法结构为 COUNT(value1,value2,...)。其中，value1、value2 等为包含或引用各种类型数据的参数（1～255 个），但只有数字类型的数据才能被计算。
- SIN 函数：SIN 函数的功能是返回给定角度的正弦值。其语法结构为 SIN(number)。其中，number 为需要计算正弦的角度，以弧度表示。
- PMT 函数：PMT 函数的功能是基于固定利率及等额分期付款方式，返回贷款的每期付款额。其语法结构为 PMT(rate,nper,pv,fv,type)。其中，rate 为贷款利率；nper 为该项贷款的付款总数；pv 为现值，或一系列未来付款的当前值的累积和，也称为本金；fv 为未来值，或在最后一次付款后希望得到的现金余额，如果省略 fv，则假设其值为零，也就是一笔贷款的未来值为零；type 为数字 0 或 1，用以指定各期的付款时间是在期初还是期末。
- SUMIF 函数：SUMIF 函数的功能是根据指定条件对若干单元格进行求和。其语法结构为 SUMIF(range,criteria,sum_range)。其中，range 为用于条件判断的单元格区域；criteria 为确定哪些单元格将被作为相加求和的条件，其形式可以为数字、表达式或文本；sum_range 为需要求和的实际单元格。
- RANK 函数：RANK 函数是排名函数，可返回某数字在一列数字中相对于其他数值的大小排名。其语法结构为 RANK(number,ref,order)。其中，number 为需要找到排位的数字（单元格内必须为数字）；ref 为数字列表数组或对数字列表的引用；order 指明排位的方式，order 的值为 0 和 1，默认不用输入，得到的就是从大到小的排名，若是想求倒数第几名，则 order 的值应使用 1。

- INDEX 函数：INDEX 函数的功能是返回数据清单或数组中的元素值，此元素由行序号和列序号的索引值给定。其语法结构为 INDEX(array,row_num,column_num)。其中，array 为单元格区域或数组常数；row_num 为数组中某行的行序号，函数从该行返回数值；column_num 是数组中某列的列序号，函数从该列返回数值。如果省略 row_num，则必须有 column_num；如果省略 column_num，则必须有 row_num。

（2）插入函数

在 Excel 2016 中可以通过以下 3 种方式来插入函数。

- 选择需要插入函数的单元格后，单击编辑栏中的“插入函数”按钮 f_x，打开“插入函数”对话框，选择需要的函数后，单击“确定”按钮，打开“函数参数”对话框，在其中对参数值进行准确设置。
- 选择需要插入函数的单元格后，单击【公式】/【函数库】选项组中的“插入函数”按钮，打开“插入函数”对话框，选择需要函数后，单击“确定”按钮，打开“函数参数”对话框，在其中对参数值进行准确设置。
- 选择需要插入函数的单元格后，按 Shift+F3 组合键，打开“插入函数”对话框，在其中选择所需函数后，单击“确定”按钮，打开“函数参数”对话框，在其中对参数值进行准确设置。

5. 公式与函数常见错误

在使用公式和函数计算工作表中的数据时，有时会在单元格中返回错误信息，正确分析这些错误信息，有利于用户更好地使用公式和函数。下面总结了一些公式与函数的常见错误和处理方法，以供用户参考，如表 2-1 所示。

表 2-1　公式与函数的常见错误和处理方法

错误信息	产生错误的原因	处理方法
#DIV/0!	公式中有除数为 0，或者在公式中所引用的单元格为空白或 0 值	把除数改为非 0 的数值，或修改单元格引用，即修改所引用的单元格为不为空白或 0 值的单元格
#N/A	在函数和公式中没有可用的数值可以引用	检查函数或公式中引用的单元格，确认已在其中正确输入数据
#NAME?	在公式中使用了 Excel 不能识别的文本，如函数名称拼写错误、使用了没有被定义的单元格区域或单元格名称	确认函数或公式中引用的名称确实存在，而且在输入公式过程中要保证引用名称输入的正确性
#REF!	删除了由其他公式引用的单元格，或将移动单元格粘贴到由其他公式引用的单元格中	更改公式或在删除或粘贴单元格之后，立即单击“撤销”按钮，以恢复工作表中的单元格
#NULL!	在公式或函数中使用了错误的单元格区域运算符，或进行了不正确的单元格引用	如果要引用两个并不交叉的单元格区域，应该使用联合运算符“,”；如果确实需要使用交叉运算符，用户需重新选择函数或公式中的单元格区域引用，并保证两个单元格区域有交叉
#NUM!	用户在需要数值型参数的函数中使用了不能被 Excel 2016 接受的参数，或公式返回的数值太大或太小	根据公式的具体情况，检查数值是否会超出相应的限定区域，并确认函数中使用的参数都是正确的
#VALUE	公式所包含的单元格有不同的数据类型。例如，文本型的数据参与了数值运算；函数参数本应该是单一值，却提供了一个单元格区域作为参数	更正相关的数据类型或参数类型，提供正确的参数

2.1.6 管理表格

完成数据的计算后，用户还应对其进行适当的管理与分析，以便能够更好地了解表格中的数据信息，如对数据的大小进行排序、筛选出用户需要查看的部分数据内容、分类汇总显示各项数据、合并计算等。

1. 数据表格的构建规则

用户在对数据进行排序、筛选和分类汇总等操作之前，应该了解数据表格的构建规则，从而才能避免无法分析数据的情况发生。

（1）数据排序时的表格构建规则

用户若要对表格中的数据进行正确排序，则应按照以下规范来构建表格。

- Excel 2016 不允许被排序的数据区域中有不同大小的单元格同时存在，也就是合并后的单元格与普通的单个单元格不能同时被排序。
- 表格中的关键字所在列不能有空白单元格，否则排序后表格结构将发生改变。
- 一般情况下，不管是数值型数字还是文本型数字，Excel 2016 都能识别并正确排序，但数字前、中、后均不能出现空格。

（2）数据筛选时的表格构建规则

筛选数据时，表格的构建规则有以下 3 点。

- 表格中每一行的结构要相同，即每列的内容是相同类型，这样才能保证筛选结果是有意义的。
- 表格中每列最好都有表头，该表头的作用是在进行高级筛选时，用来指示对应的条件针对的是哪一列。
- 筛选是一个条件和模式匹配的过程，输入的条件支持逻辑运算，支持“与”“或”运算；模式匹配支持通配符“?”和“*”，其中，“?”匹配任意单个字符，“*”匹配任意多个字符。

（3）数据分类汇总时的表格构建规则

数据分类汇总时，表格的构建没有特殊规则，但用户应掌握对工作表进行分类汇总的基本原则：先排序，后汇总。先排序是指先对作为分类依据的字段进行排序操作，再按求和、计数、求平均值、求最大/最小值等不同方式对数据字段进行汇总。

2. 数据排序

数据排序是统计工作中的一项重要内容，在日常办公中，用户经常会遇到对表格进行排序的情况，如按销售额、按学生成绩等进行排序，此时就可以使用 Excel 2016 中的数据排序功能来实现。一般情况下，数据排序分为以下 3 种情况。

（1）快速排序

如果只对工作表中的某一列进行简单排序，那么用户就可以使用快速排序功能来完成。其方法如下：选择要排序列中的任意一个单元格，单击【数据】/【排序和筛选】选项组中的“升序”按钮，或“降序”按钮，从而实现数据的升序或降序排序。

（2）组合排序

组合排序是指分别设置主、次关键字进行排序。在对某列数据进行排序时，如果遇到多个单元格数据值相同的情况，那么用户就可以使用组合排序的方式来决定数据的先后。下面将在“员工培训成绩表”工作簿中将“总成绩”作为主要关键字，将“职业素养”作为次要关键字进行排序，其具体操作如下。

① 打开“员工培训成绩表.xlsx”工作簿（配套资源：\素材文件\第 2 章\员工培训成绩表.xlsx），选择工作表中包含数据的任意一个单元格，然后单击【数据】/【排序和筛选】选项组中的“排序”按钮，打开“排序”对话框。

② 在“主要关键字”下拉列表中选择“总成绩”选项，在“次序”下拉列表中选择“升序”选项，然后单击“添加条件”按钮，添加次要关键字条件；在“次要关键字”下拉列表中选择“职业素养”选项，在“次序”下拉列表中选择“降序”选项，设置完成后单击“确定”按钮，如图 2-25 所示。

③ 返回工作表后，可以看到数据优先以“总成绩”进行升序排列，“总成绩”相同时，再以“职业素养”成绩进行降序排序，如图 2-26 所示。

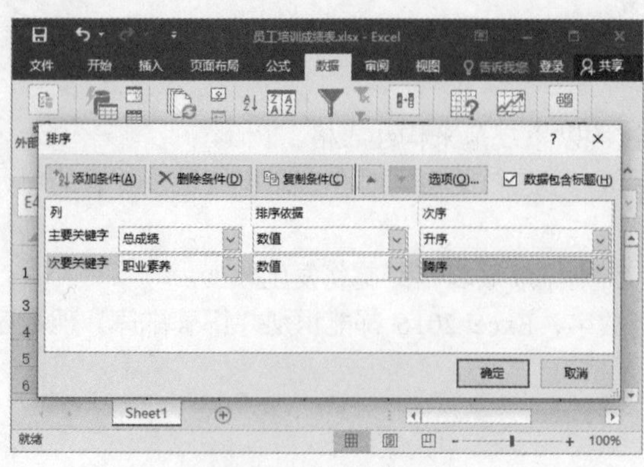

图 2-25 设置排序条件

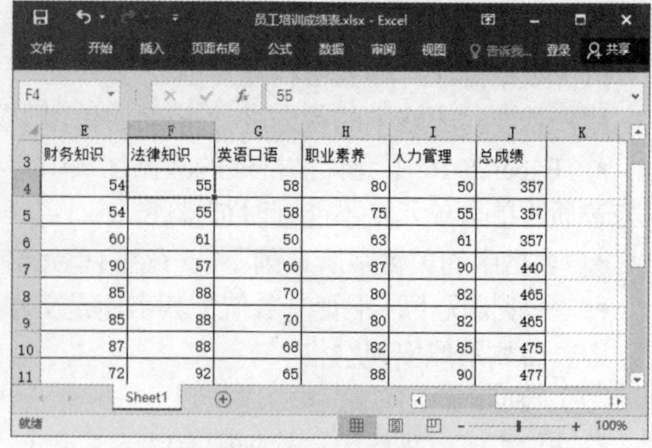

图 2-26 查看排序结果

（3）自定义排序

除按照数据大小排序外，用户还可以按照自定义序列中的顺序进行排序。Excel 2016 提供了内置的序列，用户也可以根据实际需求自己设置。下面将在“员工培训成绩表”工作簿中将“财务知识”作为主要关键字进行降序排列，再将“所属部门”按“财务部”“行政部”“研发部”“市场部”的方式进行排序，其具体操作如下。

① 在“员工培训成绩表”工作簿中单击【数据】/【排序和筛选】选项组中的“排序”按钮，打开“排序”对话框，单击“删除条件”按钮，将表格中已设置的排序条件删除。

② 在“主要关键字”下拉列表中选择“财务知识”选项，在“次序”下拉列表中选择“降序”选项，然后单击“添加条件”按钮；在“次要关键字”下拉列表中选择“所属部门”选项，在“次序”下拉列表中选择“自定义序列”选项，如图 2-27 所示。

③ 打开“自定义序列”对话框，在“输入序列”文本框中输入图 2-28 所示的排列顺序，然后单击“添加”按钮。

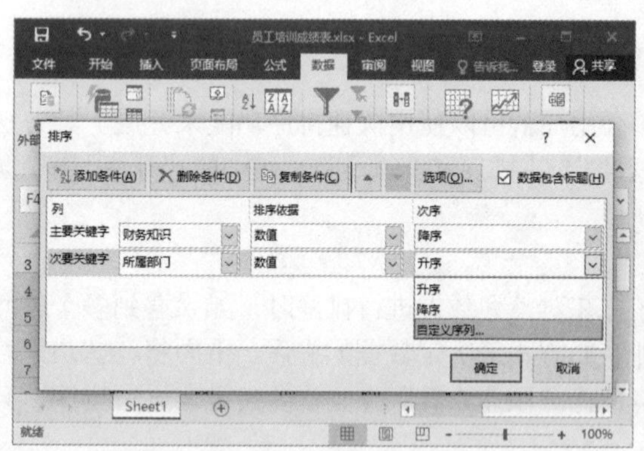

图 2-27 设置次要关键字的排序方式

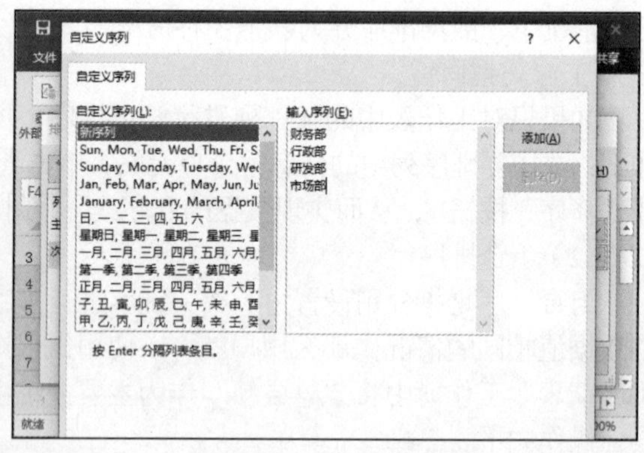

图 2-28 输入自定义序列

④ 返回“排序”对话框，单击“确定”按钮确认设置。返回工作表后，可以看到工作表中若有“财务知识”成绩相同的单元格，则再按照“所属部门”自定义条件进行排序（配套资源：\效果文件\第 2 章\员工培训成绩表.xlsx）。

3. 数据筛选

数据筛选是数据表格管理的一个常用项目，用户通过数据筛选可以快速定位符合特定条件的数据，方便在第一时间获取所需数据信息。Excel 2016 中数据的筛选主要可分为自动筛选、自定义筛选和高级筛选 3 种方式。

（1）自动筛选

自动筛选数据即根据用户设定的筛选条件自动显示符合条件的数据，隐藏其他数据。自动筛选的操作很简单，在工作表中选择需要进行自动筛选的单元格区域后，单击【数据】/【排序和筛选】选项组中的“筛选”按钮，此时各列表头右侧将出现一个下拉按钮，单击该下拉按钮，在弹出的下拉列表中选择需要筛选的数据或取消选择不需要显示的数据，不满足条件的数据就会自动隐藏。

如果想要取消筛选，则需要再次单击【数据】/【排序和筛选】选项组中的“筛选”按钮。

（2）自定义筛选

自定义筛选建立在自动筛选的基础上，用户可自动设置筛选选项，从而更灵活地筛选出所需的数据。下面将在“月销售记录表”工作簿中自定义筛选“销售额”介于 30000～80000 的数据，其具体操作如下。

① 打开“月销售记录表.xlsx”工作簿（配套资源：\素材文件\第 2 章\月销售记录表.xlsx），选择“1 月份”工作表，在其中选择任意一个包含数据的单元格后，单击【数据】/【排序和筛选】选项组中的“筛选”按钮。

② 单击“销售额”单元格右侧的下拉按钮，在弹出的下拉列表中选择“数字筛选”选项，在其子菜单中选择“自定义筛选”选项，如图 2-29 所示。

③ 打开“自定义自动筛选方式”对话框，在其中设置筛选条件，如图 2-30 所示。设置完成后，单击“确定”按钮，完成自定义筛选的操作。

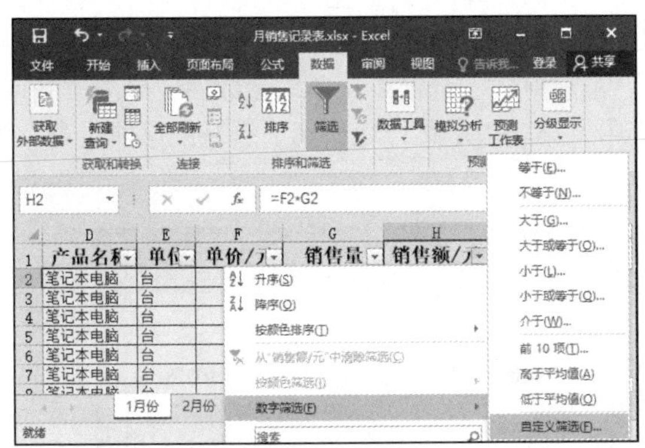

图 2-29　选择筛选方式

图 2-30　设置自定义筛选条件

“自定义自动筛选方式”对话框中包括两组判断条件，上面一组为必选项，下面一组为可选项。上下两组条件通过“与”单选项或“或”单选项两种运算进行关联。其中，“与”单选项表示筛选上下两组条件都满足的数据，“或”单选项表示筛选满足两组条件中任意一组条件的数据。

（3）高级筛选

如果用户想要根据自己设置的筛选条件来筛选数据，那么就需要使用高级筛选功能。高级筛选功能可以筛选出同时满足两个或两个以上约束条件的数据。下面将在“月销售记录表”工作簿中筛选出“城北店”和“城南店”销售额高于“30000”的数据信息，其具体操作如下。

① 在“月销售记录表”工作簿中选择“2 月份”工作表，在 J3:K5 单元格区域输入筛选条件。需要注意的是，条件区域中的标签名称要与筛选区域中的标签名称保持一致。

② 将文本插入点定位到筛选单元格区域中的任意单元格或选择筛选单元格区域，单击【数据】/【排序和筛选】选项组中的“高级”按钮。

③ 打开“高级筛选”对话框，在“方式”选项组中选中“将筛选结果复制到其他位置”单选项，然后在工作表中选择需要进行筛选的列表区域和条件区域，以及筛选结果存放的位置，然后单击“确定”按钮，如图 2-31 所示。

④ 返回工作表后，筛选结果将显示在指定的单元格中，如图 2-32 所示。

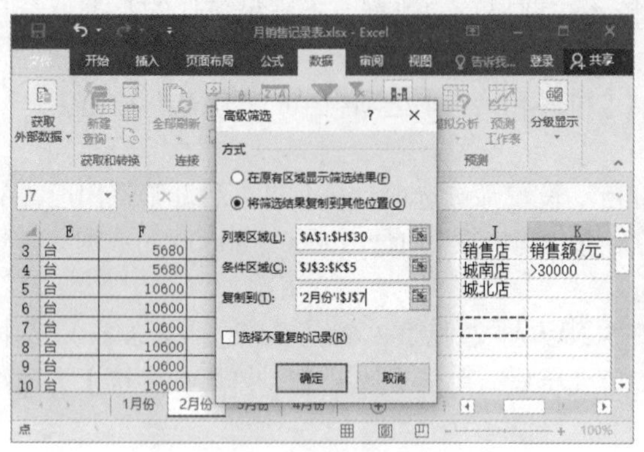

图 2-31　设置高级筛选方式

销售店	产品名称	单位	单价/元	销售量	销售额/元
城北店	摄像机	台	5680	5	28400
城北店	摄像机	台	5680	6	34080
城北店	笔记本电脑	台	10600	1	10600
城北店	扫描仪	台	8900	3	26700
城南店	扫描仪	台	8900	4	35600
城南店	扫描仪	台	8900	5	44500

图 2-32　查看效果

4. 分类汇总

分类汇总顾名思义可分为分类和汇总两部分，即以某一列字段为分类项目，然后对表格中其他数据列的数据进行汇总。对数据进行分类汇总的方法很简单，首先对数据区域进行排序，然后选择工作表中包含数据的任意一个单元格，单击【数据】/【分级显示】选项组中的“分类汇总”按钮，打开“分类汇总”对话框，在其中设置好分类字段、汇总方式、选定汇总项等参数后，单击“确定”按钮可生成自动分级的汇总表，如图 2-33 所示。其中，第一级是总计表，第二级是汇总项目表，第三级是各项明细数据表。

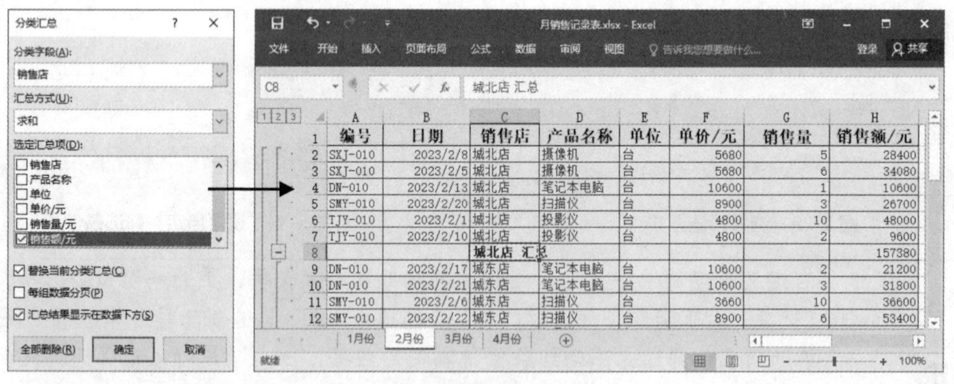

编号	日期	销售店	产品名称	单位	单价/元	销售量	销售额/元
SXJ-010	2023/2/8	城北店	摄像机	台	5680	5	28400
SXJ-010	2023/2/5	城北店	摄像机	台	5680	6	34080
DN-010	2023/2/13	城北店	笔记本电脑	台	10600	1	10600
SMY-010	2023/2/20	城北店	扫描仪	台	8900	3	26700
TJY-010	2023/2/1	城北店	投影仪	台	4800	10	48000
TJY-010	2023/2/10	城北店	投影仪	台	4800	2	9600
		城北店 汇总					157380
DN-010	2023/2/17	城东店	笔记本电脑	台	10600	2	21200
DN-010	2023/2/21	城东店	笔记本电脑	台	10600	3	31800
SMY-010	2023/2/6	城东店	扫描仪	台	3660	10	36600
SMY-010	2023/2/22	城东店	扫描仪	台	8900	6	53400

图 2-33　分类汇总

提示　在“分类汇总”对话框中取消选中“替换当前分类汇总”复选框，即可同时呈现第一次和第二次的分类汇总结果。另外，如果用户不再需要对数据进行分类汇总，可以将其删除，其方法是在“分类汇总”对话框中单击“全部删除”按钮。

5. 合并计算

用户如果需要将多个工作表中的数据合并到一个工作表中，则可以使用 Excel 2016 的合并计算功能。下面将在“月销售记录表”工作簿中使用合并计算功能计算 3 月份和 4 月份的销售量及销售额，其具体操作如下。

① 在“月销售记录表”工作簿中复制一个“4 月份”工作表，并将其重命名为“总销售额”，然后将 E2:F6 单元格区域中的数据删除。

② 选择 E2 单元格，单击【数据】/【数据工具】选项组中的“合并计算”按钮，打开“合并计算”对话框，在“函数”下拉列表中选择“求和”选项，在“引用位置”文本框中输入或选择第一个被引用单元格，然后单击“添加”按钮将其添加到“所有引用位置”列表框中。

③ 继续选择第二个被引用单元格，将其添加到列表框中，如图 2-34 所示，选择完成后单击“确定”按钮。

④ 返回“总销售额”工作表，查看汇总结果，然后使用同样的方法合并计算其他产品的销售量和销售额，最终合计结果如图 2-35 所示（配套资源：\效果文件\第 2 章\月销售记录表.xlsx）。

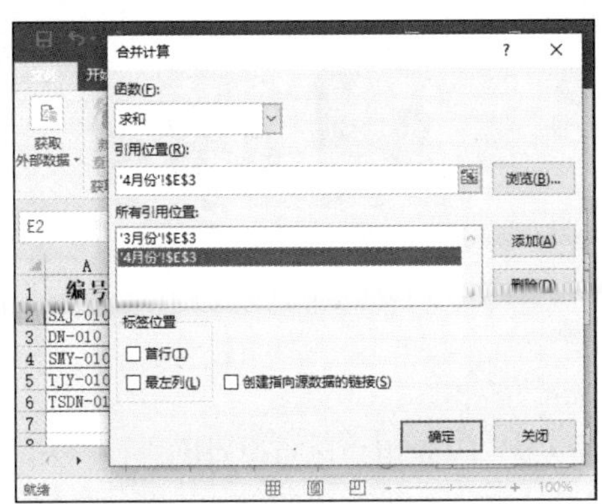

图 2-34　合并计算

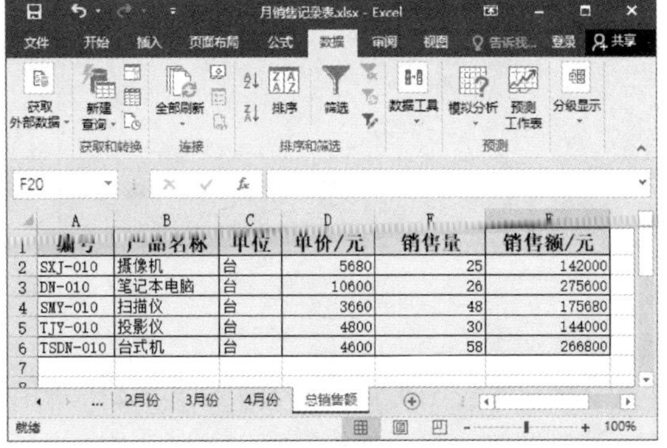

图 2-35　最终合计效果

2.1.7　使用图表

Excel 2016 中的图表能对数据进行直观展示，用户根据表格中的数据生成的图表，可以更清楚地查看数据情况，使重要信息突出显示，让数据更具阅读性。

1. 图表的概念

图表是 Excel 2016 中非常重要的一种数据分析工具，通过图表，用户可以直观地观察工作表中的抽象数据，也可以更加清晰地了解各数据的大小及变化情况。Excel 2016 为用户提供了种类丰富的图表类型，包括柱形图、条形图、折线图和饼图等。不同类型的图表，其适用情况也有所不同。

一般来说，图表由图表区、绘图区和标题等部分构成。其中，图表区是指图表的整个背景区域，绘图区包括数据系列、坐标轴、图表标题、数据标签、图例等部分。

- 数据系列：数据系列是图表中的相关数据点，代表着表格中的行、列。图表中每一个数据系列都具有不同的颜色和图案，且各数据系列的含义都将通过图例体现出来。在图表中，用户可以绘制一个或多个数据系列。
- 坐标轴：坐标轴是度量参考线。其中，*X* 轴为水平坐标轴，通常表示分类；*Y* 轴为垂直坐标轴，通常表示数据。
- 图表标题：图表标题即图表名称，一般自动与坐标轴对齐或在图表顶部居中。
- 数据标签：数据标签是指数据标记附加信息的标签，通常代表表格中某单元格的数据点或值。
- 图例：图例表示图表的数据系列，通常有多少个数据系列，就有多少个图例色块，其颜色或图案与数据系列相对应。

2. 创建图表

为了使表格中的数据看起来更直观，用户可以使用图表来展现数据。在 Excel 2016 中，图表能清楚地展示各数据的大小和变化情况、数据的差异和走势等，从而帮助用户更好地分析数据。

（1）插入图表

Excel 2016 中内置了多种图表类型，可供用户选择使用。插入图表的方法如下：在编辑好的表格中选择数据区域，然后在【插入】/【图表】选项组中选择合适的图表类型，如单击“插入柱形图或条形图”下拉按钮，在弹出的下拉列表中选择需要的柱形图，将其插入工作表中，如图 2-36 所示。

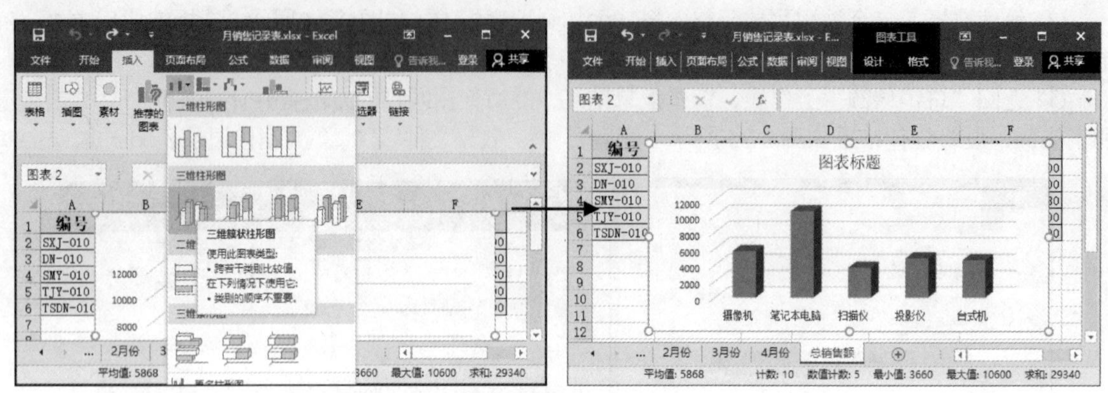

图 2-36　插入图表

（2）设置图表

在默认情况下，图表将被插入工作表编辑区的中心位置，因此用户还需要对图表位置和大小进行调整。选择图表，将鼠标指针移动到图表中，按住鼠标左键不放可拖曳调整其位置；将鼠标指针移动到图表周围的 8 个定位点上，按住鼠标左键不放可拖曳调整图表的大小。

选择不同的图表类型，图表中的组成部分也会有所不同，对于不需要的部分，用户可将其删除，其方法如下：选择不需要的图表元素，按 Backspace 键或 Delete 键。

3. 编辑图表

插入图表后，如果图表不够美观或数据有误，那么用户也可以对其进行编辑，如编辑图表数据、设置图表位置、更改图表类型、设置图表样式、设置图表布局及编辑图表元素等。

（1）编辑图表数据

如果表格中的数据发生了变化，如增加或修改了数据，Excel 2016 就会自动更新图表；如果图表所选的数据区域有误，则需要用户手动进行更改，其方法如下：单击【图表工具-设计】/【数据】选项组中的“选择数据”按钮，打开“选择数据源”对话框，如图 2-37 所示，在其中重新选择和设置数据。

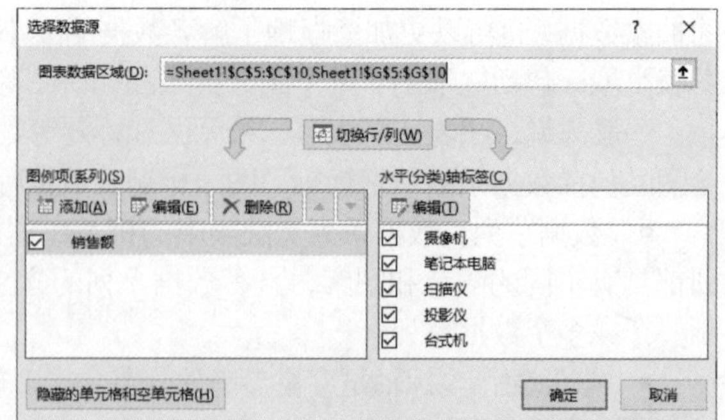

图 2-37　“选择数据源”对话框

（2）设置图表位置

创建图表时，图表默认创建在当前工作表中，但用户也可以根据需要将其移动到新的工作表中。其方法如下：单击【图表工具-设计】/【位置】选项组中的“移动图表”按钮，打开“移动图表”对话框，选中“新工作表”单选项后，再单击“确定”按钮。

（3）更改图表类型

如果所选图表类型不适合表达当前数据，则用户可以将其更换为另外一种图表类型。其方法如下：选择创建的图表，单击【图表工具-设计】/【类型】选项组中的“更改图表类型”按钮，打开

“更改图表类型”对话框，在其中选择所需图表类型。

（4）设置图表样式

创建图表后，为了使图表更美观，用户可以对其样式进行设置。Excel 2016 为用户提供了多种预设的布局和样式，用户可以将其快速应用到图表中。其方法如下：选择创建的图表，在【图表工具-设计】/【图表样式】选项组的“样式”列表框中选择所需样式。

（5）设置图表布局

除可以为图表应用样式外，用户还可以根据需要更改图表的布局。其方法如下：选择需要更改布局的图表，单击【图表工具-设计】/【图表布局】选项组中的“快速布局”按钮，在弹出的下拉列表中选择合适的图表布局。

（6）编辑图表元素

设置图表类型或应用图表布局后，图表中各元素的样式都会随之改变，如果用户对图表标题、坐标轴标题、图例等元素的位置或显示方式等不满意，则可对其进行调整。其方法如下：单击【图表工具-设计】/【图表布局】选项组中的“添加图表元素”下拉按钮，在弹出的下拉列表中选择需要调整的图表元素，在其子菜单中选择相应的选项。

4. 使用迷你图

迷你图是工作表中的一个微型图表，可以显示一系列数值的变化趋势。插入迷你图的方法如下：选择需要插入一个或多个迷你图的空白单元格或一组空白单元格，在【插入】/【迷你图】选项组中选择要创建的迷你图类型，这里单击“折线图”按钮，打开“创建迷你图”对话框，在“数据范围”文本框中输入或选择迷你图所基于的数据区域，在“位置范围”文本框中选择迷你图放置的位置，单击“确定”按钮后，即可创建迷你图，效果如图 2-38 所示。

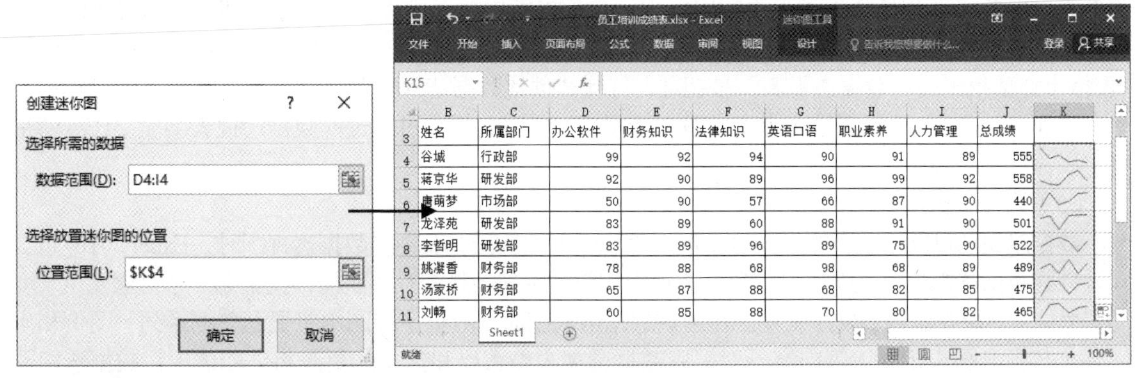

	B	C	D	E	F	G	H	I	J	K
3	姓名	所属部门	办公软件	财务知识	法律知识	英语口语	职业素养	人力管理	总成绩	
4	谷城	行政部	99	92	94	90	91	89	555	
5	蒋京华	研发部	92	90	89	96	99	92	558	
6	唐萌梦	市场部	50	90	57	66	87	90	440	
7	龙泽苑	研发部	83	89	60	88	91	90	501	
8	李哲明	研发部	83	89	96	89	75	90	522	
9	姚凝香	财务部	78	88	68	98	68	89	489	
10	汤家桥	财务部	65	87	88	68	82	85	475	
11	刘畅	财务部	60	85	88	70	80	82	465	

图 2-38　创建迷你图

用户在工作表中插入迷你图后，将自动激活“迷你图工具-设计”选项卡，在其中可以对迷你图中的数据、样式、类型等进行设置。

5. 数据透视表与数据透视图

Excel 2016 中分析数据的主要工具是图表，但图表其实并不是一个单一的元素，而是由图和表共同组成的。下面将介绍使用图和表分析数据的方法，即使用数据透视表和数据透视图来分析表格中的数据。掌握数据透视表和数据透视图的使用方法后，用户就能更准确地从复杂、抽象的数据中得到准确、直观的答案。

（1）认识数据透视表

数据透视表是一种交互式报表，它可以按照不同的需要及不同的关系来提取、组织和分析数据，从而得到用户需要的分析结果。数据透视表集筛选、排序和分类汇总等功能于一身，是 Excel 2016 中重要的分析性报告工具，如图 2-39 所示。

图 2-39　数据透视表界面

从结构来看，数据透视表主要可分为以下 4 个部分。

- 筛选器区域：该区域中的字段将作为数据透视表的报表筛选字段。
- 列区域：该区域中的字段将作为数据透视表的列标签。
- 行区域：该区域中的字段将作为数据透视表的行标签。
- 值区域：该区域中的字段将作为数据透视表显示汇总的数据。

（2）创建数据透视表

若要在 Excel 2016 中创建数据透视表，那么首先就要选择需要创建数据透视表的单元格区域。需要注意的是，在创建数据透视表的表格中，数据内容要存在分类，这样才会使数据透视表的汇总有意义。创建数据透视表的方法如下：选择需要进行数据透视表分析的单元格区域，单击【插入】/【表格】选项组中的“数据透视表”按钮，打开“创建数据透视表”对话框，进行相关的设置后，单击“确定”按钮，即可创建一个空白数据透视表。此时，用户可通过“数据透视表字段”任务窗格将字段添加到报表中，从而成功创建数据透视表。

（3）认识数据透视图

数据透视图可以以图表的形式表示数据透视表中的数据。在创建数据透视图时，Excel 2016 也会同时创建数据透视表，也就是说，数据透视图和数据透视表是相互关联的，无论哪一个对象发生了变动，另一个对象都将同步发生变动。在创建数据透视图时，数据透视图中将显示数据系列、图例和坐标轴（与标准图表相同）等内容。对关联数据透视表中布局和数据的更改将立即体现在数据透视图的布局和数据中。图 2-40 所示为基于数据透视表创建的数据透视图。

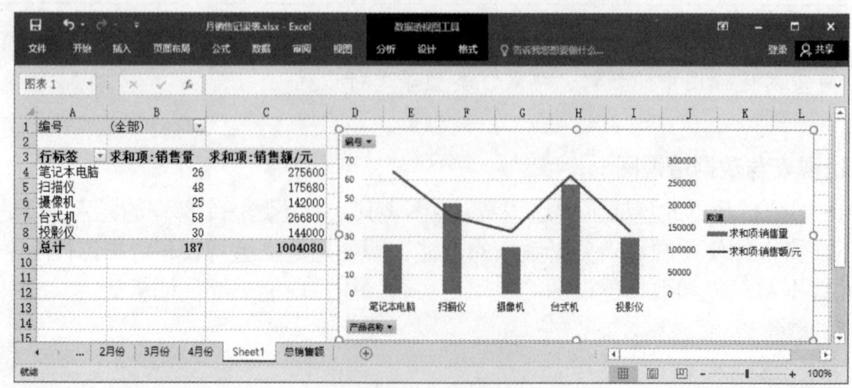

图 2-40　数据透视图

需要注意的是，数据透视图是数据透视表表格和图表的结合体，与为表格创建图表的效果类似。但数据透视图与普通图表也有所区别，主要表现在以下 5 个方面。

- 行/列方向：数据透视图不能通过“编辑数据源”对话框切换数据透视图的行/列方向，但可以通过旋转关联数据透视表的“行”和“列”标签来达到相同的效果。
- 图表类型：数据透视图不能制作 X Y 散点图、股价图或气泡图，而普通图表则没有这样的限制。
- 嵌入方式：普通图表默认为嵌入当前工作表，而数据透视图则默认为图表工作表（仅包含图表的工作表）。
- 格式：刷新数据透视图时，将保留大多数格式（包括添加的图表元素、布局和样式），但不能保留趋势线、数据标签、误差线，以及对数据集执行的其他更改。而应用了此类格式的标准图表不会将其丢失。
- 源数据：标准图表直接链接到工作表单元格，而数据透视图则是基于关联数据透视表的数据源。

（4）创建数据透视图

数据透视图的创建方法与数据透视表的创建方法相似，在 Excel 2016 中创建数据透视图的方法一般有两种，一种是使用原始数据创建，另一种是使用数据透视表创建。

- 使用原始数据创建：选择包含数据的任意单元格，单击【插入】/【图表】选项组中的“数据透视图”按钮，打开“创建数据透视图”对话框，选择要分析的数据和放置数据透视图的位置后，单击“确定”按钮，即可创建一个空白数据透视图和数据透视表。此时，用户可通过“数据透视图字段”任务窗格将字段添加到报表中，从而成功创建数据透视图。
- 使用数据透视表创建：选择数据透视表中的任意一个单元格，单击【数据透视表工具-分析】/【工具】选项组中的“数据透视图”按钮，打开“插入图表”对话框，选择需要使用的图表类型后，单击“确定”按钮，系统就会在当前工作表中插入数据透视图。使用鼠标拖曳该图可以改变其在工作表中的显示位置。

2.1.8　查看和打印 Excel 表格

当表格制作完成后，用户往往还面临着查看表格效果和打印表格的问题。此时，用户就可以利用 Excel 2016 的冻结与拆分窗格功能分割表格，以查看表格的不同部分；或者利用 Excel 2016 的打印功能打印表格，并对电子表格的打印效果进行预览和设置。

1. 冻结与拆分窗格

在对大型表格进行编辑时，由于屏幕所能查看的范围有限，因此无法使用户完整查看表格中的所有数据，此时用户就可以利用 Excel 2016 提供的冻结窗格功能冻结部分行列，使冻结的部分始终显示，或是利用拆分功能对表格进行“横向”或“纵向”分割，以便同时观察或编辑表格的不同部分。

- 冻结窗格：选择工作表中的任意一个单元格，单击【视图】/【窗口】选项组中的“冻结窗格”下拉按钮，在弹出的下拉列表中选择“冻结拆分窗格”选项，此时所选单元格的上方及左侧将被冻结，当用户向下或向右查看工作表内容时，这些内容将会始终显示，如图 2-41 所示。在“冻结窗格”下拉列表中选择“冻结首行”选项，即可冻结表格的第 1 行；选择“冻结首列”选项，即可冻结表格的第 1 列。
- 取消冻结窗格：选择工作表中的任意一个单元格，单击【视图】/【窗口】选项组中的“冻结窗格”下拉按钮，在弹出的下拉列表中选择“取消冻结窗格”选项。
- 拆分窗格：选择工作表中的任意一个单元格，单击【视图】/【窗口】选项组中的“拆分”按钮，系统就会以所选单元格为中心进行“横向”或“纵向”分割，使当前工作表划分为 4 个窗口，每个窗口都可独立滚动，如图 2-42 所示。
- 取消拆分：选择工作表中的任意一个单元格，再次单击【视图】/【窗口】选项组中的“拆分”按钮，即可取消窗口拆分。

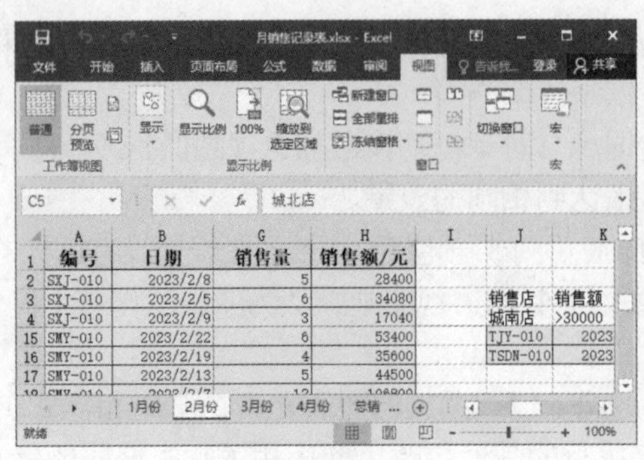
图 2-41　冻结窗格

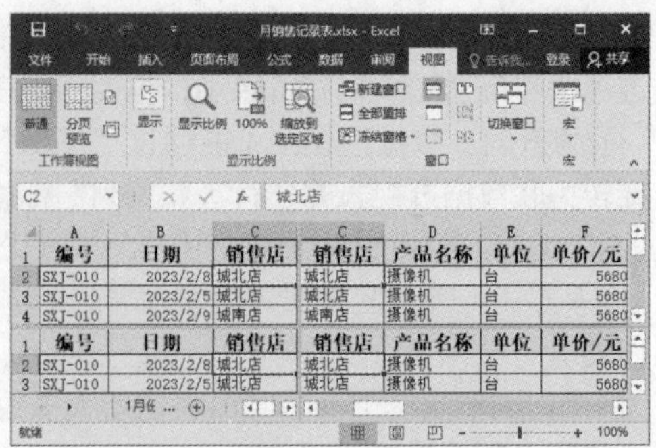
图 2-42　拆分窗格

2. 页面设置

在打印表格之前，用户可根据需要对页面布局进行设置，如调整分页符、调整页面布局等。

● 调整分页符：分页符可以让用户更好地对打印区域进行规划，单击【页面布局】/【页面设置】选项组中的“分隔符”下拉按钮，在弹出的下拉列表中可以对分页符进行插入、删除和重设操作。在 Excel 2016 中，手动插入的分页符显示为实线，自动插入的分页符显示为虚线。设置了分页效果后，用户在进行打印预览时，将显示分页后的效果。

● 调整页面布局：在【页面布局】/【页面设置】选项组中可以对页边距、纸张大小、纸张方向、打印区域、背景等进行设置。如果用户需要设置纸张大小，则可单击“纸张大小”下拉按钮，在弹出的下拉列表中选择所需选项。另外，用户还可以在【页面布局】/【工作表选项】选项组中对网格线和标题进行设置。

3. 打印预览

打印预览有助于用户及时避免打印过程中的错误，以提高打印质量。在打印前预览工作表页面的方法如下：选择【文件】/【打印】选项，打开“打印”界面，在该界面右侧预览打印效果。如果工作表中的内容较多，则可以单击页面下方的“下一页”按钮或“上一页”按钮，切换到下一页或上一页；同时还可以单击“显示边距”按钮显示页边距，并拖曳边距线调整页边距。

4. 打印设置

选择【文件】/【打印】选项，打开“打印”界面，在“份数”数值框中输入打印数量；在“打印机”下拉列表中选择当前可使用的打印机；在“设置”选项组中设置打印范围、打印方式、打印方向等，然后单击“打印”按钮开始打印。

2.2 应用案例

学习了 Excel 2016 的相关知识后，用户就可以制作各种类型的表格了，如销售表、清单表、业绩表等，并运用所学知识分析表格中的各项数据。下面将通过制作“网店客户记录表”表格、制作“坚果销量表”表格、分析“原料采购清单”表格、制作“新晋员工资料”表格、打印“销售业绩表”表格 5 个案例来巩固所学知识，熟练掌握 Excel 2016 的相关操作技巧。

2.2.1 制作“网店客户记录表”表格

1. 任务目标

某网店销售助理小王需要对该网店 4 月初的客户购买情况做一个记录表，以记录客户的相关信息，具体要求如下。

① 重命名工作表；通过数据验证输入客户类型。

② 设置数据的字体格式，并合并部分单元格。

③ 为表格设置外边框为加粗实线、内边框为一般实线的边框效果。

④ 突出成交额为前 10 名的数据。

制作完成的“网店客户记录表”表格参考效果如图 2-43 所示。

网店客户记录表									
客户ID	客户姓名	联系电话	客户类型	订单日期	商品名称	购买数量	成交额	客户评价	跟进人员
sjy4697	李玉	1304088****	一般客户	2023/4/3	T恤	1	¥98.00	质量有待改进	张伟
kd48526	赵明华	1856877****	重要客户	2023/4/3	高弹牛仔裤	1	¥118.00	下次还会购买	张伟
dwi5663	沈雪	1586955****	VIP客户	2023/4/3	衬衣	1	¥188.00	尺码有点偏小	张伟
sjy4698	李嘉林	1305888****	新客户	2023/4/3	一字凉鞋	2	¥108.00	还可以	周雪梅
kd48527	王立清	1556877****	新客户	2023/4/3	短裤	2	¥108.00	质量一般	陈宏
dwi5664	孙浩	1596855****	重要客户	2023/4/3	裙子	1	¥138.00	产品有瑕疵	张伟
sjy4699	张明	1304687****	重要客户	2023/4/3	亲子装	1	¥208.00	质量有待改进	陈宏
kd48528	赵晓磊	1806877****	一般客户	2023/4/3	套装	1	¥228.00	质量有待改进	周雪梅
dwi5665	王军	1819855****	VIP客户	2023/4/4	卫衣	3	¥300.00	质量一般	周雪梅
sjy4700	黄晓丽	1814088****	VIP客户	2023/4/4	背心	3	¥58.00	下次还会购买	陈宏
kd48529	宋杰	1306877****	一般客户	2023/4/4	短外套	2	¥288.00	质量一般	周雪梅
dwi5666	李丽华	1583855****	一般客户	2023/4/6	风衣	1	¥168.00	很好	陈宏
sjy4701	张小军	1514088****	一般客户	2023/4/6	短外套	2	¥308.00	质量一般	周雪梅
kd48530	钱丽娅	1516877****	新客户	2023/4/6	T恤	3	¥168.00	下次还会购买	陈宏
dwi5667	杨雪	1596855****	新客户	2023/4/6	T恤	3	¥168.00	产品有瑕疵	陈宏
sjy4702	赵立清	1303388****	一般客户	2023/4/6	裙子	2	¥128.00	尺码有点偏小	陈宏
kd48531	范明明	1853877****	VIP客户	2023/4/6	裙子	2	¥168.00	产品有瑕疵	周雪梅
dwi5668	蔡佳明	1566955****	一般客户	2023/4/6	套装	1	¥128.00	下次还会购买	陈宏
sjy4703	张丽	1856877****	新客户	2023/4/8	一字凉鞋	2	¥128.00	质量一般	张伟
kd48532	罗毅君	1586955****	新客户	2023/4/8	套装	1	¥228.00	质量一般	周雪梅
dwi5669	孙小小	1556877****	VIP客户	2023/4/8	套装	2	¥299.00	尺码有点偏小	周雪梅
sjy4704	王浩	1596855****	重要客户	2023/4/8	高弹牛仔裤	1	¥108.00	质量有待改进	周雪梅

图 2-43　“网店客户记录表”表格参考效果

2. 案例分析

网店客户记录有助于网店掌握客户信息，使客户在下一次进入网店购买商品时，网店可以根据客户的信息及商品偏好向其推荐商品，促进交易的进行。

本案例在 Excel 2016 中编辑，主要会用到以下操作。

① 新建并保存工作簿。

② 重命名工作表。

③ 设置文本格式。

④ 合并单元格。

⑤ 调整行高和列宽。

⑥ 使用条件格式。

3. 案例实现

① 启动 Excel 2016，新建一个空白工作簿，进入其操作界面后，单击快速访问工具栏中的“保存”按钮，或按 Ctrl+S 组合键，均可打开“另存为”界面，在其中选择“这台电脑”选项，在右侧选择“桌面”选项，如图 2-44 所示。

② 打开“另存为”对话框，在“文件名”文本框中输入“网店客户记录表”文本，然后单击“保存”按钮，如图 2-45 所示。

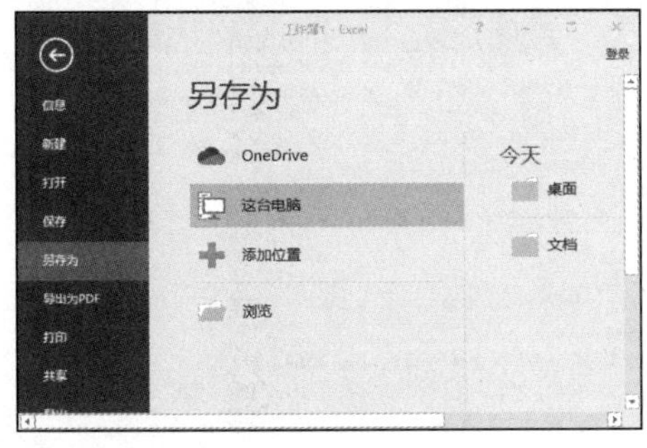

图 2-44　选择文档保存位置

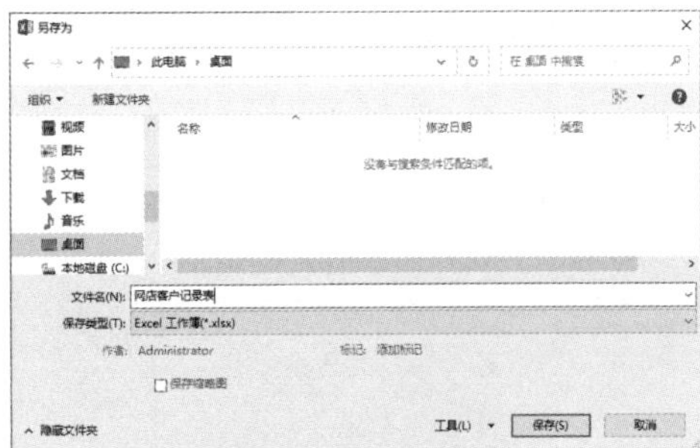

图 2-45　输入文件名

③ 双击“Sheet1”工作表标签，当工作表标签呈可编辑状态时，输入“4 月份”文本，然后按 Enter 键确认，如图 2-46 所示。

④ 在 A1:J24 单元格区域中输入“网店客户记录表.txt”中提供的相关文本和数据（配套资源：\素材文件\第 2 章\网店客户记录表.txt），如图 2-47 所示。

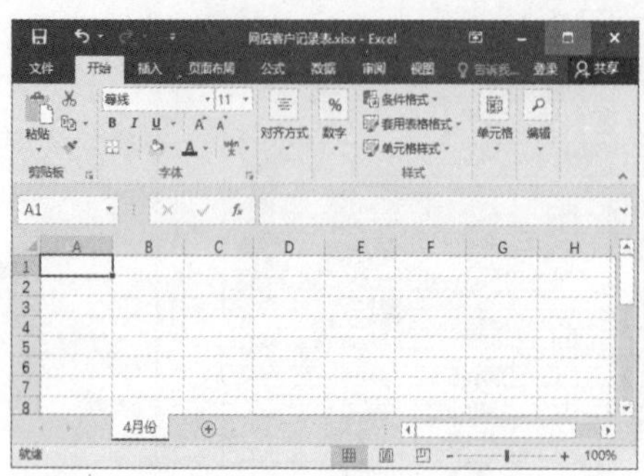

图 2-46 重命名工作表

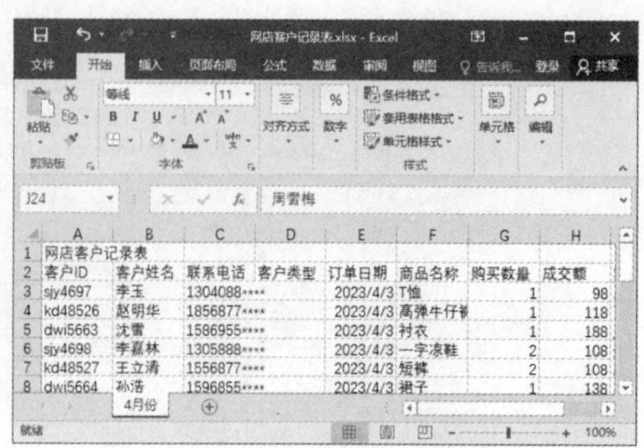

图 2-47 输入数据

⑤ 选择 D3:D24 单元格区域，单击【数据】/【数据工具】选项组中的“数据验证”按钮，打开“数据验证”对话框，在“设置”选项卡的“允许”下拉列表中选择“序列”选项，在“来源”文本框中输入“新客户,一般客户,重要客户,VIP 客户”文本，然后单击“确定”按钮，如图 2-48 所示。

⑥ 返回工作表后，根据下拉列表中的客户类型填充 D3:D24 单元格区域，如图 2-49 所示。

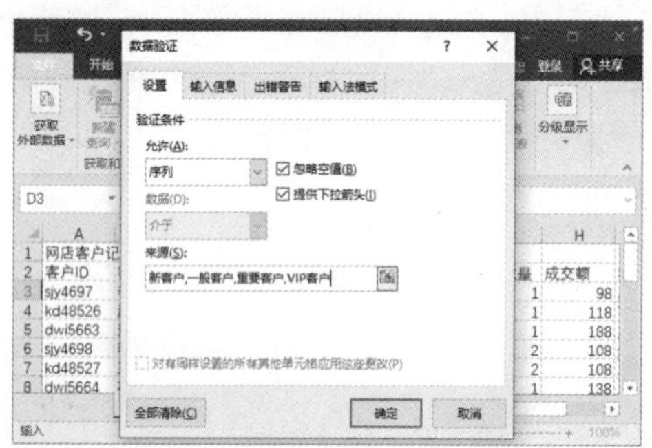

图 2-48 设置数据有效性

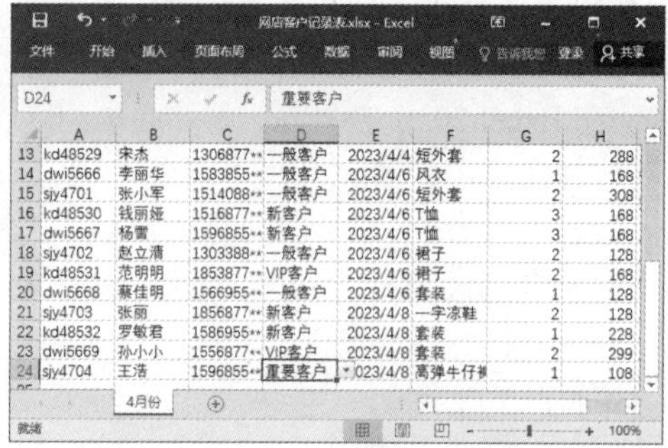

图 2-49 输入数据后的效果

⑦ 选择 A1:J1 单元格区域，单击【开始】/【对齐方式】选项组中的“合并后居中”按钮，如图 2-50 所示，再单击“垂直居中”按钮，然后设置其字体为“黑体”，字号为“20”。

⑧ 选择 A2:J2 单元格区域，单击【开始】/【样式】选项组中的“单元格样式”下拉按钮，在弹出的下拉列表中选择“数据和模型”中的“输出”选项，如图 2-51 所示，再设置 A2:J2 单元格区域中文本的字体格式为“宋体、12、加粗”。

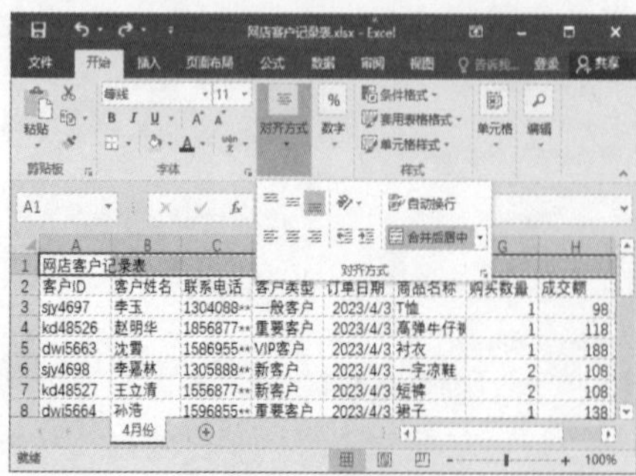

图 2-50 合并单元格

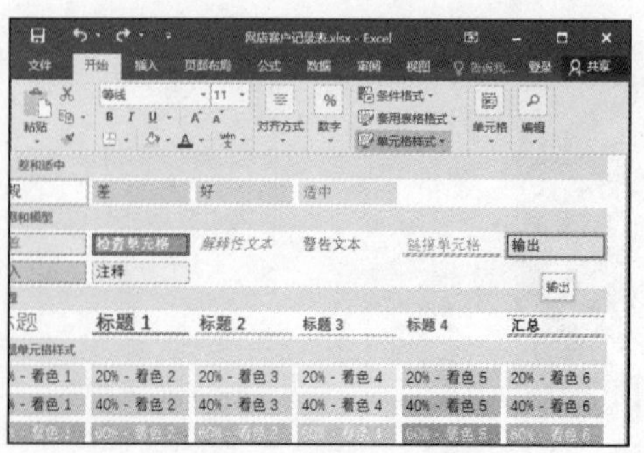

图 2-51 应用单元格样式

⑨ 设置 A3:J24 单元格区域中文本的字体格式为“宋体、11”，然后选择 A2:J24 单元格区域，单击【开始】/【对齐方式】选项组中的“居中”按钮，设置文本居中对齐。

⑩ 选择 H3:H24 单元格区域，按 Ctrl+Shift+4 组合键，将该单元格区域中的数字转换为货币形式，然后将鼠标指针移至 C 列和 D 列之间的分隔线上，当鼠标指针变成✛形状时，向右拖曳鼠标，使电话号码完整显示，如图 2-52 所示。

⑪ 使用同样的方法调整其他列的列宽，然后将鼠标指针移至第 1 行和第 2 行之间的分隔线上，当鼠标指针变成✛形状时，向下拖曳鼠标，适当调整第 1 行的行高，再使用同样的方法调整第 2 行的行高为“27”，并设置其对齐方式为“垂直居中”。

⑫ 选择 A3:J24 单元格区域所在的行，在行号上右击，在弹出的快捷菜单中选择“行高”选项，打开“行高”对话框，在“行高”文本框中输入“16”，然后单击“确定”按钮，如图 2-53 所示。

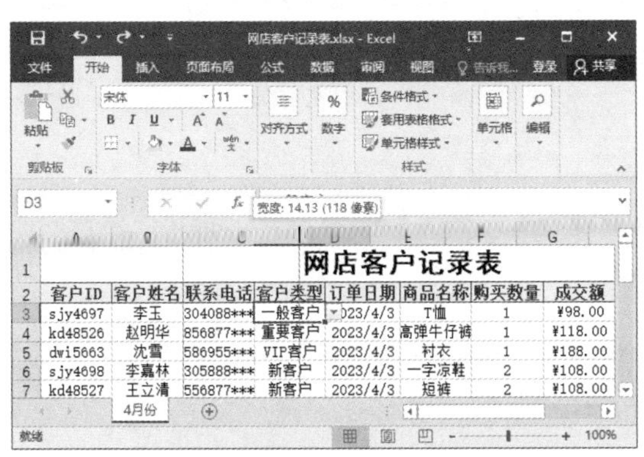

图 2-52　调整列宽

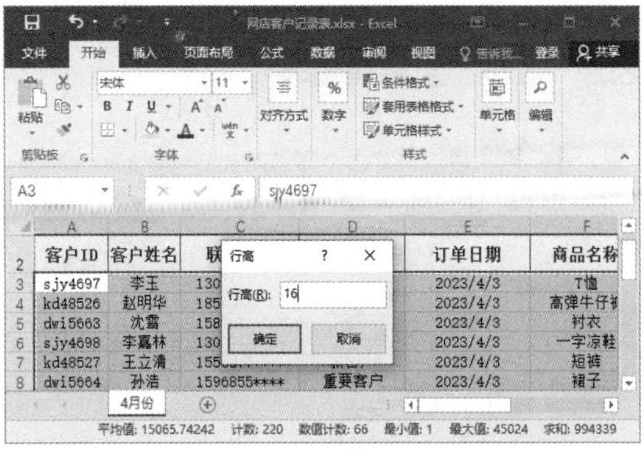

图 2-53　调整行高

⑬ 选择 A1:J24 单元格区域，单击【开始】/【字体】选项组中的“边框”下拉按钮，在弹出的下拉列表中选择“所有框线”选项，如图 2-54 所示。

⑭ 保持 A1:J24 单元格区域的选择状态，再次单击“边框”下拉按钮，在弹出的下拉列表中选择“粗外侧框线”选项，设置表格的外边框为加粗实线。

⑮ 选择 H3:H24 单元格区域，单击【开始】/【样式】选项组中的“条件格式”下拉按钮，在弹出的下拉列表中选择“项目选取规则”选项，在其子菜单中选择“前 10 项”选项，如图 2-55 所示。

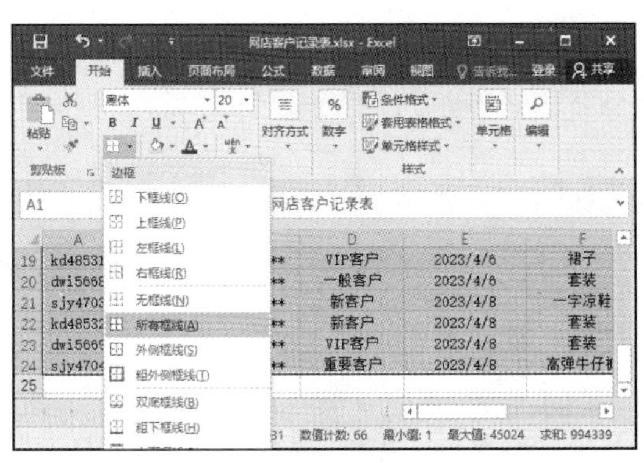

图 2-54　添加边框

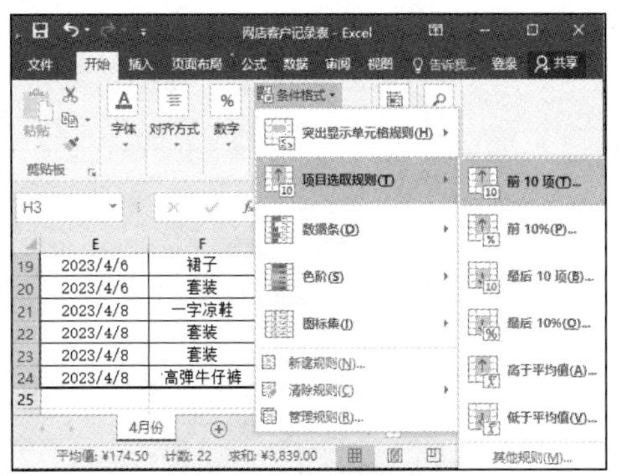

图 2-55　选择条件格式

⑯ 打开“前 10 项”对话框，保持默认设置，然后单击“确定”按钮，如图 2-56 所示。

⑰ 返回工作表后，可查看设置条件格式后的效果，如图 2-57 所示（配套资源：\效果文件\第 2 章\网店客户记录表.xlsx）。

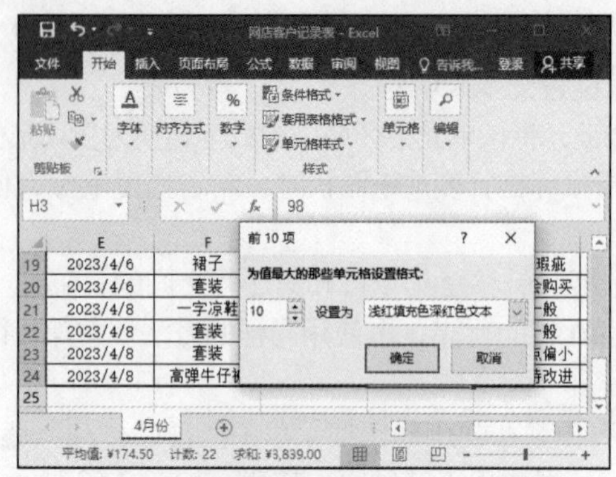

图 2-56 设置条件格式

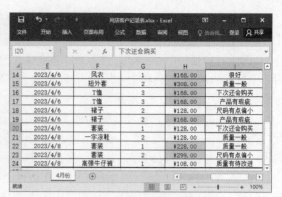

	E	F	G	H	I
14	2023/4/6	风衣	1	¥168.00	很好
15	2023/4/6	短外套	2	¥308.00	质量一般
16	2023/4/6	T恤	3	¥168.00	下次还会购买
17	2023/4/6	T恤	3	¥168.00	产品有瑕疵
18	2023/4/6	裙子	2	¥128.00	尺码有点偏小
19	2023/4/6	裙子	2	¥168.00	产品有瑕疵
20	2023/4/6	套装	1	¥128.00	下次还会购买
21	2023/4/8	一字凉鞋	2	¥128.00	质量一般
22	2023/4/8	套装	1	¥228.00	质量一般
23	2023/4/8	套装	2	¥299.00	尺码有点偏小
24	2023/4/8	高弹牛仔裤	1	¥108.00	质量有待改进

图 2-57 查看效果

2.2.2 制作“坚果销量表”表格

1. 任务目标

某店铺以售卖坚果类商品为主，主要的销售平台有淘宝、京东和拼多多，现需要计算各商品在各平台上的销售总额，并对其进行销量评定，同时还要对坚果的不同种类进行分类汇总，其具体要求如下。

① 使用 SUM 函数计算商品的销售总额；使用 IF 函数判断销量是优秀，还是良或差。

② 筛选出销售人员“客服-樱桃猫”和“客服-古怪猫”的销售记录。

③ 对商品进行降序排列，再进行分类汇总。

制作完成的“坚果销量表”表格参考效果如图 2-58 所示。

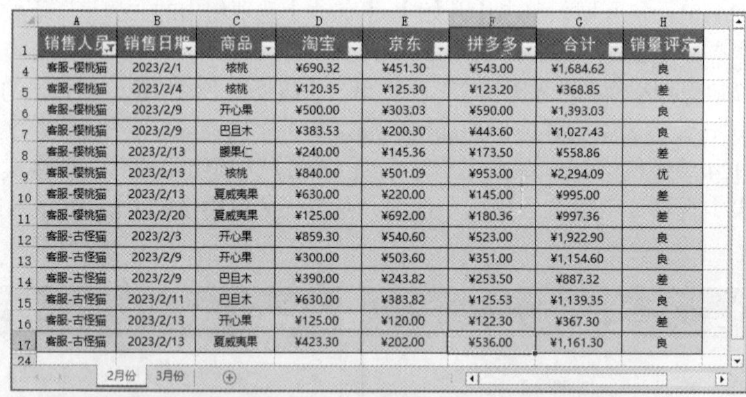

	销售人员	销售日期	商品	淘宝	京东	拼多多	合计	销量评定
4	客服-樱桃猫	2023/2/1	核桃	¥690.32	¥451.30	¥543.00	¥1,684.62	良
5	客服-樱桃猫	2023/2/4	核桃	¥120.35	¥125.30	¥123.20	¥368.85	差
6	客服-樱桃猫	2023/2/9	开心果	¥500.00	¥303.03	¥590.00	¥1,393.03	良
7	客服-樱桃猫	2023/2/9	巴旦木	¥383.53	¥200.30	¥443.60	¥1,027.43	良
8	客服-樱桃猫	2023/2/13	腰果仁	¥240.00	¥145.36	¥173.50	¥558.86	差
9	客服-樱桃猫	2023/2/13	核桃	¥840.00	¥501.09	¥953.00	¥2,294.09	优
10	客服-樱桃猫	2023/2/13	夏威夷果	¥630.00	¥220.00	¥145.00	¥995.00	差
11	客服-樱桃猫	2023/2/20	夏威夷果	¥125.00	¥692.00	¥180.36	¥997.36	差
12	客服-古怪猫	2023/2/3	开心果	¥859.30	¥540.60	¥523.00	¥1,922.90	良
13	客服-古怪猫	2023/2/9	开心果	¥300.00	¥503.60	¥351.00	¥1,154.60	良
14	客服-古怪猫	2023/2/9	巴旦木	¥390.00	¥243.82	¥253.50	¥887.32	差
15	客服-古怪猫	2023/2/11	巴旦木	¥630.00	¥383.82	¥125.53	¥1,139.35	良
16	客服-古怪猫	2023/2/13	开心果	¥125.00	¥120.00	¥122.30	¥367.30	差
17	客服-古怪猫	2023/2/13	夏威夷果	¥423.30	¥202.00	¥536.00	¥1,161.30	良

	销售人员	销售日期	商品	淘宝	京东	拼多多	合计	销量评定
2	客服-粉红猫	2023/3/14	腰果仁	¥505.00	¥303.03	¥530.00	¥1,338.03	良
3	客服-粉红猫	2023/3/5	腰果仁	¥603.30	¥361.64	¥703.00	¥1,667.94	良
4	客服-招财猫	2023/3/5	腰果仁	¥230.00	¥420.24	¥3,140.00	¥3,790.24	优
5	客服-樱桃猫	2023/3/7	腰果仁	¥123.50	¥947.70	¥2,873.34	¥3,944.54	优
6			腰果仁 汇总	¥1,461.80	¥2,032.61	¥7,246.34		
7	客服-古怪猫	2023/3/12	夏威夷果	¥225.00	¥1,182.12	¥3,573.46	¥4,980.58	优
8	客服-樱桃猫	2023/3/15	夏威夷果	¥236.00	¥1,240.73	¥1,256.00	¥2,732.73	良
9	客服-樱桃猫	2023/3/18	夏威夷果	¥45.30	¥1,299.33	¥120.00	¥1,464.63	良
10	客服-粉红猫	2023/3/21	夏威夷果	¥456.00	¥1,357.94	¥453.00	¥2,266.94	良
11			夏威夷果 汇总	¥962.30	¥5,080.12	¥5,402.46		
12	客服-粉红猫	2023/3/8	开心果	¥563.58	¥478.85	¥653.00	¥1,695.43	良
13	客服-樱桃猫	2023/3/1	开心果	¥335.66	¥537.45	¥1,648.14	¥2,521.25	良
14	客服-古怪猫	2023/3/1	开心果	¥293.84	¥596.06	¥1,823.17	¥2,713.07	良
15	客服-樱桃猫	2023/3/3	开心果	¥252.02	¥654.67	¥1,998.20	¥2,904.88	良
16	客服-古怪猫	2023/3/9	开心果	¥120.00	¥1,123.52	¥123.00	¥1,366.52	良
17			开心果 汇总	¥1,565.09	¥3,390.55	¥6,245.51		

图 2-58 “坚果销量表”表格参考效果

2. 案例分析

制作商品销量表，不仅可以了解店铺的哪些商品卖得好、商品的总销售量是多少、总销售额是多少，还能了解商品在各月份的销售情况，从而决定下个月的商品进货数量，并为以后的销售计划提供依据。

本案例在 Excel 2016 中编辑，主要会用到以下操作。

① 使用函数计算表格数据。

② 筛选数据和排序数据。

③ 分类汇总数据。

3. 案例实现

① 打开“坚果销量表.xlsx”工作簿（配套资源：\素材文件\第 2 章\坚果销量表.xlsx），选择“2 月份”工作表中的 G2 单元格，单击编辑栏中的“插入函数”按钮。

② 打开“插入函数”对话框，在“选择函数”列表框中选择“SUM”选项，如图 2-59 所示，然后单击“确定”按钮。

③ 打开“函数参数”对话框，保持默认设置，然后单击“确定”按钮，如图 2-60 所示。

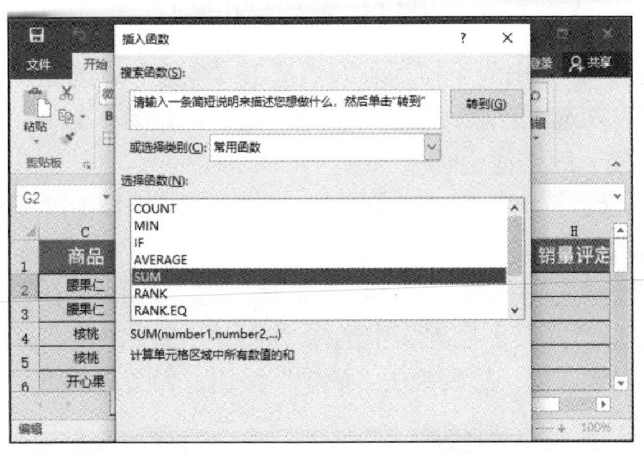

图 2-59 选择函数

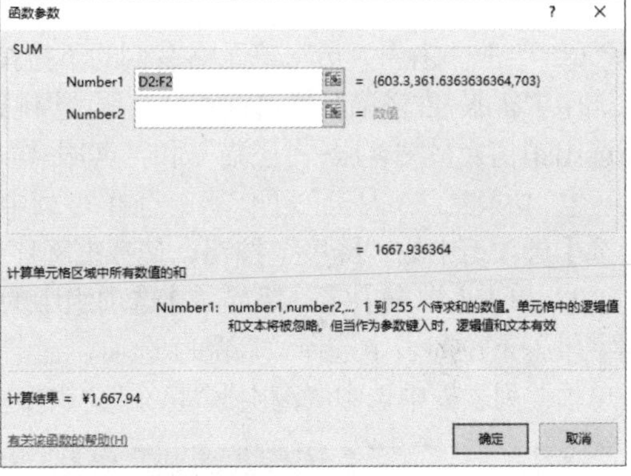

图 2-60 确认函数参数

④ 将鼠标指针移到 G2 单元格右下角的控制柄上，当其变为**+**形状时，双击鼠标，数据将自动向下填充至 G23 单元格，如图 2-61 所示。

⑤ 选择 H2 单元格，单击【公式】/【函数库】选项组中的“逻辑”下拉按钮，在弹出的下拉列表中选择“IF”选项，如图 2-62 所示。

图 2-61 填充公式

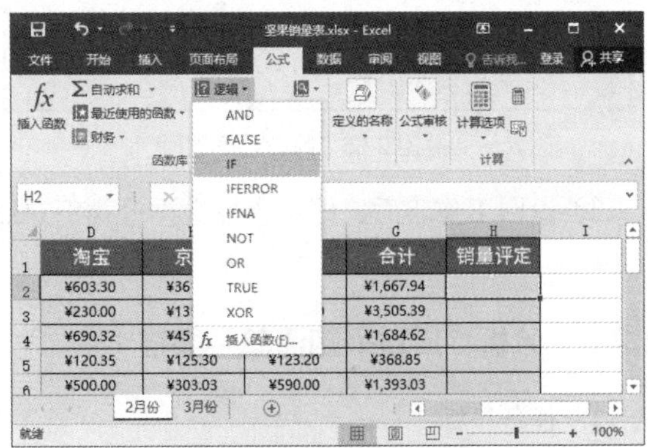

图 2-62 选择 IF 函数

⑥ 打开“函数参数”对话框，在“Logical_test”文本框中输入“G2>=2000”，在“Value_if_true”文本框中输入“"优"”，在“Value_if_false”文本框中输入“IF(G2<=1000,"差","良")”，然后单击“确定”按钮，如图 2-63 所示。

⑦ 返回工作表后，将该公式向下填充至 H23 单元格，然后选择数据区域中的任意一个单元格，单击【数据】/【排序和筛选】选项组中的“筛选”按钮，进入筛选状态，如图 2-64 所示。

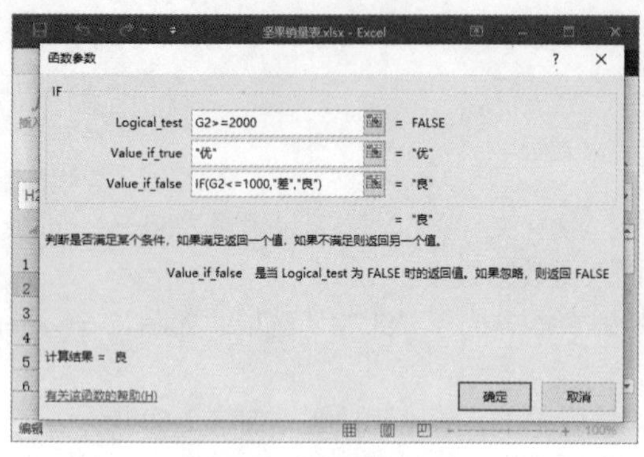

图 2-63 设置函数参数

图 2-64 进入筛选状态

⑧ 单击“销售人员”单元格右侧的下拉按钮，在弹出的下拉列表取消选中“全选”复选框，单击选中“客服-古怪猫”复选框和“客服-樱桃猫”复选框，然后单击“确定”按钮，如图 2-65 所示，筛选出销售人员“客服-古怪猫”和“客服-樱桃猫”的销售记录。

⑨ 切换至“3 月份”工作表，选择 C 列中包含数据的任意一个单元格，单击【数据】/【排序和筛选】选项组中的“降序”按钮，使数据降序排列。

⑩ 单击【数据】/【分级显示】选项组中的“分类汇总”按钮，打开“分类汇总”对话框，在“分类字段”下拉列表中选择“商品”选项，在“汇总方式”下拉列表中选择“求和”选项，在“选定汇总项”列表框中选中“淘宝”“京东”“拼多多”复选框，然后单击“确定”按钮，如图 2-66 所示。

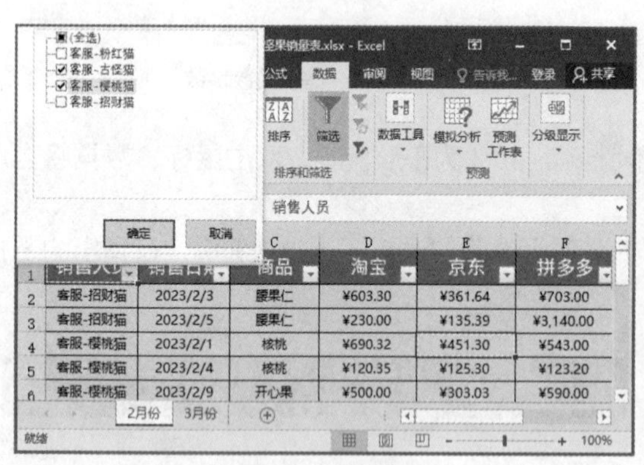

图 2-65 筛选数据

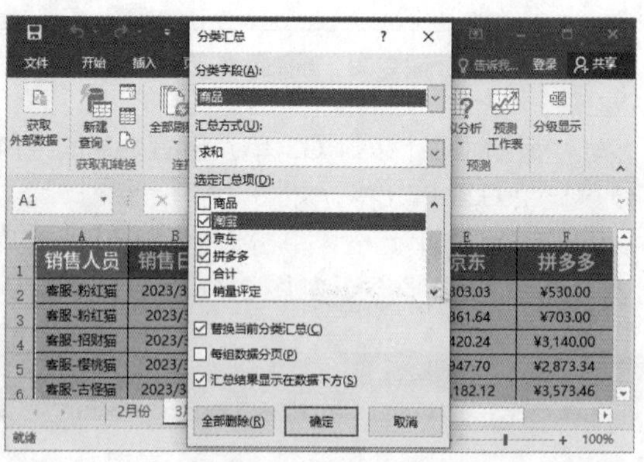

图 2-66 分类汇总数据

⑪ 返回工作表后，即可查看数据分类汇总后的效果（配套资源：\效果文件\第 2 章\坚果销量表.xlsx）。

2.2.3 分析“原料采购清单”表格

1. 任务目标

某企业食堂在 3 月份购入了多批食材，现需要分析其采购费用和食材的占比情况，其具体要求如下。

① 插入数据透视表和数据透视图。

② 更新数据透视表中的数据，更改数据透视表中的值汇总方式。

③ 筛选数据；应用数据透视表样式。

④ 设置数据透视图中的数据标签格式和图表区格式。

⑤ 移动图表，添加图例。

完成的“原料采购清单”分析参考效果如图 2-67 所示。

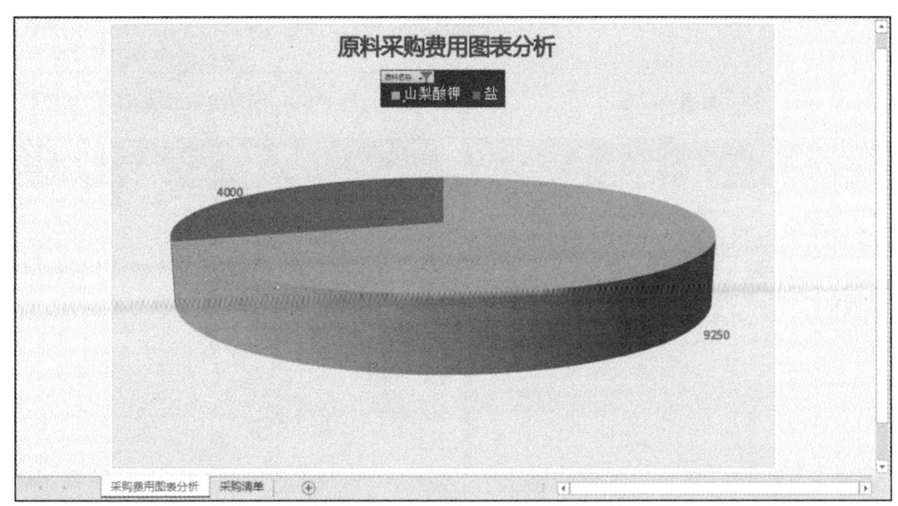

图 2-67 “原料采购清单”分析参考效果

2. 案例分析

原料采购清单可以将一定时间范围内的采购信息进行整合和统计，形成一个综合性的报告，反映公司在某个时期内的采购情况，并对这些数据进行分析和解读，从而控制成本、管理风险，为公司后续的采购计划提供依据。

本案例在 Excel 2016 中编辑，主要会用到以下操作。

① 插入并设置数据透视表。

② 插入并设置数据透视图。

3. 案例实现

① 打开“原料采购清单”工作簿（配套资源：\素材文件\第 2 章\原料采购清单.xlsx），选择包含数据的任意一个单元格，然后单击【插入】/【表格】选项组中的“数据透视表”按钮，如图 2-68 所示。

② 打开“创建数据透视表”对话框，在“表/区域”文本框中输入“采购清单!$A$2:$F$20”，在“选择放置数据透视表的位置”选项组中选中“现有工作表”单选按钮，然后将文本插入点定位到“位置”文本框中，在工作表中选择 A21 单元格，最后单击“确定”按钮，如图 2-69 所示。

③ 在“数据透视表字段”任务窗格中的“选择要添加到报表的字段”选项组中选中“原料名称”复选框和“费用/元”复选框，以添加数据透视表的字段，完成数据透视表的创建，如图 2-70 所示。

④ 将 D18 单元格中的“新鲜牛肉”的单价由“28000”修改为“30000”，然后选择数据透视表中的任意一个单元格，单击【数据透视表工具-分析】/【数据】选项组中的“刷新”按钮，更新数据，效果如图 2-71 所示。

图 2-68 插入数据透视表

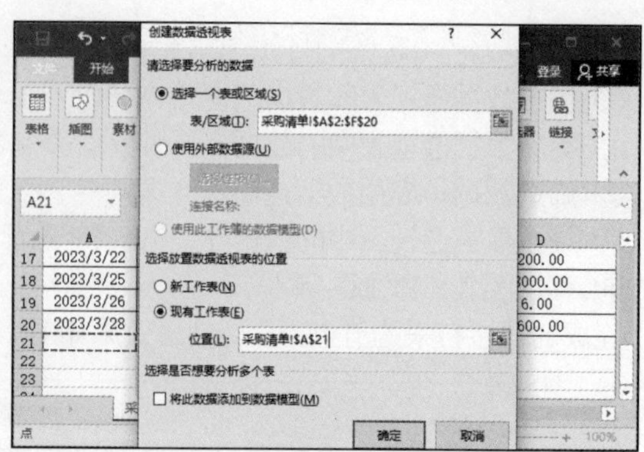

图 2-69 设置数据透视表的放置位置

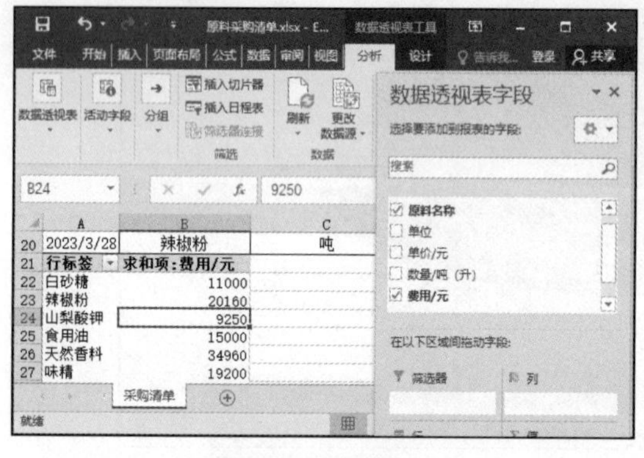

图 2-70 添加字段

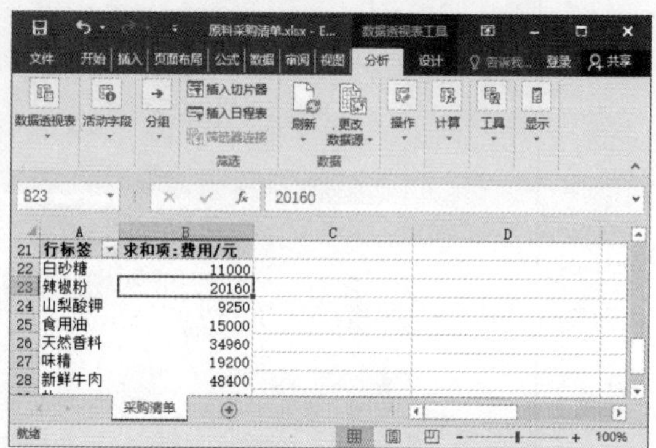

图 2-71 刷新数据

⑤ 单击【数据透视表工具-分析】/【数据】选项组中的“更改数据源”按钮，打开“更改数据透视表数据源”对话框，将引用的数据源区域修改为 A2:F19 单元格区域，然后单击“确定”按钮，如图 2-72 所示。

⑥ 双击 B21 单元格，打开“值字段设置”对话框，在“值汇总方式”选项卡中的“计算类型”列表框中选择“最大值”选项，然后单击“确定”按钮，如图 2-73 所示。

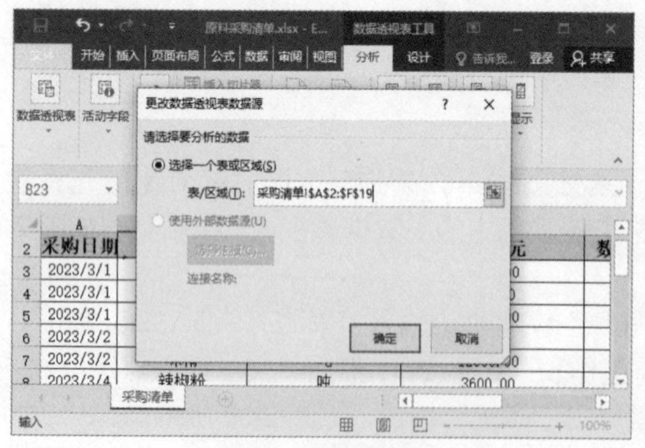

图 2-72 更改数据源

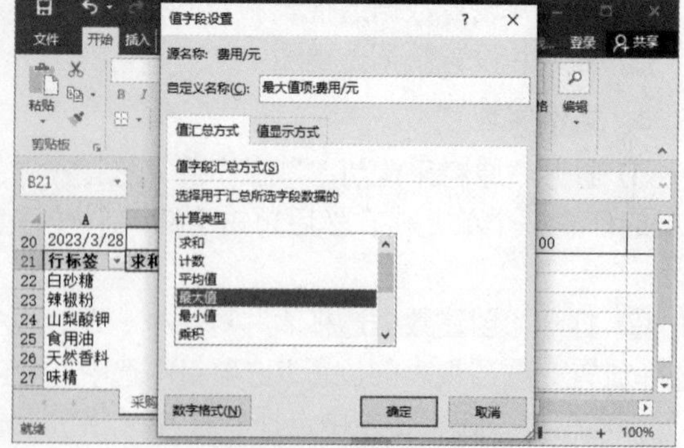

图 2-73 更改值汇总方式

⑦ 将值汇总方式更改为原来的求和，然后单击“行标签”单元格右侧的下拉按钮，在弹出的下拉列表中取消选中“全选”复选框，并选中“白砂糖”复选框，然后单击“确定”按钮，如图 2-74 所示。

⑧ 再次单击“行标签”单元格右侧的下拉按钮，在弹出的下拉列表中选择“从‘原料名称’中清除筛选”选项，再选择“值筛选”选项，在其子菜单中选择“大于”选项，如图 2-75 所示。

图 2-74　筛选数据

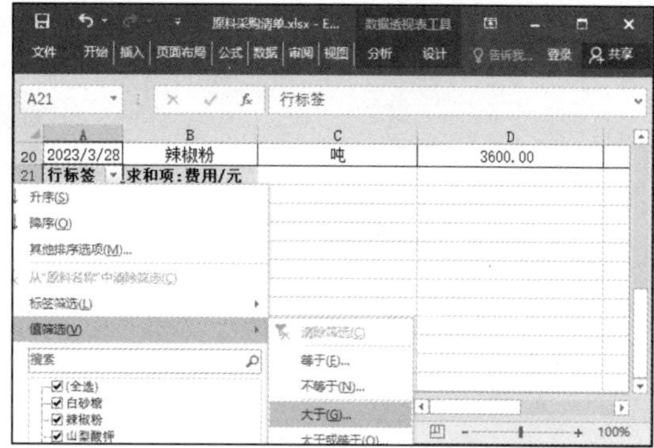

图 2-75　按值筛选方式筛选数据

⑨ 打开“值筛选(原料名称)”对话框，在“大于”选项右侧的文本框中输入“15000”，如图 2-76 所示，再单击“确定”按钮。

⑩ 单击【数据透视表工具-设计】/【数据透视表样式】选项组中的“样式”列表框右侧的“其他”按钮，在弹出的下拉列表中选择“中等深浅”中的“数据透视表样式中等深浅 18”样式，如图 2-77 所示。

图 2-76　输入筛选条件

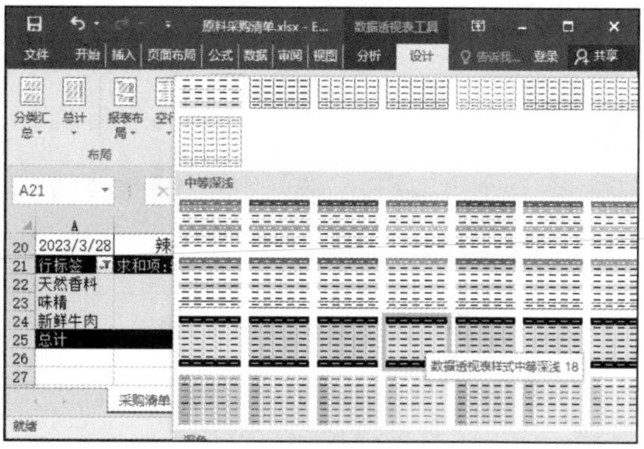

图 2-77　选择数据透视表样式

⑪ 将创建的数据透视表全部删除，然后选择 D18 单元格，将其中的数据修改为原来的 28000，再单击【插入】/【图表】选项组中的“数据透视图”按钮，打开“创建数据透视图”对话框，设置数据透视图的放置位置为当前工作表的 A21 单元格。

⑫ 在“数据透视图字段”任务窗格中的“选择要添加到报表的字段”选项组中选中“原料名称”复选框和“费用/元”复选框，再单击【数据透视图工具-设计】/【类型】选项组中的“更改图表类型”按钮。

⑬ 打开“更改图表类型”对话框，在对话框左侧选择“饼图”选项，在对话框右侧选择“三维饼图”选项，然后单击“确定”按钮，如图 2-78 所示。

⑭ 单击【数据透视图工具-设计】/【图表布局】选项组中的“添加图表元素”下拉按钮，在弹出的下拉列表中选择“数据标签”选项，在其子菜单中选择“数据标签外”选项，如图 2-79 所示。

⑮ 选择数据标签，设置其字号为 11 号，再单击【数据透视图工具-格式】/【艺术字样式】选项组中的“文本轮廓”下拉按钮，在弹出的下拉列表中选择“红色，个性色 2”选项，如图 2-80 所示。

⑯ 将图表标题修改为“原料采购费用图表分析”，再设置其字体格式为“微软雅黑、16、加粗”，文本轮廓为“红色，个性色 2，深色 50%”。

⑰ 选择图表区，单击【数据透视图工具-格式】/【形状样式】选项组中的“形状填充”下拉按钮，在弹出的下拉列表中选择“水绿色，个性色 5，淡色 80%”选项，如图 2-81 所示。

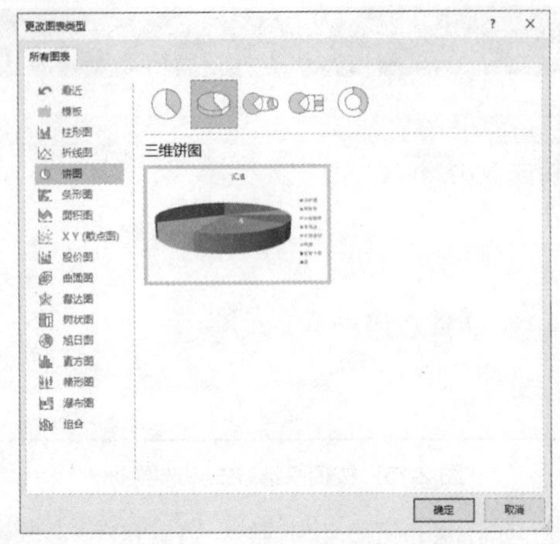

图 2-78　更改图表类型

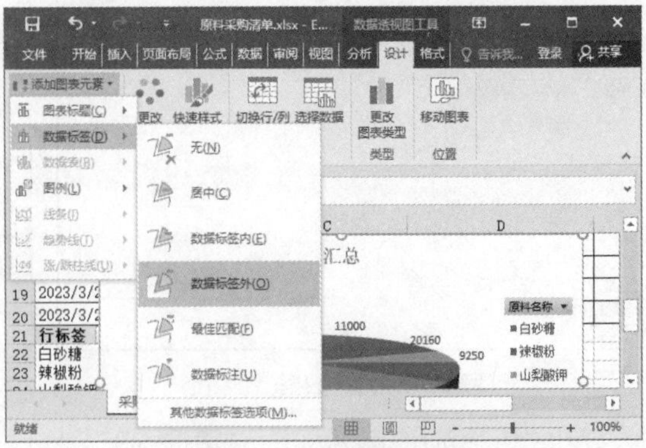

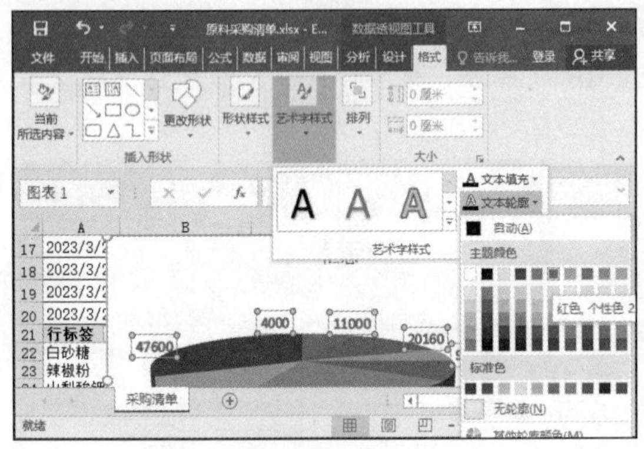

图 2-79　添加数据标签

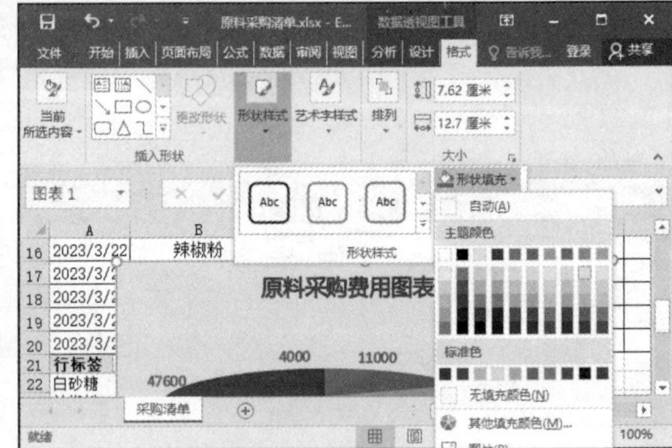

图 2-80　设置数据标签文本轮廓

图 2-81　设置图表区填充颜色

⑱ 在绘图区处双击鼠标，打开"设置绘图区格式"任务窗格，在"填充"选项组中选中"无填充"单选项，如图 2-82 所示，然后关闭该任务窗格。

⑲ 单击【数据透视图工具-设计】/【位置】选项组中的"移动图表"按钮，打开"移动图表"对话框，选中"新工作表"单选项，并在其右侧的文本框中输入"采购费用图表分析"文本，然后单击"确定"按钮，如图 2-83 所示。

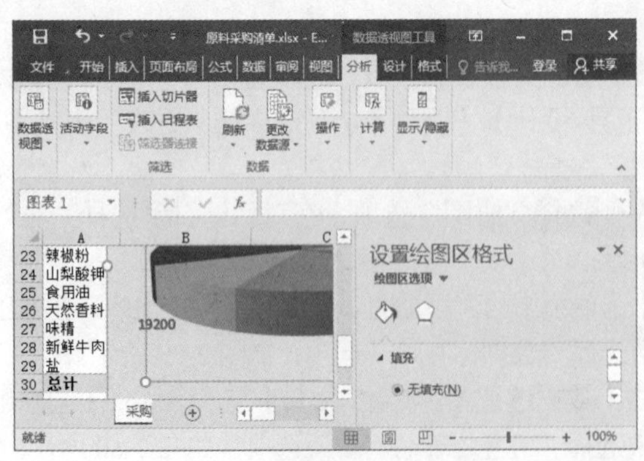

图 2-82　取消绘图区填充背景

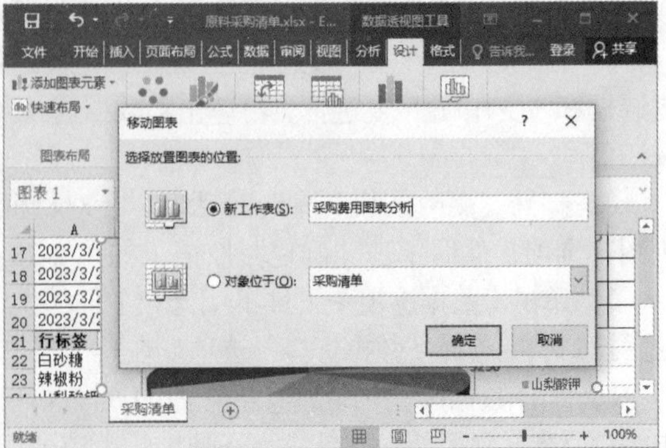

图 2-83　移动图表

⑳ 根据需要对图表标题、数据标签和图例的字号进行调整，然后单击【数据透视图工具-设计】/【图表布局】选项组中的"添加图表元素"下拉按钮，在弹出的下拉列表中选择"图例"选项，在其子菜单中选择"顶部"选项，如图 2-84 所示。

㉑ 选择图例，设置其形状填充颜色为“红色，个性色 2，深色 50%”，文本填充颜色为“白色，背景 1”。

㉒ 单击“原料名称”下拉按钮，在弹出的下拉列表中选择“值筛选”选项，在其子菜单中选择“小于”选项，打开“值筛选(原料名称)”对话框，在“小于”选项右侧的文本框中输入“10000”，然后单击“确定”按钮，如图 2-85 所示。

㉓ 返回工作表后，可查看筛选后的结果（配套资源：\效果文件\第 2 章\原料采购清单.xlsx）。

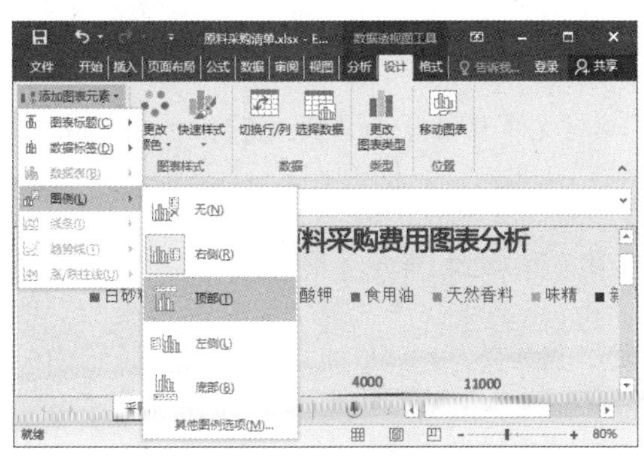

图 2-84　移动图例的位置

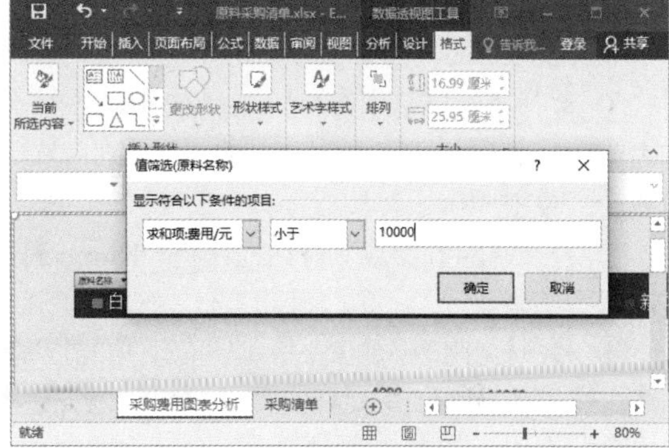

图 2-85　设置筛选条件

2.2.4　制作“新晋员工资料”表格

1. 任务目标

某公司 3 月份新入职了 12 名员工，现需要使用函数计算他们 3 月份的工资情况和素质测评分数。制作完成的“新晋员工资料”表格参考效果如图 2-86 所示。

2023年3月份工资表

姓名	应领工资				应扣工资			工资	个人所得税	税后工资
	基本工资	提成	奖金	小计	迟到	事假	小计			
夏敏	¥2,400	¥3,600	¥600	¥6,600	¥50		¥50	¥6,550	¥46.50	¥6,503.50
龚晓民	¥1,600	¥2,800	¥400	¥4,800		¥50	¥50	¥4,750	¥0.00	¥4,750.00
周泰	¥1,200	¥4,500	¥800	¥6,500			¥0	¥6,500	¥45.00	¥6,455.00
黄锐	¥1,200	¥6,500	¥1,400	¥9,100	¥200	¥100	¥300	¥8,800	¥275.00	¥8,525.00
宋康明	¥1,200	¥3,200	¥500	¥4,900			¥0	¥4,900	¥0.00	¥4,900.00
郭庆华	¥1,200	¥2,610	¥400	¥4,210	¥50		¥50	¥4,160	¥0.00	¥4,160.00
刘金国	¥1,200	¥1,580	¥200	¥2,980		¥100	¥100	¥2,880	¥0.00	¥2,880.00
马俊良	¥1,200	¥1,000	¥100	¥2,300	¥150		¥150	¥2,150	¥0.00	¥2,150.00
周恒	¥1,200	¥890		¥2,090			¥0	¥2,090	¥0.00	¥2,090.00
孙承斌	¥1,200			¥1,200		¥50	¥50	¥1,150	¥0.00	¥1,150.00
罗长明	¥800			¥800	¥300		¥300	¥500	¥0.00	¥500.00
毛登庚	¥800			¥800			¥0	¥800	¥0.00	¥800.00
结算日期：2023年3月5日—2023年3月31日										

素质测评表　工资表

新晋员工素质测评表

ID	姓名	测评项目						测评总分	测评平均分	名次	是否转正
		企业文化	规章制度	电脑应用	办公知识	管理能力	礼仪素质				
R001	夏敏	80	86	78	83	80	76	483	80.5	7	转正
R002	龚晓民	85	76	78	83	87	80	489	81.5	6	转正
R003	周泰	90	91	89	84	86	85	525	87.5	1	转正
R004	黄锐	80	86	92	76	85	84	503	83.833333	4	转正
R005	宋康明	89	79	88	90	79	77	502	83.666667	5	转正
R006	郭庆华	78	65	60	78	76	85	442	73.666667	11	辞退
R007	刘金国	80	84	82	79	77	80	482	80.333333	8	转正
R008	马俊良	77	68	79	70	69	75	438	73	12	辞退
R009	周恒	87	84	90	89	81	89	520	86.666667	2	转正
R010	孙承斌	87	84	90	85	80	90	516	86	3	转正
R011	罗长明	76	72	80	69	80	85	462	77	10	辞退
R012	毛登庚	72	85	78	86	76	70	467	77.833333	9	辞退
各项最高分		90	91	92	90	87	90				

素质测评表　工资表

图 2-86　“新晋员工资料”表格参考效果

2. 案例分析

新晋员工资料表可以加强公司与员工之间关系的管理，更好地调查员工的需求并尽量满足员工需求，从而做好人力资源的培训工作。同时，新晋员工资料表也相当于一个公司的人才库，可以为公司的发展提供后备力量。

本案例在 Excel 2016 中编辑，主要会用到以下操作。

① 输入与复制函数。

② 定义与使用名称。

3. 案例实现

① 打开“新晋员工资料”工作簿（配套资源：\素材文件\第 2 章\新晋员工资料.xlsx），选择“工资表”工作表的 E4 单元格，单击编辑栏中的“插入函数”按钮，打开“插入函数”对话框，选择“SUM”函数后，单击“确定”按钮。

② 打开“函数参数”对话框，将“Number1”参数设置为 B4:D4 单元格区域，然后单击“确定”按钮查看结果。

③ 将鼠标指针移至 E2 单元格右下角的控制柄上，当其变为✚形状时，向下拖曳鼠标至 E15 单元格，然后单击 E15 单元格右侧的“自动填充选项”下拉按钮，在弹出的下拉列表中选择“不带格式填充”选项，如图 2-87 所示。

④ 选择 H4 单元格，单击【公式】/【函数库】选项组中的“自动求和”按钮Σ，H4 单元格中将自动确认参与计算的范围，如图 2-88 所示。确认函数无误后，按 Ctrl+Enter 组合键进行计算，然后将该函数从 H5 一直填充到 H15 单元格，并设置为“不带格式填充”。

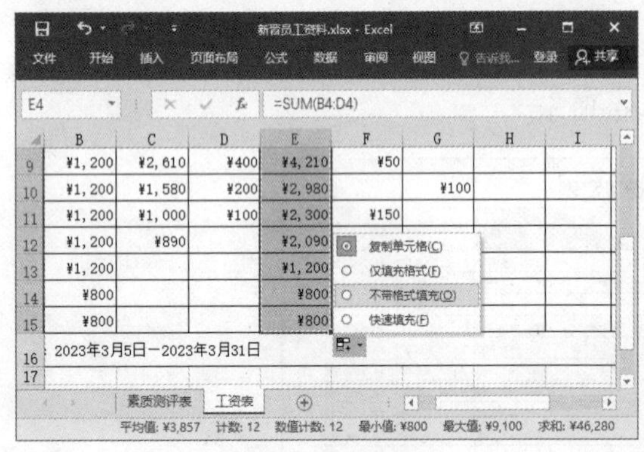

图 2-87 不带格式填充

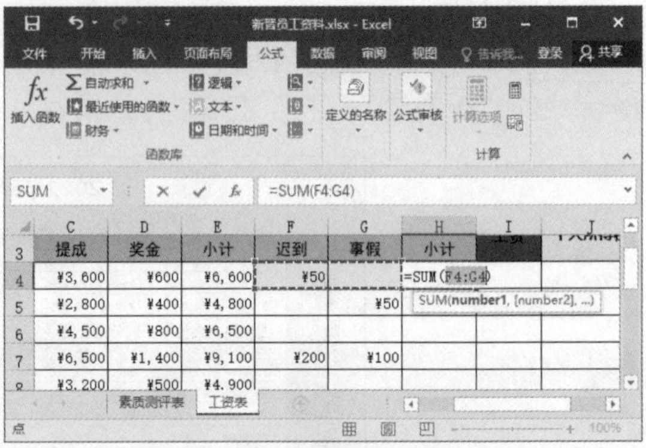

图 2-88 单击“自动求和”按钮

⑤ 选择 I4 单元格，输入公式“=SUM(B4:D4)-SUM(F4:G4)”后，按 Ctrl+Enter 组合键计算结果，然后将该函数从 I5 一直填充到 I15 单元格，如图 2-89 所示，并设置为“不带格式填充”。

⑥ 单击“素质测评表”工作表标签，选择 C4:C15 单元格区域，右击，在弹出的快捷菜单中选择“定义名称”选项，如图 2-90 所示。

⑦ 打开“新建名称”对话框，在“名称”文本框中输入“企业文化”文本，然后单击“确定”按钮，如图 2-91 所示。

⑧ 使用同样的方法为 D4:D15、E4:E15、F4:F15、G4:G15、H4:H15 单元格区域分别定义单元格名称为“规章制度”“电脑应用”“办公知识”“管理能力”“礼仪素质”，最后在 I4 单元格中插入 SUM 函数，在“Number1”文本框中输入“企业文化+规章制度+电脑应用+办公知识+管理能力+礼仪素质”，然后单击“确定”按钮计算出结果，如图 2-92 所示。再利用控制柄快速将该函数一直填充到 I15 单元格，并设置为“不带格式填充”。

图 2-89　计算工资总额

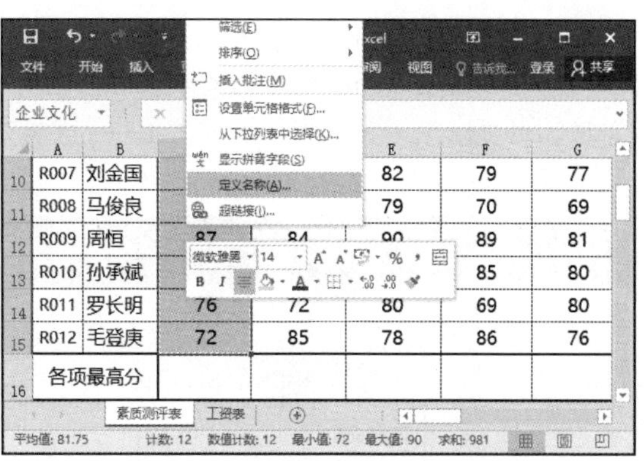

图 2-90　选择“定义名称”选项

图 2-91　定义名称

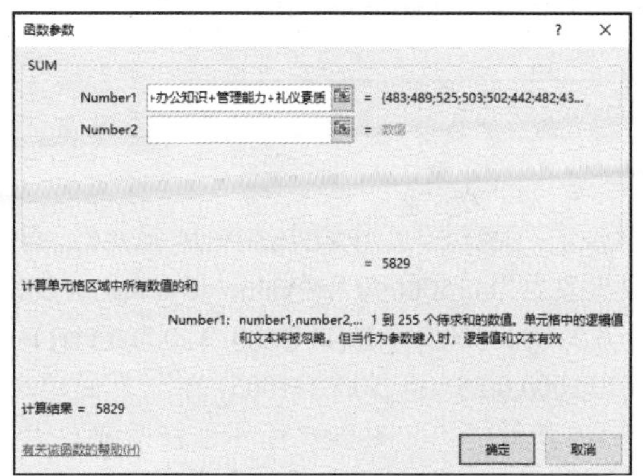

图 2-92　使用定义名称

⑨ 在“素质测评表”工作表中选择 J4 单元格，利用“插入函数”对话框插入 AVERAGE 函数，设置“Number1”函数参数为 C4:H4 单元格区域，然后单击“确定”按钮计算出结果。再将该函数从 J5 一直填充到 J15 单元格，并设置为“不带格式填充”，如图 2-93 所示。

⑩ 选择 C16 单元格，利用“插入函数”对话框插入 MAX 函数，设置“Number1”函数参数为“企业文化”，然后单击“确定”按钮计算出结果。再使用同样的方法在 D16:H16 单元格区域分别计算出“规章制度”“电脑应用”“办公知识”“管理能力”“礼仪素质”列中的最大值，如图 2-94 所示。

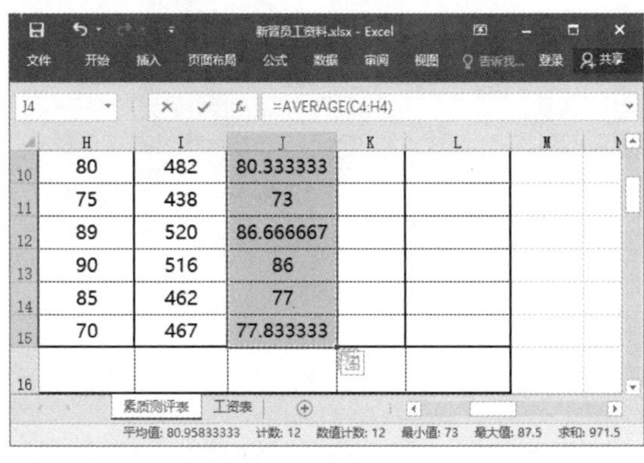

图 2-93　计算平均分

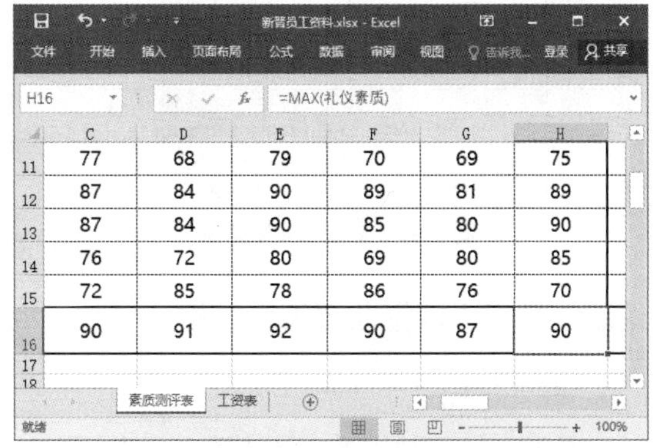

图 2-94　计算最大值

⑪ 选择 K4 单元格，利用“插入函数”对话框插入 RANK.EQ 函数，设置“Number”函数参数为“I4”，“Ref”函数参数为“$I$4:$I$15”，然后单击“确定”按钮计算出结果。再将该函数从 K5 一直填充到 K15 单元格，如图 2-95 所示，并设置为“不带格式填充”。

⑫ 选择 L4 单元格，利用“插入函数”对话框插入 IF 函数，设置“Logical_test”函数参数为“I4>=480”，“Value_if_true”函数参数为“转正”，“Value_if_false”函数参数为“辞退”，然后单击“确定”按钮计算出结果。再将该函数从 L5 一直填充到 L15 单元格，如图 2-96 所示，并设置为“不带格式填充”。

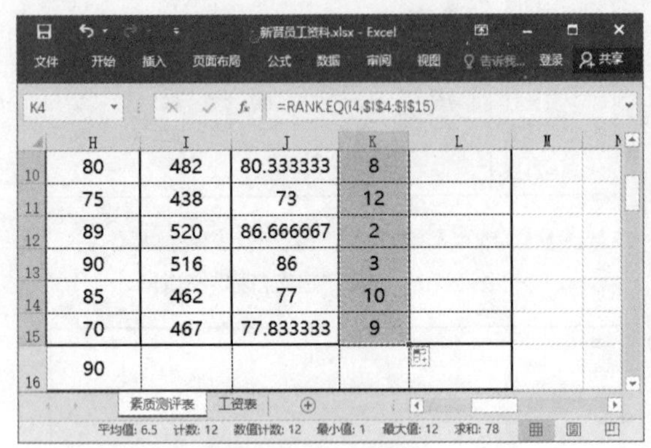

图 2-95 计算排名

图 2-96 判断员工是否转正

⑬ 在“工资表”工作表中选择 J4 单元格，利用“插入函数”对话框插入 IF 函数，设置“Logical_test”函数参数为“I4-5000<0”，“Value_if_true”函数参数为“0”，“Value_if_false”函数参数为“IF(I4-5000<3000,0.03*(I4-5000)-0,IF(I4-5000<12000,0.1*(I4-5000)-105,IF(I4-5000<25000,0.2*(I4-5000)-555,IF(I4-5000<35000,0.25*(I4-5000)-1005))))”，然后单击“确定”按钮计算出结果。再将该函数从 J5 一直填充到 J15 单元格，如图 2-97 所示，并设置为“不带格式填充”。

⑭ 选择 K4 单元格，输入公式“=SUM(I4-J4)”，按 Ctrl+Enter 组合键计算结果，然后将该函数从 K5 一直填充到 K15 单元格区域，如图 2-98 所示，并设置为“不带格式填充”（配套资源：\效果文件\第 2 章\新晋员工资料.xlsx）。

图 2-97 计算个人所得税

图 2-98 计算税后工资

2.2.5 打印“销售业绩表”表格

1. 任务目标

某公司事业部制作了一份“销售业绩表”表格，现需要将其打印出来，以供员工之间传阅，其具体要求如下。

① 设置打印方向为“横向”，纸张大小为“A4”。

② 将所有列调整为一页。

③ 设置打印表格内容水平居中、垂直居中。

④ 添加自定义页眉和页脚。

打印完成的“销售业绩表”表格参考效果如图 2-99 所示。

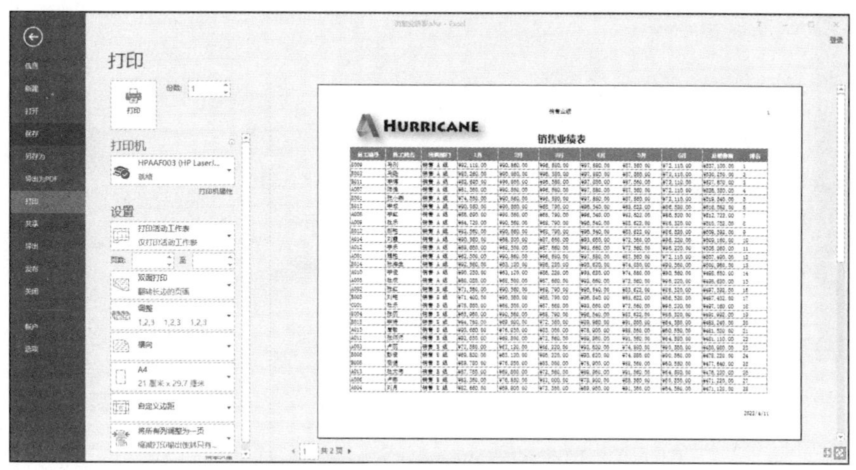

图 2-99　“销售业绩表”表格参考效果

2. 案例分析

部门业务数据的管理是一项比较繁杂的工作，不同行业、不同部门之间的差异性也很大。Excel 2016 作为桌面端的电子表格软件，非常适用于小规模的数据储量、统计、分析。在企事业单位中，这种小规模的简单数据管理是日常工作的重要内容，掌握好 Excel 2016 处理简单数据的技能是处理业务工作的重要辅助手段。

本案例在 Excel 2016 中编辑，主要会用到的操作是打印设置。

3. 案例实现

① 打开“销售业绩表.xlsx”工作簿（配套资源：\素材文件\第 2 章\销售业绩表.xlsx），选择【文件】/【打印】选项，如图 2-100 所示。

② 打开“打印”界面，单击“纵向”选项右侧的下拉按钮，在弹出的下拉列表中选择“横向”选项，如图 2-101 所示。

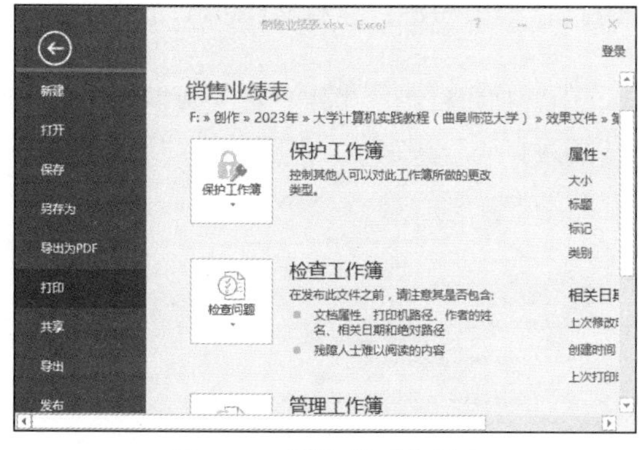

图 2-100　选择“打印”选项

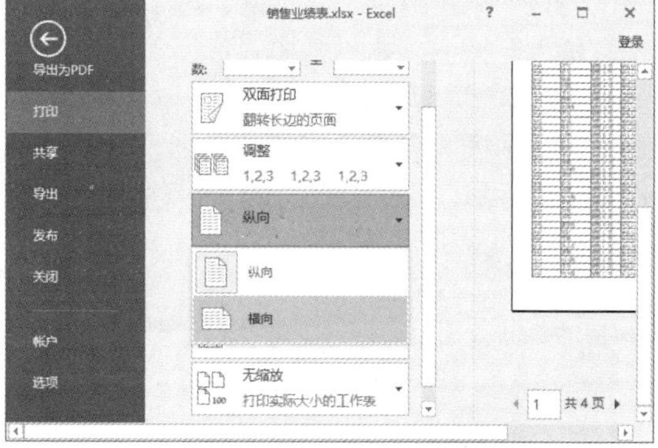

图 2-101　选择打印方向

③ 单击“无缩放”选项右侧的下拉按钮，在弹出的下拉列表中选择“将所有列调整为一页”选项，如图 2-102 所示。

④ 单击“页面设置”链接，打开“页面设置”对话框，选择“页边距”选项卡，在“居中方式”选项组中选中“水平”复选框和“垂直”复选框，如图 2-103 所示。

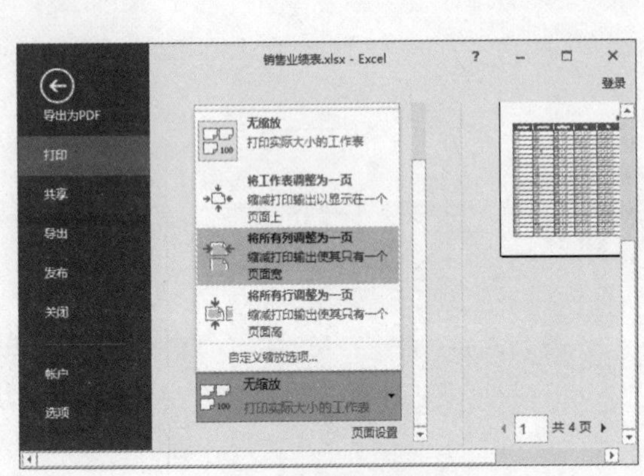

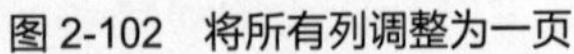
图 2-102　将所有列调整为一页

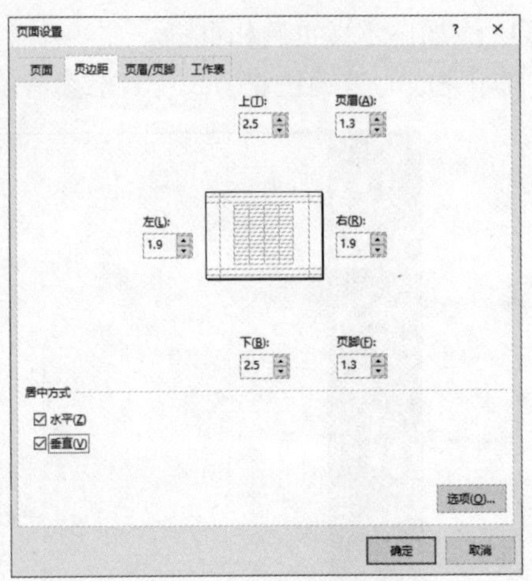

图 2-103　设置居中方式

⑤ 选择“页眉/页脚”选项卡，单击“自定义页眉”按钮，打开“页眉”对话框，将文本插入点定位到“左”列表框中，单击“插入图片”按钮，如图 2-104 所示。

⑥ 打开“插入图片”对话框，选择“从文件”选项，如图 2-105 所示。

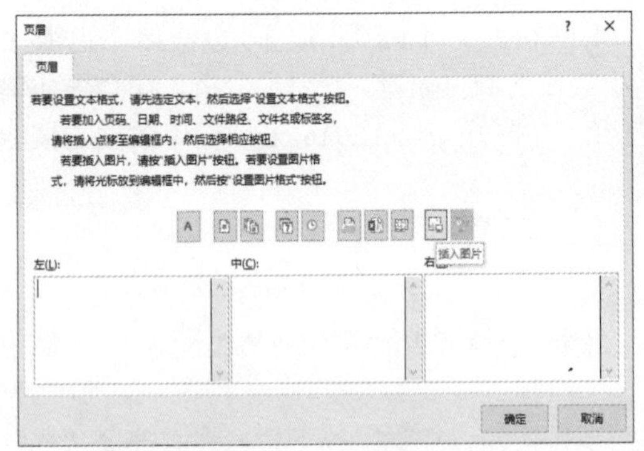

图 2-104　插入图片

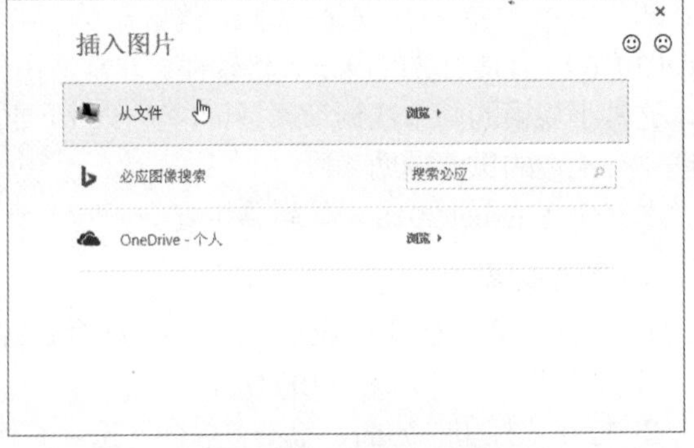

图 2-105　选择图片来源

⑦ 打开“插入图片”对话框，选择“logo.png”图片后（配套资源：\素材文件\第 2 章\ logo.png），单击“插入”按钮，如图 2-106 所示。

⑧ 返回“页眉”对话框，将文本插入点定位到“中”列表框中，单击“插入数据表名称”按钮；将文本插入点定位到“右”列表框中，单击“插入页码”按钮，然后单击“确定”按钮，如图 2-107 所示，返回“页面设置”对话框。

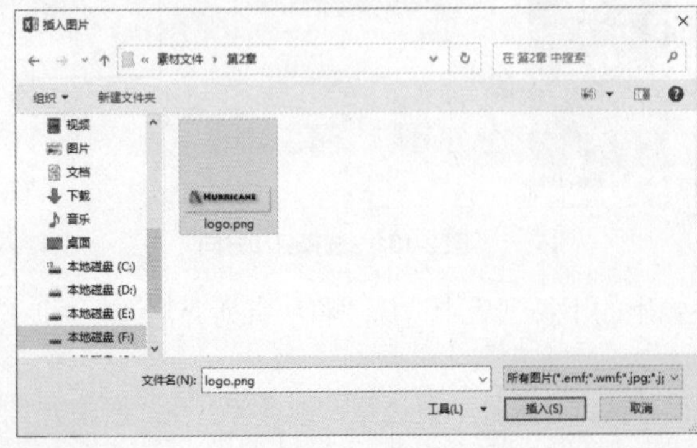

图 2-106　选择图片

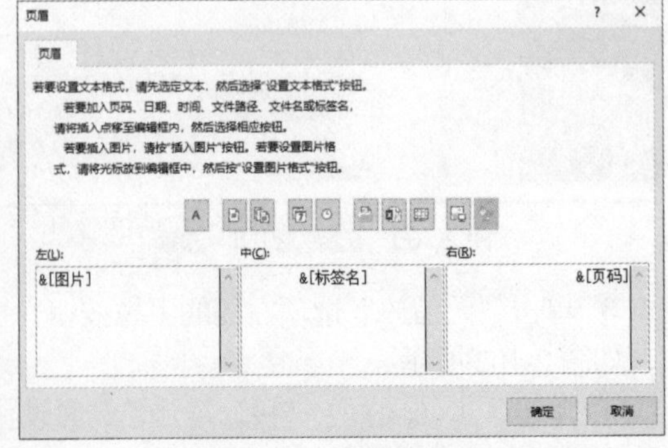

图 2-107　设置其他页眉

⑨ 单击“自定义页脚”按钮，打开“页脚”对话框，将文本插入点定位到“右”列表框中，单击“插入日期”按钮，然后单击“确定”按钮，如图 2-108 所示。

⑩ 返回“页面设置”对话框，单击“确定”按钮，返回“打印”界面，再单击“返回”按钮，返回工作表界面，单击【页面布局】/【页面设置】选项组中的“打印标题”按钮。

⑪ 打开“页面设置”对话框，在“工作表”选项卡的“顶端标题行”文本框中输入“$1:$2”，然后单击“确定”按钮，如图 2-109 所示。

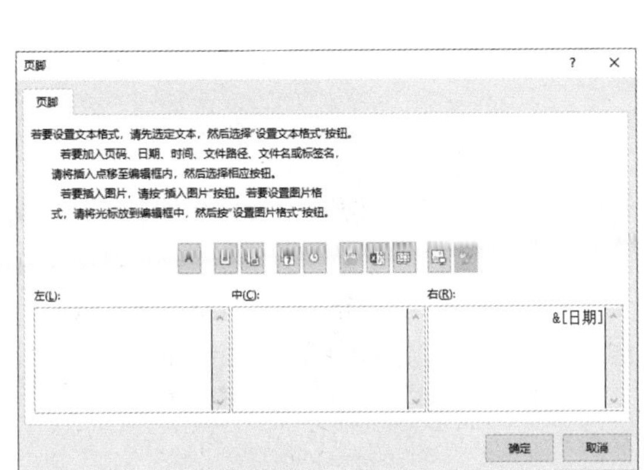

图 2-108　设置页脚

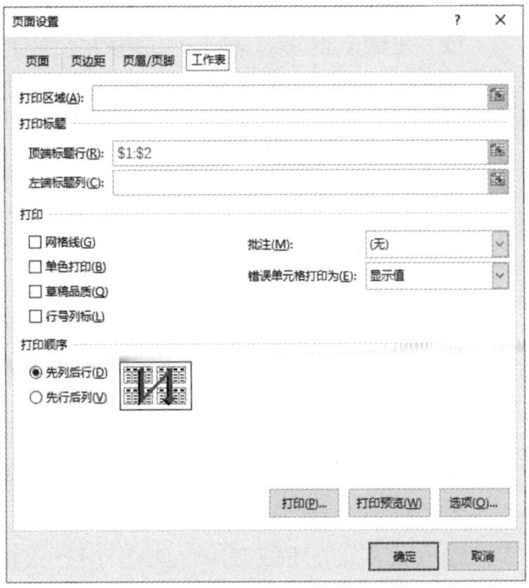

图 2-109　打印标题

⑫ 选择【文件】/【打印】选项，打开“打印”界面，输入打印份数后，单击“打印”按钮开始打印（配套资源：\效果文件\第 2 章\邀请函.docx）。

2.3　习题

一、单选题

1. 在 Excel 2016 中，若希望在一个单元格输入两行数据，则最优的操作方法是（　　）。

A. 设置单元格自动换行后适当调整列宽　B. 在第一行数据后直接按 Enter 键

C. 在第一行数据后按 Shift+Enter 组合键　D. 在第一行数据后按 Alt+Enter 组合键

2. 如果单元格值大于 0，则在该单元格中显示“已完成”字样；如果单元格值小于 0，则在该单元格中显示“还未开始”字样；如果单元格值等于 0，则在该单元格中显示“正在进行中”字样，则最优的操作方法是（　　）。

A. 使用 IF 函数　B. 使用条件格式命令

C. 使用自定义函数　D. 通过自定义单元格格式，设置数据的显示方式

3. 在 Excel 2016 中，编码与分类信息以“编码分类”的格式显示在一个数据列内，若要将编码与分类分为两列显示，则最优的操作方法是（　　）。

A. 使用文本函数将编码与分类信息分开

B. 在编码与分类列右侧插入一个空列，然后利用 Excel 2016 的分列功能将其分开

C. 将编码与分类列在相邻位置复制一列，将一列中的编码删除，将另一列中的分类删除

D. 重新在两列中分别输入编码列和分类列，将原来的编码与分类列删除

4. 在 Excel 2016 中，设置与使用“主题”的功能是指（　　）。

A. 一个表格　　B. 一段标题文字　　C. 一组格式集合　　D. 标题

5. 若要在多个不相邻的单元格中输入相同的数据，则最优的操作方法是（　　）。

A. 同时选择所有不相邻的单元格，在活动单元格中输入数据后，按 Ctrl+Enter 组合键

B. 在其中一个单元格中输入数据，然后将其复制，利用 Ctrl 键选择其他需输入的区域，再粘贴内容

C. 在其中一个位置输入数据，然后逐次将其复制到其他单元格中

D. 在输入区域最左上方的单元格中输入数据，双击填充柄，将其填充到其他单元格中

6. 小李在 Excel 2016 中整理职工档案时，希望“性别”一列只能从“男”“女”两个值中进行选择，否则系统将提示错误信息，则最优的操作方法是（　　）。

A. 设置数据验证，控制“性别”列的输入内容

B. 设置条件格式，标记不符合要求的数据

C. 请同事帮忙进行检查，错误内容用红色标记

D. 通过 IF 函数进行判断，控制“性别”列的输入内容

7. 在 Excel 2016 中，如果需要对 A1 单元格数值的小数部分进行四舍五入运算，则最优的操作方法是（　　）。

A. =INT(A1)　　B. =ROUND(A1,0)　　C. =INT(A1+0.5)　　D. =ROUNDUP(A1,0)

8. 在同一个工作簿中，如果需要区分不同工作表的单元格，则要在引用地址前面增加（　　）。

A. 公式　　B. 单元格地址　　C. 工作簿名称　　D. 工作表名称

9. 输入公式时，F$2 的单元格引用方式称为（　　）。

A. 交叉地址引用　　B. 混合地址引用　　C. 相对地址引用　　D. 绝对地址引用

10. 将 A1 单元格中的公式 SUM(B$2:C$4)复制到 B18 单元格中后，原公式将变为（　　）。

A. SUM(B$19:C$19)　　B. SUM(C$19:D$19)

C. SUM(B$2:C$4)　　D. SUM(C$2:D$4)

11. 小王要将一份通过 Excel 2016 整理的调查问卷统计结果送交经理审阅，这份调查表包含统计结果和中间数据两个工作表，他希望经理无法看到其存放中间数据的工作表，则最优的操作方法是（　　）。

A. 将存放中间数据的工作表删除

B. 将存放中间数据的工作表移动到其他工作簿保存

C. 将存放中间数据的工作表隐藏，然后设置保护工作簿结构

D. 将存放中间数据的工作表隐藏，然后设置保护工作表隐藏

12. 小陈在 Excel 2016 中对产品销售情况进行分析时，他需要选择不连续的数据区域作为创建分析图表的数据源，则最优的操作方法是（　　）。

A. 在名称框中分别输入单元格区域地址，中间使用西文半角逗号分隔

B. 按住 Ctrl 键不放，拖曳鼠标依次选择相关的数据区域

C. 按住 Shift 键不放，拖曳鼠标依次选择相关的数据区域

D. 直接拖曳鼠标选择相关的数据区域

13. 若要为多个同类型的工作表标签设置相同的颜色，则最优的操作方法是（　　）。

A. 先为一个工作表标签设置颜色，然后复制多个工作表

B. 依次在每个工作表标签中右击，在弹出的快捷菜单选择“设置工作表标签颜色”选项为其分别指定相同的颜色

C. 按住 Ctrl 键的同时依次选择多个工作表，然后通过选择“设置工作表标签颜色”选项统一指定颜色

D. 通过 Excel 2016 常规选项设置默认的工作表标签颜色

14. 若希望工作表“员工档案”从工作簿 A 移动到工作簿 B，则最快捷的操作方法是（　　）。

A. 在“员工档案”工作表标签上右击，在弹出的快捷菜单中选择“移动或复制工作表”选项将其移动到工作簿 B 中

B. 先将工作簿 A 中的“员工档案”作为当前活动工作表，然后在工作簿 B 中单击【插入】/【文本】选项组中的“对象”按钮插入该工作簿

C. 将两个工作簿并排显示，然后从工作簿 A 中拖曳工作表“员工档案”到工作簿 B 中

D. 在工作簿 A 中选择工作表“员工档案”中的所有数据，然后通过剪切、粘贴操作将其移动到工作簿 B 中名为“员工档案”的工作表中

15. 在一份包含上万条记录的 Excel 表格中，每隔几行数据就会有一个空行，则删除这些空行的最优操作方法是（　　）。

A. 选择整个数据区域，排序后将空行删除，然后恢复原排序

B. 选择整个数据区域，筛选出空行并将其删除，然后取消筛选

C. 选择数据区域的某一列，通过“定位条件”功能选择空值并删除空行

D. 按住 Ctrl 键，逐个选择空行并删除

16. 在用 Excel 2016 编制的员工工资表中，刘会计希望选择所有应用了计算公式的单元格，则最优的操作方法是（　　）。

A. 通过“查找和替换”对话框中的“查找”功能选择所有应用了计算公式的单元格

B. 按住 Ctrl 键，逐个选择工作表中应用了计算公式的单元格

C. 通过“查找和替换”对话框中的“定位条件”功能定位应用了计算公式的单元格

D. 通过高级筛选功能筛选出所有包含公式的单元格

17. 小金从网站上查到了最近一次全国人口普查的数据表格，他准备将这份表格中的数据引用到 Excel 2016 中进行进一步的分析，则最优的操作方法是（　　）。

A. 先将包含表格的网页保存为.htm 或.mht 格式文件，然后在 Excel 2016 中直接打开该文件

B. 对照网页上的表格，直接将数据输入 Excel 工作表中

C. 通过 Excel 2016 中的“自网站获取外部数据”功能直接将网页上的表格导入 Excel 工作表中

D. 通过复制、粘贴功能将网页上的表格复制到 Excel 工作表中

18. 小胡利用 Excel 2016 对销售人员的销售额进行了统计，销售工作表中已包含每位销售人员对应的产品销量，且产品销售单价为 308 元，则计算每位销售人员销售额的最优操作方法是（　　）。

A. 将单价 308 定义名称为“单价”，然后在计算销售额的公式中引用该名称

B. 将单价 308 输入某个单元格中，然后在计算销售额的公式中相对引用该单元格

C. 将单价 308 输入某个单元格中，然后在计算销售额的公式中绝对引用该单元格

D. 直接通过公式“=销量×308”计算销售额

19. 下列关于 Excel 2016 高级筛选功能的说法中，正确的是（　　）。

A. 单击【数据】/【排序和筛选】选项组中的“筛选”按钮可以进行高级筛选

B. 高级筛选之前必须先对数据进行排序

C. 高级筛选就是自定义筛选

D. 高级筛选通常需要在工作表中设置条件区域

20. 在 Excel 2016 成绩单工作表中包含了 20 名学生的成绩，C 列为成绩值，第一行为标题行，在不改变行列顺序的情况下，若要在 D 列统计成绩排名，则最优的操作方法是（　　）。

A. 在 D2 单元格中输入公式“=RANK(C2,$C2:$C21)”，然后双击该单元格右下角的填充柄

B. 在 D2 单元格中输入公式“=RANK(C2,$C2:$C21)”，然后向下拖曳该单元格右下角的填充柄到 D21 单元格

C. 在 D2 单元格中输入公式“=RANK(C2,C$2:C$21)”，然后双击该单元格右下角的填充柄

D. 在 D2 单元格中输入公式“=RANK(C2,C$2:C$21)”，然后向下拖曳该单元格右下角的填充柄到 D21 单元格

二、操作题

1. 制作“费用支出明细表”表格

利用所学知识制作“2022 年 7～12 月公司费用支出明细表.xlsx”表格（配套资源：\效果文件\第 2 章\费用支出明细表.xlsx），如图 2-110 所示，涉及的知识点包括输入并编辑数据、调整列宽和行高、添加边框、利用条件格式突出显示数据、设置单元格样式。

2022年7~12月公司费用支出明细表						
实际支出	7月	8月	9月	10月	11月	12月
员工成本						
工资	85000	85000	85000	88000	88000	88000
奖金	22950	22950	22950	23760	23760	23760
小计	107950	107950	107950	111760	111760	111760
办公成本						
办公室租赁	9800	9800	9800	9800	9800	9800
燃气	94	430	385	230	87	88
电费	288	278	268	299	306	290
水费	35	33	34	36	34	36
网费	299	299	299	299	299	299
办公用品	256	142	160	221	256	240
小计	10952	11162	11126	11065	10962	10933
市场营销成本						
网站托管	500	500	500	500	500	500
网站更新	200	200	200	200	200	1500
宣传资料准备	4800	0	0	5500	0	0
宣传资料打印	100	500	100	100	600	180
市场营销活动	1800	2200	2200	4700	1500	2300
杂项支出	145	156	123	223	187	245
小计	7545	3556	3123	11323	2987	4725
培训成本						
培训课程	1600	2400	1400	1600	1200	2800
差旅成本	1200	2200	1400	1200	800	3500
小计	2800	4600	2800	2800	2000	6300

Sheet1

图 2-110　2022 年 7～12 月公司费用支出明细表

2. 制作“员工工资表”表格

利用所学知识制作“员工工资表.xlsx”表格（配套资源：\效果文件\第 2 章\员工工资表.xlsx），如图 2-111 所示，涉及的知识点包括输入函数、填充函数。

员工工资表													
姓名	基本工资	岗位工资	加班补助	补贴			应扣		总工资	实发工资	平均工资	排名	是否合格
				餐补	交通费	电话费	社保	考勤					
唐永明	¥1,200.00	¥200.00	¥441.00	¥200.00	¥300.00	¥200.00	¥202.56	¥50.00	¥2,541.00	¥2,288.44	¥423.50	4	优秀
司徒闵	¥1,200.00	¥150.00	¥368.25	¥200.00	¥100.00	¥150.00	¥202.56	¥100.00	¥2,168.25	¥1,865.69	¥361.38	16	不合格
陈劭奇	¥1,200.00	¥150.00	¥438.00	¥200.00	¥50.00	¥150.00	¥202.56	¥0.00	¥2,188.00	¥1,985.44	¥364.67	13	不合格
梁爱诗	¥1,200.00	¥150.00	¥400.68	¥200.00	¥200.00	¥50.00	¥202.56	¥50.00	¥2,200.68	¥1,948.12	¥366.78	12	不合格
马玲	¥1,200.00	¥150.00	¥413.00	¥200.00	¥300.00	¥100.00	¥202.56	¥50.00	¥2,363.00	¥2,110.44	¥393.83	8	优秀
周萌萌	¥1,200.00	¥150.00	¥365.25	¥200.00	¥100.00	¥100.00	¥202.56	¥0.00	¥2,115.25	¥1,912.69	¥352.54	18	不合格
孙水林	¥1,200.00	¥150.00	¥437.00	¥200.00	¥100.00	¥100.00	¥202.56	¥0.00	¥2,187.00	¥1,984.44	¥364.50	14	不合格
彭兆荪	¥1,200.00	¥150.00	¥408.00	¥200.00	¥200.00	¥200.00	¥202.56	¥100.00	¥2,358.00	¥2,055.44	¥393.00	9	优秀
严歌苓	¥1,200.00	¥150.00	¥445.00	¥200.00	¥50.00	¥100.00	¥202.56	¥100.00	¥2,145.00	¥1,842.44	¥357.50	17	不合格
李江涛	¥1,200.00	¥150.00	¥336.90	¥200.00	¥200.00	¥100.00	¥202.56	¥50.00	¥2,186.90	¥1,934.34	¥364.48	15	不合格
刘帅	¥1,500.00	¥150.00	¥423.00	¥200.00	¥100.00	¥200.00	¥268.30	¥50.00	¥2,573.00	¥2,254.70	¥428.83	3	优秀
宁静	¥1,500.00	¥150.00	¥448.00	¥200.00	¥100.00	¥200.00	¥268.30	¥0.00	¥2,598.00	¥2,329.70	¥433.00	1	优秀
童叶庚	¥1,500.00	¥150.00	¥403.00	¥200.00	¥100.00	¥150.00	¥268.30	¥0.00	¥2,503.00	¥2,234.70	¥417.17	5	优秀
王永胜	¥1,500.00	¥150.00	¥425.80	¥200.00	¥200.00	¥100.00	¥268.30	¥0.00	¥2,575.80	¥2,307.50	¥429.30	2	优秀
郑爽	¥1,500.00	¥100.00	¥430.00	¥200.00	¥50.00	¥100.00	¥268.30	¥0.00	¥2,380.00	¥2,111.70	¥396.67	6	优秀
周楠	¥1,500.00	¥100.00	¥412.36	¥200.00	¥50.00	¥50.00	¥268.30	¥200.00	¥2,312.36	¥1,844.06	¥385.39	11	不合格
王丹妮	¥1,500.00	¥100.00	¥421.00	¥200.00	¥50.00	¥100.00	¥268.30	¥100.00	¥2,371.00	¥2,002.70	¥395.17	7	优秀
周文娟	¥1,500.00	¥100.00	¥396.50	¥200.00	¥50.00	¥100.00	¥268.30	¥100.00	¥2,346.50	¥1,978.20	¥391.08	10	不合格
总工资	¥24,000.00	¥2,550.00	¥7,412.74	¥3,600.00	¥2,300.00	¥2,250.00	¥4,172.00	¥950.00					
最高工资		¥2,329.70											
最低工资		¥1,842.44											
实发工资在2000元以上		9											

Sheet1

图 2-111　员工工资表

3. 分析“销售数据统计表”表格

利用所学知识和素材（配套资源：\素材文件\第 2 章\销售数据统计表.xlsx）分析“销售数据统计表. xlsx”表格（配套资源：\效果文件\第 2 章\员工工资表.xlsx），如图 2-112 所示，涉及的知识点包括插入图表、更改数据源、设置图表布局、添加图表元素。

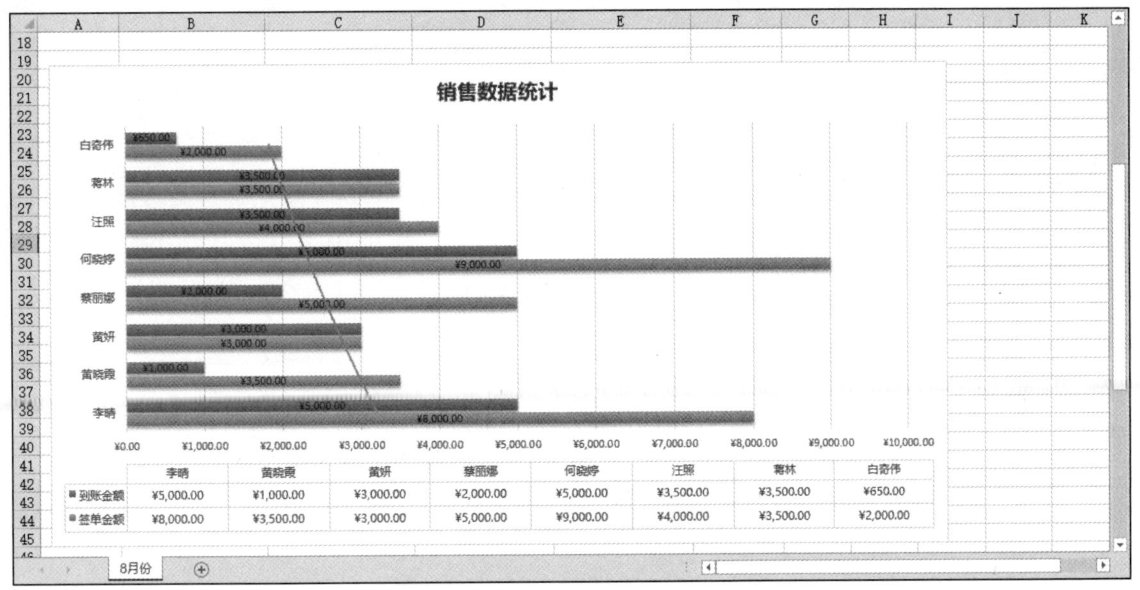

图 2-112 销售数据统计表

03 第 3 章 演示文稿软件 PowerPoint

【学习目标】

- 了解 PowerPoint 2016 的基础知识。
- 掌握编辑幻灯片的方法。
- 掌握应用幻灯片母版和主题的相关操作方法。
- 掌握在幻灯片中添加切换效果和动画效果的方法。
- 掌握在幻灯片中添加动作按钮、创建超链接的相关操作方法。
- 掌握放映演示文稿的方法。
- 熟悉打包与打印演示文稿的方法。

3.1 知识要点

PowerPoint 是一款专业的演示文稿制作软件，用户既可以在投影仪或计算机上进行演示，也可以将其打印出来，用于工作汇报、产品宣传、教育培训等。本章主要介绍 PowerPoint 2016 的相关知识，主要包括认识 PowerPoint 2016 操作界面组成、了解 PowerPoint 2016 基础操作、编辑幻灯片、美化演示文稿、丰富幻灯片内容、放映演示文稿，以及打包与打印演示文稿等内容。

3.1.1 认识 PowerPoint 操作界面组成

启动 PowerPoint 2016 并选择“空白演示文稿”选项后，即可进入其操作界面，如图 3-1 所示。PowerPoint 2016 的操作界面与 Office 2016 其他组件的操作界面大致类似，其不同之处主要体现在幻灯片窗格、幻灯片编辑区和状态栏等部分。

- 幻灯片窗格：幻灯片窗格位于幻灯片编辑区的左侧，主要用于显示当前演示文稿中所有幻灯片的缩略图。在其中单击某张幻灯片的缩略图，便可直接跳转到该幻灯片，并在右侧的幻灯片编辑区中显示该幻灯片的内容。
- 幻灯片编辑区：幻灯片编辑区位于操作界面的中心，用于显示和编辑幻灯片的内容。在默认情况下，标题幻灯片中包含一个标题占位符和一个副标题占位符，内容幻灯片中包含一个标题占位符和一个内容占位符。

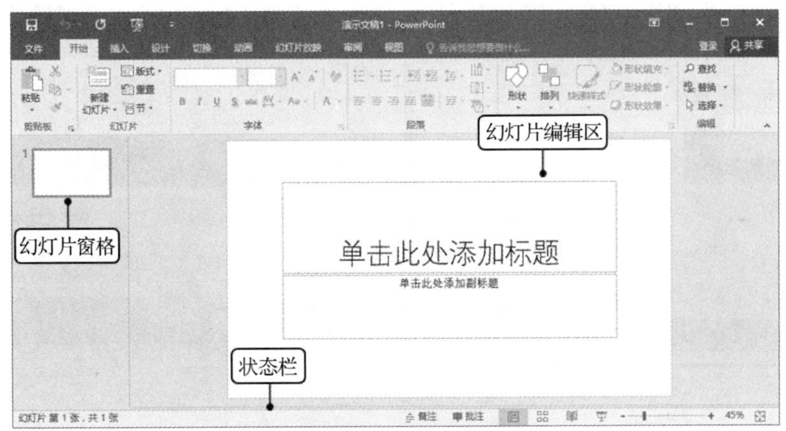

图 3-1 PowerPoint 2016 的操作界面

- 状态栏：状态栏位于操作界面的底端，用于显示当前幻灯片的页面信息，主要由状态提示栏、“备注”按钮、“批注”按钮、视图切换按钮组、显示比例栏 5 部分组成。其中，单击“备注”按钮和“批注”按钮，可以为幻灯片添加备注和批注内容，为演示者的演示进行提醒说明；使用鼠标拖曳显示比例栏中的缩放比例滑块，可以调节幻灯片的显示比例；单击状态栏最右侧的“按当前窗口调整幻灯片大小”按钮，可以使幻灯片的显示比例自动适应当前窗口的大小。

3.1.2 了解 PowerPoint 基础操作

认识了 PowerPoint 2016 的操作界面后，为了进一步熟练使用演示文稿，用户还需要了解演示文稿的一些基础操作，如演示文稿及其操作、幻灯片及其操作等。

1. 演示文稿及其操作

在编辑演示文稿时，用户首先需要新建一个演示文稿，在制作完成后，还需对演示文稿的内容进行保存。下面分别介绍新建、保存和打开演示文稿的方法。

（1）新建演示文稿

新建演示文稿的方法有很多，如创建空白演示文稿和根据现有内容创建演示文稿等，用户可根据实际需求进行选择。

- 新建空白演示文稿：启动 PowerPoint 2016 后，选择窗口右侧的“空白演示文稿”选项，系统将自动新建一个名为“演示文稿 1”的空白演示文稿。此外，用户也可以通过选择【文件】/【新建】选项，或按 Ctrl+N 组合键等方法完成演示文稿的新建。
- 利用模板创建演示文稿：PowerPoint 2016 提供了 30 多种模板，用户可以在预设模板的基础上快速创建带有内容的演示文稿。其方法如下：选择【文件】/【新建】选项，打开“新建”界面，在其中选择所需模板选项，然后单击“创建”按钮，即可创建该模板样式的演示文稿，如图 3-2 所示。

（2）保存演示文稿

保存演示文稿的方法与 Office 2016 其他组件中的保存文件的方法类似，主要包括直接保存和另存为两种方法。

- 直接保存演示文稿：选择【文件】/【保存】选项，或单击快速访问工具栏中的“保存”按钮进行保存。如果演示文稿已执行过保存操作，则 PowerPoint 2016 将直接使用现在编辑的内容替换已保存过的内容；如果演示文稿是第一次保存，则 PowerPoint 2016 会自动打开“另存为”界面，在其中选择好演示文稿的保存位置后，打开“另存为”对话框，在其中继续设置演示文稿的保存位置和名称。

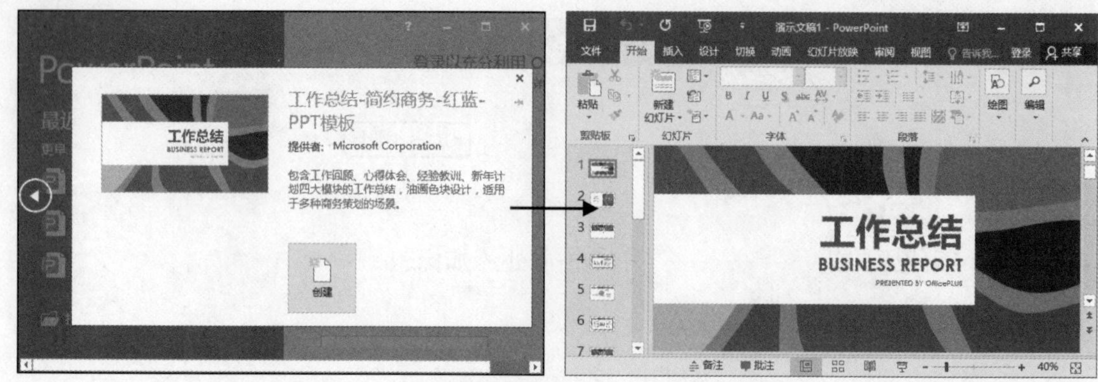

图 3-2　利用模板创建演示文稿

- 另存为演示文稿：对于已保存过的演示文稿而言，如果用户需要将其保存为其他格式或保存到其他位置，则可以选择【文件】/【另存为】选项，打开“另存为”界面，在其中选择好演示文稿的保存位置后，打开“另存为”对话框，在其中指定新的文件名称和文件类型，然后单击“保存”按钮。

（3）打开演示文稿

当用户需要对演示文稿进行编辑、查看或放映操作时，首先应将其打开。打开演示文稿的方法主要包括以下 4 种。

- 打开演示文稿：启动 PowerPoint 2016 后，选择【文件】/【打开】选项，或按 Ctrl+O 组合键，打开“打开”界面，在其中选择要打开演示文稿的保存位置后，打开“打开”对话框，在其中选择需要打开的演示文稿，然后单击“打开”按钮。
- 打开最近使用的演示文稿：PowerPoint 2016 提供了记录最近打开过的演示文稿的功能，如果用户想要打开最近打开过的演示文稿，则只需选择【文件】/【打开】选项，打开“打开”界面，选择“最近”选项，其右侧便显示了用户最近打开的演示文稿名称和保存路径，选择需打开的演示文稿即可将其打开。
- 以只读方式打开演示文稿：以只读方式打开的演示文稿只能进行浏览，而不能进行编辑。其方法如下：选择【文件】/【打开】选项，打开“打开”界面，在其中选择演示文稿的保存位置后，打开“打开”对话框，在其中选择需要打开的演示文稿，然后单击“打开”下拉按钮，在弹出的下拉列表中选择“以只读方式打开”选项。此时，打开的演示文稿的标题栏中将显示“只读”字样，且用户在以只读方式打开的演示文稿中进行相应的编辑后，不能直接进行保存操作。
- 以副本方式打开演示文稿：以副本方式打开演示文稿是指将演示文稿作为副本打开，在副本中进行编辑后，不会影响源文件的内容。其方法如下：选择【文件】/【打开】选项，打开“打开”对话框，选择需要打开的演示文稿后，单击“打开”下拉按钮，在弹出的下拉列表中选择“以副本方式打开”选项。此时，打开的演示文稿的标题栏中将显示“副本”字样。

2. 幻灯片及其操作

一个演示文稿通常由多张幻灯片组成，用户在制作演示文稿时，往往需要对幻灯片进行操作，如新建幻灯片、应用幻灯片版式、选择幻灯片、移动和复制幻灯片，以及删除幻灯片等。

（1）新建幻灯片

在新建空白演示文稿或根据模板新建演示文稿时，默认的幻灯片数量有限，这显然不能满足用户实际的编辑需要，因此用户需要手动新建幻灯片。新建幻灯片的方法主要有以下两种。

- 在幻灯片窗格中新建：在幻灯片窗格中的空白区域或已有的幻灯片上右击，在弹出的快捷菜单中选择“新建幻灯片”选项。

- 通过【开始】/【幻灯片】选项组新建：在普通视图或幻灯片浏览视图中选择任意一张幻灯片，然后在【开始】/【幻灯片】选项组中单击“新建幻灯片”下拉按钮，在弹出的下拉列表中选择需要的幻灯片版式即可。

（2）应用幻灯片版式

如果用户对新建的幻灯片版式不满意，则可以对其进行更改。其方法如下：单击【开始】/【幻灯片】选项组中的“版式”下拉按钮，在弹出的下拉列表中选择需要的幻灯片版式，即可将其应用于当前幻灯片。

（3）选择幻灯片

选择幻灯片是编辑幻灯片的前提，选择幻灯片的方法主要有以下 3 种。

- 选择单张幻灯片：在幻灯片窗格中单击某张幻灯片的缩略图，即可选择当前幻灯片。
- 选择多张幻灯片：在幻灯片浏览视图或幻灯片窗格中按住 Shift 键并单击幻灯片即可选择多张连续的幻灯片；按住 Ctrl 键并单击幻灯片即可选择多张不连续的幻灯片。

（4）移动和复制幻灯片

当用户需要调整某张幻灯片的顺序时，便可对其进行移动操作；而当用户需要使用某张幻灯片中已有的版式或内容时，则可直接复制该张幻灯片，然后进行更改，以提高工作效率。移动和复制幻灯片的方法主要有以下 3 种。

- 通过拖动鼠标：在普通视图模式下，选择需要移动的幻灯片，按住鼠标左键不放，将其拖曳到目标位置后释放鼠标左键，以完成移动幻灯片的操作；在幻灯片浏览视图模式下，选择需要复制的幻灯片，按住 Ctrl 键的同时使用鼠标将其拖曳到目标位置，以完成复制幻灯片的操作。
- 通过菜单命令：选择需要移动或复制的幻灯片，右击，在弹出的快捷菜单中选择“剪切”或“复制”选项，然后将文本插入点定位到目标位置处并右击，在弹出的快捷菜单中选择“粘贴”选项，以完成移动或复制幻灯片的操作。
- 通过快捷键：在幻灯片窗格或幻灯片浏览视图模式下，选择需要移动或复制的幻灯片，按 Ctrl+X 组合键（移动）或 Ctrl+C 组合键（复制），然后将文本插入点定位到目标位置处，按 Ctrl+V 组合键，同样可以完成移动或复制幻灯片的操作。

（5）删除幻灯片

在幻灯片窗格或幻灯片浏览视图中均可删除幻灯片，其方法如下。

- 选择需要删除的幻灯片，右击，在弹出的快捷菜单中选择“删除幻灯片”选项。
- 选择需要删除的幻灯片，按 Delete 键。

3.1.3 编辑幻灯片

编辑幻灯片是制作演示文稿的重要一步，下面主要对插入文本、插入形状、插入艺术字、插入表格、插入图表、插入并编辑 SmartArt 图形、插入图片、插入媒体文件等常用编辑操作进行介绍。

1. 插入文本

文本是幻灯片中的重要组成部分，无论是演讲类、报告类还是形象展示类的演讲文稿，都离不开文本的输入与编辑。

（1）输入文本

在幻灯片中可以通过占位符和文本框来输入文本。

- 在占位符中输入文本：新建演示文稿或插入新幻灯片后，幻灯片中通常会包含两个或多个虚线框，即占位符。占位符可分为文本占位符和项目占位符两种，如图 3-3 所示。文本占位符用于放置标题和正文等文本内容，在幻灯片中显示为“单击此处添加标题”或“单击此处添加文本”样式，单击占位符后，即可在其中输入文本内容；项目占位符中通常包含“插入表格”“插入图表”“插入

SmartArt 图形”等多个图标，单击相应的图标后，即可插入表格、图表、SmartArt 图形等对象。

- 通过文本框输入文本：除了可以在占位符中输入文本外，用户还可以通过在幻灯片空白位置处绘制文本框的方法来添加文本。其方法如下：单击【插入】/【文本】选项组中的“文本框”下拉按钮，在弹出的下拉列表中选择“横排文本框”选项或“竖排文本框”选项，当鼠标指针变为↓或←形状时单击，该位置就会出现一个文本框，然后用户就可以在其中输入文本内容，如图 3-4 所示。

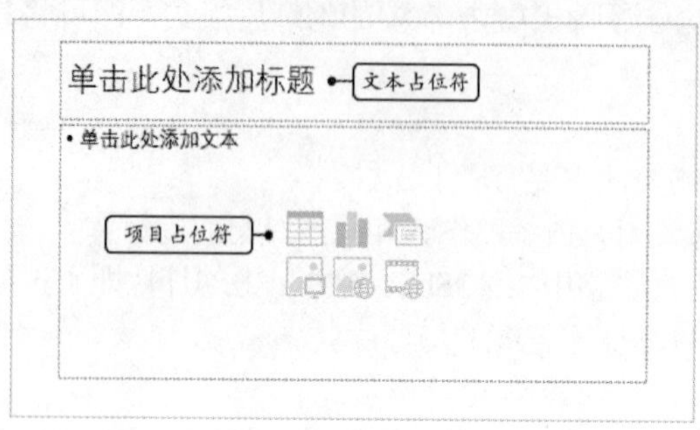

图 3-3 占位符

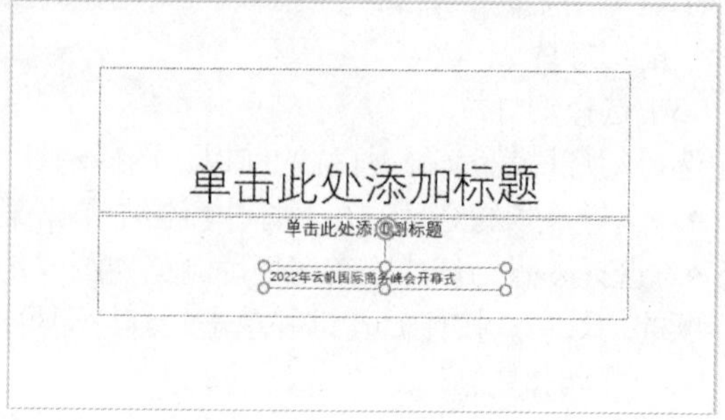

图 3-4 绘制文本框并输入文本

（2）编辑文本

为了使幻灯片的文本效果更加美观，用户通常需要对其字体、字号、颜色及特殊效果等进行设置。在 PowerPoint 2016 中，用户主要可以通过【开始】/【字体】选项组和“字体”对话框来设置文本格式。

- 选择文本或文本占位符，在【开始】/【字体】选项组中可以对其字体、字号、颜色等进行设置。另外，用户还可以单击该选项组中的“加粗”按钮**B**、“倾斜”按钮*I*或“下画线”按钮U，为所选文本添加相应的文本效果。
- 选择文本或文本占位符，单击【开始】/【字体】选项组右下角的对话框启动器，打开“字体”对话框，在其中也可以对文本的字体、字号、颜色等进行设置。

2. 插入形状

PowerPoint 2016 为用户提供了形状绘制功能，该功能不仅可以用于展示幻灯片的内容，还常用于演示文稿的版式设计。

（1）绘制形状

单击【插入】/【插图】选项组中的“形状”下拉按钮，在弹出的下拉列表中选择需要的形状样式，当鼠标指针变成+形状时，用户可通过单击或拖曳鼠标的方式来完成形状的插入。

（2）编辑形状

插入形状后，用户可以在“绘图工具-格式”选项卡中对形状的大小和外观等内容进行编辑，同时还可以对插入的形状应用样式，如图 3-5 所示。

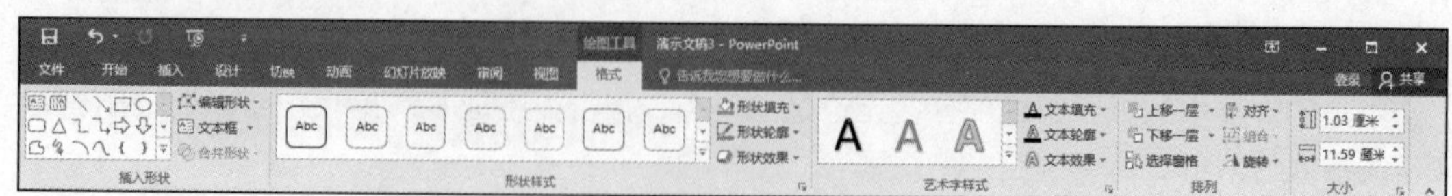

图 3-5 “绘图工具-格式”选项卡

- “插入形状”选项组：选择绘制的形状，单击“编辑形状”下拉按钮，在弹出的下拉列表中选择“更改形状”选项，在其子菜单中选择另一种形状，可更换当前形状的样式；若选择“编辑顶点”选项，则可通过拖曳形状四周出现的控制柄改变形状。
- “形状样式”选项组：单击“样式”列表框中的“其他”按钮，在弹出的下拉列表中可为所选形状快速应用样式；单击右侧的“形状填充”按钮 、“形状轮廓”按钮、“形状效果”按钮，可对形状的颜色填充效果、形状轮廓效果和立体效果进行自定义设置。

- “艺术字样式”选项组：用户可以通过该选项组为形状中的文本设置艺术字效果。
- “排列”选项组：如果有多个重叠放置的形状，则用户可通过该选项组对其上下位置的排列顺序进行调整。除此之外，用户还可以对形状的可见性、对齐、组合和旋转等进行设置。
- “大小”选项组：用户可以在其中设置形状的宽度和高度。

3. 插入艺术字

艺术字是一种具有美化作用的文本，在幻灯片中主要起提醒、装饰的作用。若要使演示文稿达到良好的放映效果和宣传效果，则需要在重点标题文本中应用艺术字效果。

（1）插入艺术字

选择需要插入艺术字的幻灯片后，单击【插入】/【文本】选项组中的“艺术字”下拉按钮，在弹出的下拉列表中选择需要的艺术字样式，然后修改艺术字中的文字。

（2）编辑艺术字

在幻灯片中插入艺术字后，系统将自动激活“绘图工具-格式”选项卡，用户可以通过其中不同的选项组对插入的艺术字进行编辑。例如，若要修改艺术字的样式，则可在【绘图工具-格式】/【艺术字样式】选项组中进行相应的设置；若想为艺术字添加边框效果，则可在【绘图工具-格式】/【形状样式】选项组中进行相应的设置。

4. 插入表格

表格可直观、形象地表达数据情况，在 PowerPoint 2016 中，用户不仅可以在幻灯片中插入表格，还能根据幻灯片的主题风格对表格进行编辑和美化。

（1）插入表格

在幻灯片中插入表格的方法主要有以下 3 种。

- 自动插入表格：选择需要插入表格的幻灯片，单击【插入】/【表格】选项组中的“表格”下拉按钮，在弹出的下拉列表中选择表格行列数，然后拖曳鼠标到合适位置后单击鼠标以插入表格。
- 通过“插入表格”对话框插入：选择需要插入表格的幻灯片，单击【插入】/【表格】选项组中的“表格”下拉按钮，在弹出的下拉列表中选择“插入表格”选项，打开“插入表格”对话框，在其中输入表格所需的行数和列数后，单击“确定”按钮完成表格的插入。
- 手动绘制表格：选择需要插入表格的幻灯片，单击【插入】/【表格】选项组中的“表格”下拉按钮，在弹出的下拉列表中选择“绘制表格”选项，当鼠标指针变成形状时，在需要插入表格的位置处按住鼠标左键不放并进行拖曳，拖曳到适当的大小后释放鼠标左键，绘制出表格的外边框；然后单击【表格工具-设计】/【绘制边框】选项组中的“绘制表格”按钮，在绘制的边框中按住鼠标左键横向或纵向拖曳，出现一条实线并释放鼠标左键，即可在表格中画出表格的行线或列线，如图 3-6 所示。

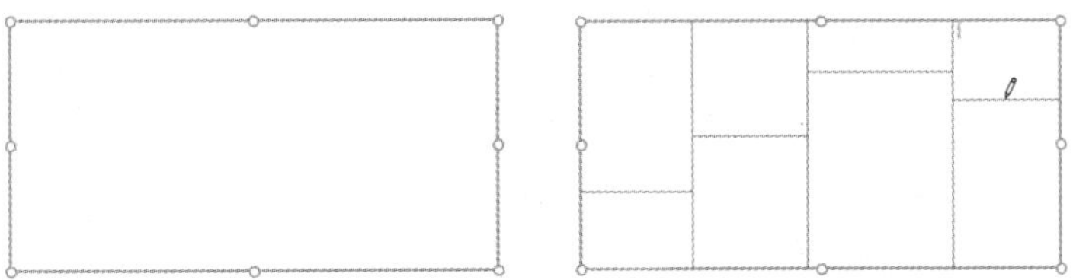

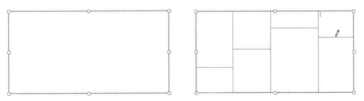

图 3-6　手动绘制表格

（2）输入表格内容并编辑表格

插入表格后，用户既可以在其中输入文本和数据，也可以根据需要对表格进行调整大小和位置，合并单元格，选择、插入、删除行或列等操作。

- 调整表格大小：选择表格，此时表格四周将出现 8 个控制点，将鼠标指针移到表格边框上的任意一个控制点上，当鼠标指针变为双箭头形状时，按住鼠标左键不放并进行拖曳，可调整表格的大小。
- 调整表格位置：选择表格，将鼠标指针移动到表格上，当鼠标指针变为形状时，按住鼠标左键并进行拖曳，移至合适位置后释放鼠标左键，即可调整表格的位置。
- 输入文本和数据：将文本插入点定位到单元格中，即可输入文本和数据。
- 选择行/列：将鼠标指针移至表格左侧，当鼠标指针变为→形状时，单击即可选择该行；将鼠标指针移至表格上方，当鼠标指针变为↓形状时，单击即可选择该列。
- 插入行/列：将文本插入点定位到表格的任意单元格中，单击【表格工具-布局】/【行和列】选项组中的“在上方插入”按钮、“在下方插入”按钮、“在左侧插入”按钮、“在右侧插入”按钮，即可在表格的相应位置处插入行或列。
- 删除行/列：选择需要删除的行或列，单击【表格工具-布局】/【行和列】选项组中的“删除”下拉按钮，在弹出的下拉列表选择相应的选项进行删除操作。
- 合并单元格：选择需要合并的单元格，单击【表格工具-布局】/【合并】选项组中的“合并单元格”按钮，使其合并为一个单元格。

将鼠标指针移动到表格中需要调整列宽或行高的单元格分隔线上，当鼠标指针变为或形状时，按住鼠标左键不放并向左右或上下方向进行拖曳，移至合适位置时释放鼠标左键，即可完成列宽或行高的调整。如果用户想要精确调整表格中单元格的行高或列宽值，则可在【表格工具-布局】/【单元格大小】选项组中的“高度”和“宽度”数值框中输入具体的数值。

（3）美化表格

为了使表格样式与幻灯片整体风格更匹配，用户可为其添加样式。PowerPoint 2016 提供了很多预设的表格样式供用户使用。

单击【表格工具-设计】/【表格样式】选项组中的“其他”按钮，在弹出的下拉列表中选择需要的表格样式，如图 3-7 所示。同时，在该选项组中单击“底纹”下拉按钮、“边框”下拉按钮、“效果”下拉按钮，可在弹出的下拉列表为其设置底纹、边框和立体效果。

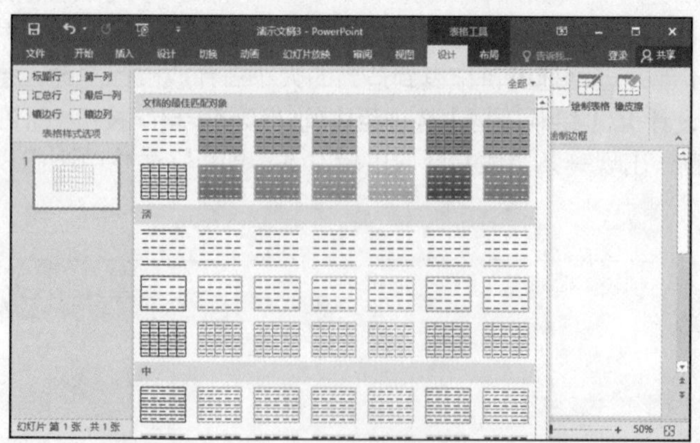

图 3-7　PowerPoint 2016 提供的预设表格样式

5. 插入图表

演示文稿作为一种元素十分多样化的文档，通常不需要添加太多文本，因此用户可以通过图表等形式将数据及其变化清晰、直观地表现出来，以增强演示文稿的说服力。

（1）创建图表

单击【插入】/【插图】选项组中的“图表”按钮，打开“插入图表”对话框，在其中选择需要的图表类型后，单击“确定”按钮。此时将打开“Microsoft PowerPoint 中的图表”电子表格窗口，在其中输入表格数据，如图 3-8 所示，然后关闭窗口，完成图表的插入。

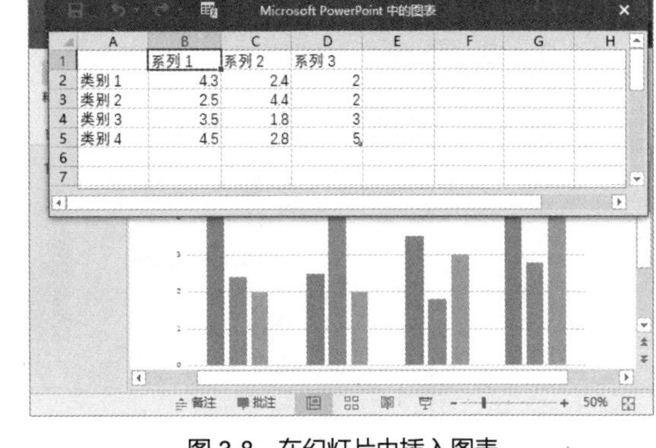

图 3-8　在幻灯片中插入图表

（2）编辑图表

对于插入幻灯片中的图表而言，用户可以根据需要对其大小、样式、位置等内容进行调整和更改。

- 调整图表大小：选择图表，将鼠标指针移动到图表边框上，当鼠标指针变为双箭头形状时，按住鼠标左键不放并进行拖曳，即可调整图表的大小。
- 调整图表位置：将鼠标指针移动到图表上，当鼠标指针变为形状时，按住鼠标左键不放并进行拖曳，移至合适位置后释放鼠标左键，即可调整图表的位置。
- 修改图表数据：单击【图表工具-设计】/【数据】选项组中的“编辑数据”按钮，打开“Microsoft PowerPoint 中的图表”电子表格窗口，用户可在其中修改表格中的数据。
- 更改图表类型：单击【图表工具-设计】/【类型】选项组中的“更改图表类型”按钮，打开“更改图表类型”对话框，在其中可选择更改后的图表类型。

（3）美化图表

与 Excel 2016 一样，PowerPoint 2016 也为图表提供了很多预设的样式，以帮助用户快速美化图表。其方法如下。选择图表，单击【图表工具-设计】/【图表样式】选项组中的“其他”按钮，在弹出的下拉列表中选择需要的图表样式，如图 3-9 所示。另外，用户还可以在【图表工具-格式】/【形状样式】选项组中对单个数据系列的样式进行设置，如图 3-10 所示。

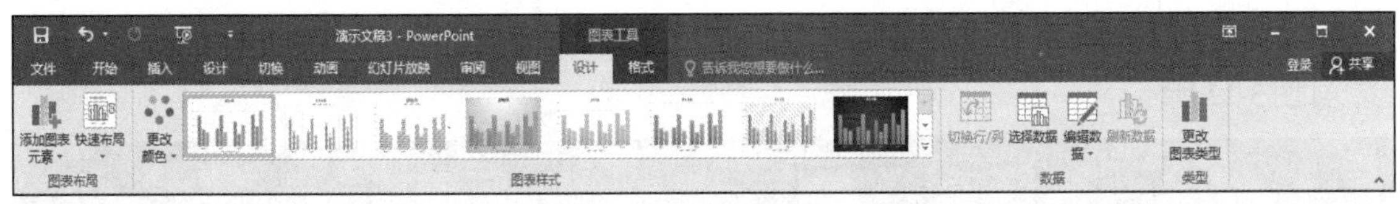

图 3-9　PowerPoint 2016 提供的预设图表样式

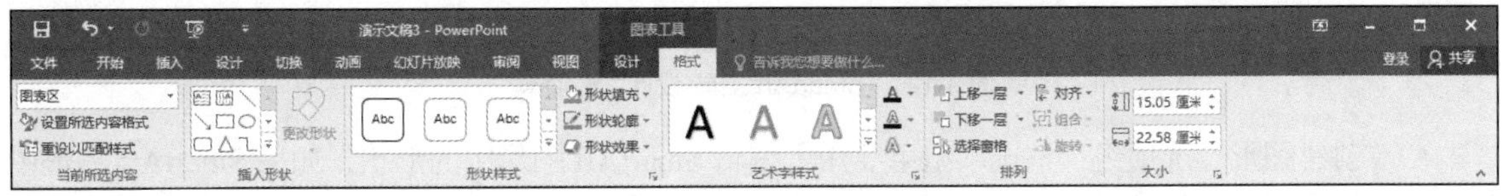

图 3-10　设置图表中单个数据系列的样式

（4）设置图表格式

图表主要由图表区、数据系列、图例、网格线和坐标轴等部分组成，用户可以通过【图表工具-设计】/【图表布局】选项组中的“添加图表元素”按钮对其进行设置，即单击“添加图表元素”下拉按钮，在弹出的下拉列表中选择需要添加的图表元素，然后在其子菜单中选择相应的选项，如图 3-11 所示。

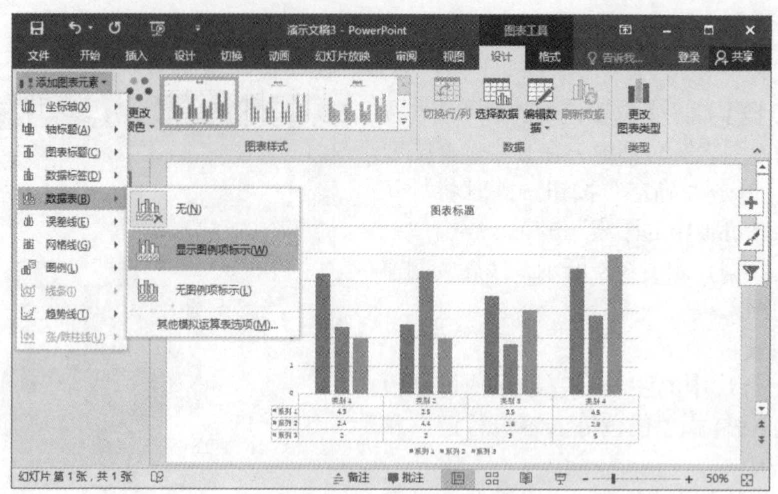

图 3-11　设置图表各组成部分的格式

选择插入的图表后，图表的右上角会显示 3 个快捷图标，单击最上面的“图表元素”按钮，并在弹出的下拉列表中选中相应的复选框后，用户即可对图表格式进行快速设置。

6. 插入并编辑 SmartArt 图形

PowerPoint 2016 中的 SmartArt 图形可以直观地说明图形内各部分的关系，包括列表、流程、循环、层次结构、关系、矩阵等类型，不同的类型分别适用于不同的场合。

（1）插入 SmartArt 图形

单击【插入】/【插图】选项组中的“SmartArt”按钮，打开“选择 SmartArt 图形”对话框，在对话框左侧选择 SmartArt 图形类型，在对话框右侧的列表框中选择所需样式，然后单击“确定”按钮。返回幻灯片后，即可查看插入的 SmartArt 图形，然后在 SmartArt 图形的形状中分别输入相应的文本并设置其文本格式。

（2）编辑 SmartArt 图形

插入 SmartArt 图形后，用户可在“SmartArt 工具-设计”选项卡中对 SmartArt 图形的样式进行设置，如图 3-12 所示。

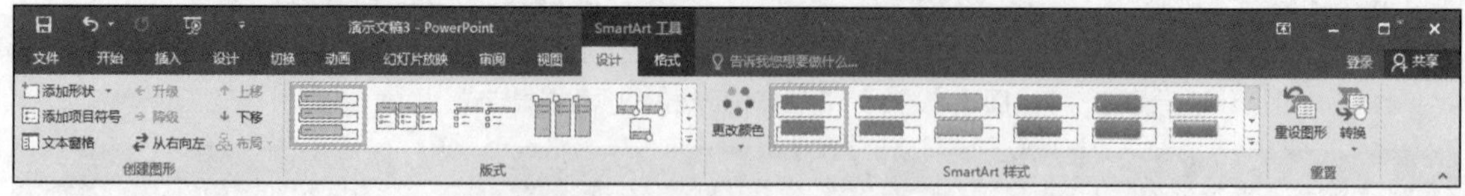

图 3-12　“SmartArt 工具-设计”选项卡

- “创建图形”选项组：该选项组主要用于编辑 SmartArt 图形中的形状，如果 SmartArt 图形中默认的形状不够，则用户可以单击“添加形状”下拉按钮，在弹出的下拉列表中选择相应的选项以添加形状。另外，如果形状的等级不对，则用户可单击“升级”按钮、“降级”按钮对形状的级别进行调整，也可以单击“上移”按钮、“下移”按钮调整形状的顺序。
- “版式”选项组：该选项组主要用于更换 SmartArt 图形的布局。
- “SmartArt 样式”选项组：单击“更改颜色”下拉按钮，可在弹出的下拉列表中设置 SmartArt 图形的颜色；单击“样式”列表框中的“其他”按钮，可在弹出的下拉列表中设置 SmartArt 图形的样式。

- “重置”选项组：单击“重置图形”按钮，可清除 SmartArt 图形的样式；单击“转换”按钮，可将 SmartArt 图形转换为文本或形状。

7. 插入图片

图片是 PowerPoint 2016 中非常重要的一种元素，它不仅可以提高幻灯片的美观度，还可以更好地衬托文字，以达到图文并茂的效果。在幻灯片中，用户既可以插入计算机中保存的图片，也可以插入联机图片。

（1）插入本地图片

选择需要插入图片的幻灯片，单击【插入】/【图像】选项组中的“图片”按钮，打开“插入图片”对话框，在其中选择需要插入的图片，然后单击“插入”按钮。

（2）插入联机图片

选择需要插入图片的幻灯片，单击【插入】/【图像】选项组中的“联机图片”按钮，打开“插入图片”对话框，如图 3-13 所示，其中提供了“必应图像搜索”和“OneDrive-个人”图像两种类型，用户可根据需要搜索或浏览图片并将其插入幻灯片中。需要注意的是，联机图片一定要注意版权问题。

图 3-13　插入联机图片

（3）编辑图片

选择图片后，用户可通过“图片工具-格式”选项卡中的“调整”选项组、“图片样式”选项组、“排列”选项组和“大小”选项组对图片格式进行设置，如图 3-14 所示。

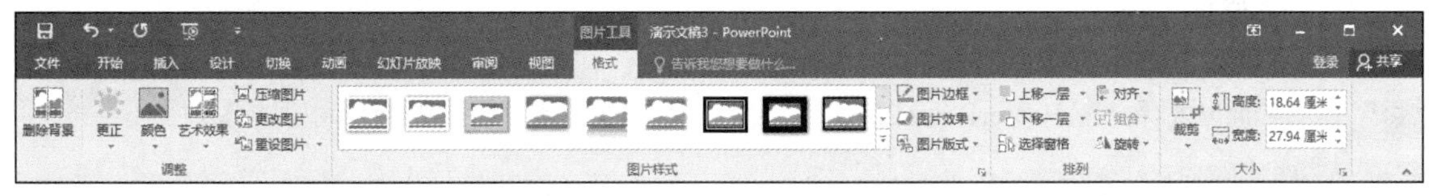

图 3-14　“图片工具-格式”选项卡

（4）插入并编辑相册

PowerPoint 2016 为用户提供了批量插入图片或制作相册的功能，用户可以通过该功能在幻灯片中创建电子相册并对其进行相应的设置。下面将在演示文稿中插入图片，并应用“Wisp”主题，其具体操作如下。

① 启动 PowerPoint 2016 后，单击【插入】/【图像】选项组中的“相册”按钮，打开“相册”对话框，单击“相册内容”选项组中的“文件/磁盘”按钮。

② 打开“插入新图片”对话框，选择需要插入的多张图片后（配套资源：\素材文件\第 3 章\风景\），单击“插入”按钮，如图 3-15 所示。

③ 返回“相册”对话框，在“相册版式”选项组中的“图片版式”下拉列表中选择“2 张图片”选项，在“相框形状”下拉列表中选择“简单框架，黑色”选项，如图 3-16 所示。

④ 单击“主题”文本框后的“浏览”按钮，打开“选择主题”对话框，选择“Wisp”主题，然后单击“选择”按钮，如图 3-17 所示。

⑤ 返回“相册”对话框，单击“创建”按钮，系统将自动创建应用所选择主题的相册演示文稿，如图 3-18 所示（配套资源：\效果文件\第 3 章\相册.pptx）。

图 3-15　选择图片

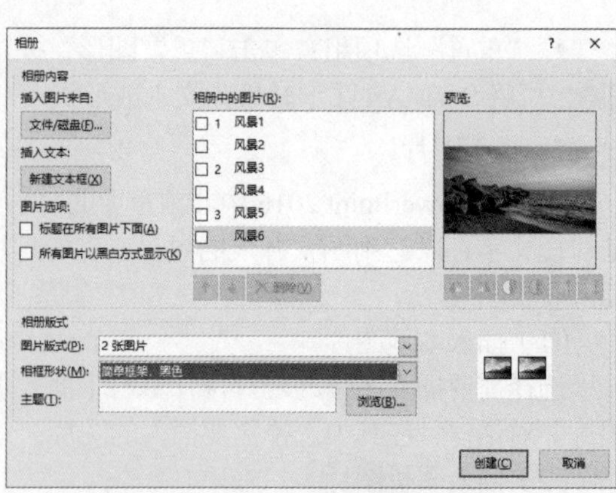

图 3-16　设置图片版式

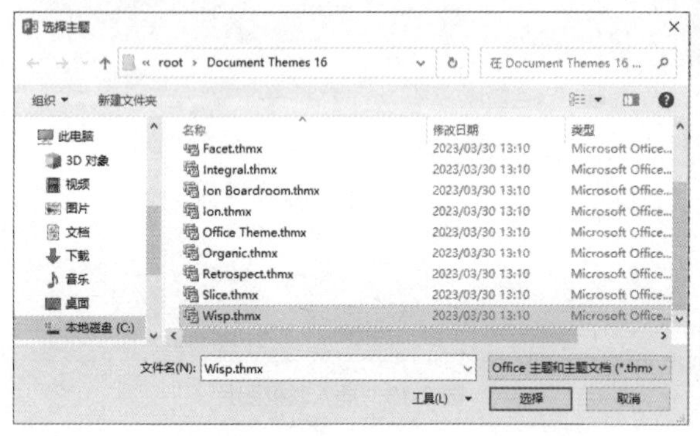

图 3-17　选择主题

图 3-18　创建电子相册

8. 插入媒体文件

媒体文件是演示文稿中比较常用的一种多媒体元素，在很多演讲场合都需要通过音频和视频来烘托气氛或辅助讲解。在 PowerPoint 2016 中，用户可以插入计算机中的音频和视频文件。

（1）插入音频文件

选择需要插入音频文件的幻灯片，单击【插入】/【媒体】选项组中的“音频”下拉按钮，在弹出的下拉列表中提供了“PC 上的音频”和“录制音频”两个选项，用户可根据需要进行选择。若选择“PC 上的音频”选项，则将打开“插入音频”对话框，在其中选择需要插入幻灯片中的音频文件后，单击“插入”按钮。

在幻灯片中插入音频文件后，系统将自动激活“音频工具-格式”选项卡和“音频工具-播放”选项卡，用户可以通过这两个选项卡设置音频文件的外观和播放方式，如图 3-19 所示。

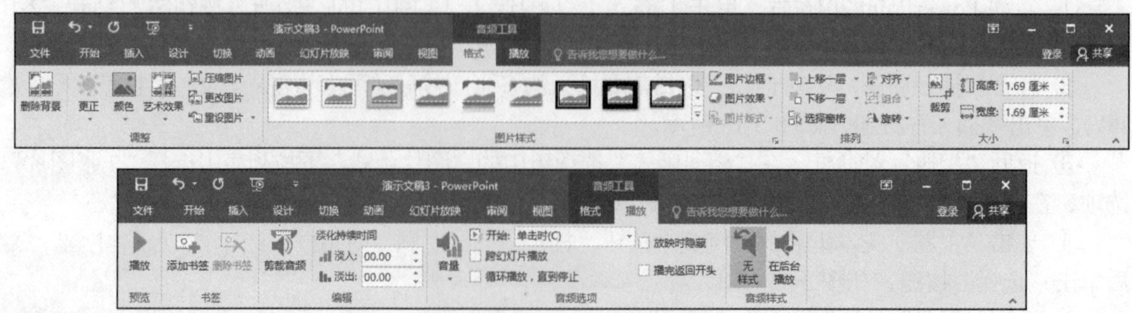

图 3-19　编辑音频文件的选项卡

（2）插入视频文件

与音频文件一样，视频文件也是演示文稿中常见的一种多媒体元素，多见于宣传类的演示文稿中。在 PowerPoint 2016 中，用户可以插入本机视频和来自网站的视频。

与插入音频文件类似，通常在幻灯片中插入的视频都是计算机中的视频文件，其操作也与插入音频相似。其方法如下：选择需要插入视频文件的幻灯片，单击【插入】/【媒体】选项组中的“视频”下拉按钮，在弹出的下拉列表中选择“PC 上的视频”选项，打开“插入视频文件”对话框，选择需要插入的视频文件后，单击“插入”按钮。

3.1.4　美化演示文稿

完成幻灯片的基本制作后，为了使演示文稿能够有更好的观感，用户还需要美化演示文稿，如应用幻灯片主题、应用幻灯片母版等。

1. 应用幻灯片主题

幻灯片版式中的各元素并不是独立存在的，而是由背景、文本、图形、表格、图片等元素组合而成的。为了使演示文稿的整体效果更加美观，用户通常需要对其主题和版式进行设置。PowerPoint 2016 为用户提供多种预设了颜色、字体、背景、效果等的主题样式，用户在选择主题样式后，还可以自定义幻灯片的颜色方案和字体方案等。

（1）应用内置主题样式

PowerPoint 2016 的主题样式均已对颜色、字体和效果等进行了合理的搭配，用户只需选择某种固定的主题效果，就可以为演示文稿中的各张幻灯片应用相同的效果，从而达到统一幻灯片风格的目的。其方法如下：单击【设计】/【主题】选项组中的“其他”按钮，在弹出的下拉列表中选择需要应用的主题。

（2）更改主题颜色

PowerPoint 2016 为预设的主题样式提供了多种主题的颜色方案，用户可以直接选择需要的颜色方案，以对幻灯片主题的颜色搭配效果进行调整。其方法如下：单击【设计】/【变体】选项组中的“其他”按钮，在弹出的下拉列表中选择“颜色”选项，在其子菜单中选择需要的主题颜色，如图 3-20 所示；在其子菜单中选择“自定义颜色”选项，打开“新建主题颜色”对话框，用户可以在其中自定义幻灯片的主题颜色，如图 3-21 所示。

图 3-20　更改主题颜色

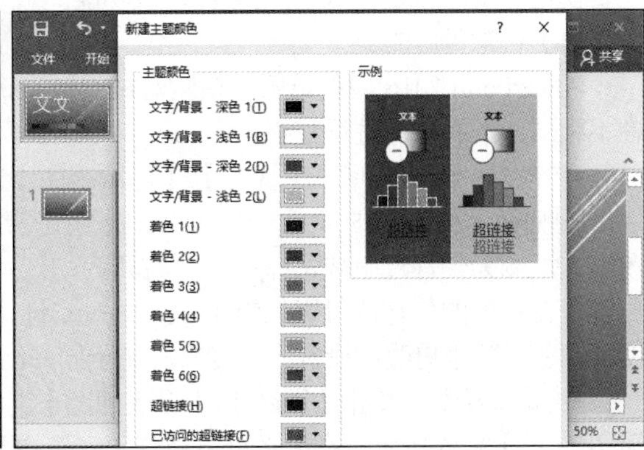

图 3-21　自定义主题颜色

（3）更改字体

PowerPoint 2016 为不同的主题样式提供了多种字体搭配设置。更改字体的方法如下：单击【设计】/【变体】选项组中的“其他”按钮，在弹出的下拉列表中选择“字体”选项，在其子菜单中选择需要的主题字体，如图 3-22 所示；在其子菜单中选择“自定义字体”选项，打开“新建主题字体”对话框，用户可以在其中自定义幻灯片中标题和正文的字体，如图 3-23 所示。

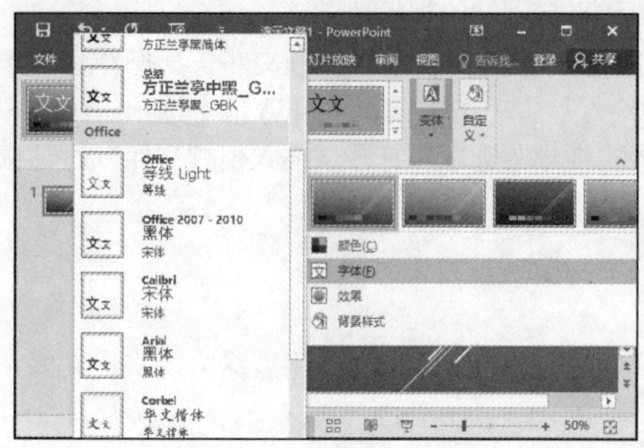

图 3-22　更改主题字体

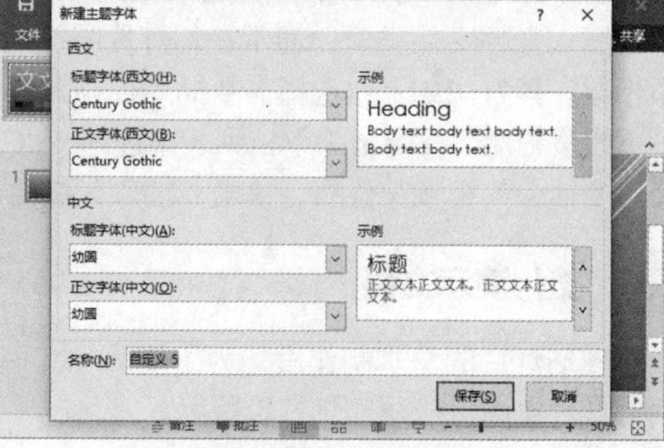

图 3-23　自定义主题字体

（4）更改效果

单击【设计】/【变体】选项组中的“其他”按钮，在弹出的下拉列表中选择“效果”选项，在其子菜单中选择需要的主题效果，如图 3-24 所示，可以快速更改图表、SmartArt 图形、形状、图片、表格和艺术字等幻灯片对象的外观效果。

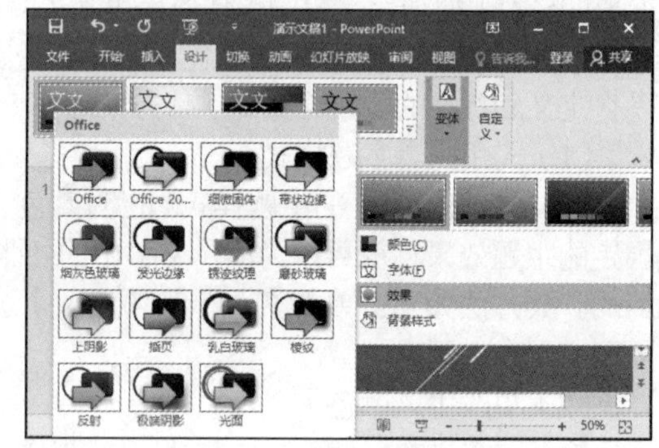

图 3-24　更改主题效果

2. 应用幻灯片母版

幻灯片母版是用于统一和存储相关应用的设计模板，包括字形、占位符大小或位置、背景设计和配色方案等。一般情况下，用户在制作演示文稿前就需要设计幻灯片母版，这是因为母版的质量对整个演示文稿起着至关重要的作用。用户在完成母版的编辑后，便可对母版样式进行快速应用，从而减少重复输入，提高工作效率。

通常情况下，用户如果想为幻灯片应用统一的背景、标志、标题文本及主要文本格式，那么就需要使用 PowerPoint 2016 的幻灯片母版功能。

（1）认识母版的类型

PowerPoint 2016 中的母版包括幻灯片母版、讲义母版和备注母版 3 种类型，其作用和视图模式各不相同，下面分别进行介绍。

- 幻灯片母版：单击【视图】/【母版视图】选项组中的“幻灯片母版”按钮，即可进入幻灯片母版视图，如图 3-25 所示。幻灯片母版视图是编辑幻灯片母版样式的主要场所，在幻灯片母版视图中，左侧为幻灯片版式选择窗格，右侧为幻灯片母版编辑工作区。选择相应的幻灯片版式后，用户便可在右侧的幻灯片母版编辑工作区中对幻灯片的标题、文本样式、背景效果、页面效果等进行设置，在母版中更改和设置的内容将应用于同一演示文稿中所有应用了该版式的幻灯片中。
- 讲义母版：单击【视图】/【母版视图】选项组中的“讲义母版”按钮，即可进入讲义母版视图，如图 3-26 所示。在讲义母版视图中，用户既可以查看页面上显示的多张幻灯片，也可以设置页眉和页脚的内容，以及改变幻灯片的放置方向等。进入讲义母版视图后，在【讲义母版】/【页面设置】选项组中可设置讲义的方向，以及幻灯片的大小和每页幻灯片的数量等；在【讲义母版】/【占位符】选项组中可设置是否在讲义中显示页眉、页脚、页码和日期等；在【讲义母版】/【编辑主题】选项组中可修改讲义幻灯片的主题和颜色等；在【讲义母版】/【背景】选项组中可设置讲义背景。

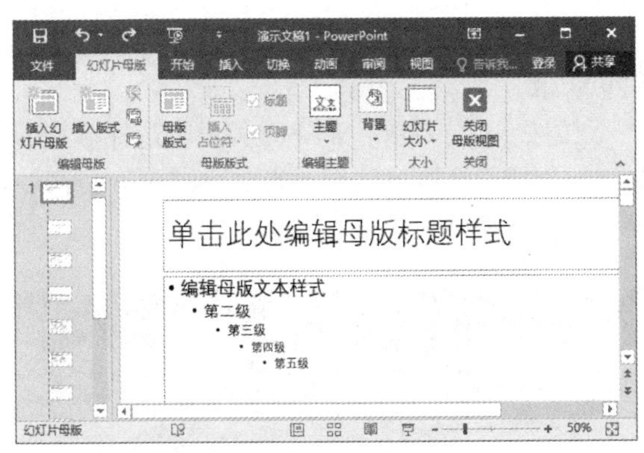

图 3-25 幻灯片母版视图

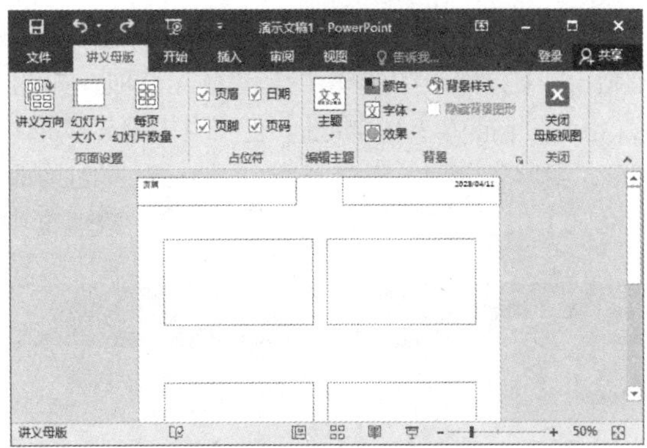

图 3-26 讲义母版视图

- 备注母版：单击【视图】/【母版视图】选项组中的“备注母版”按钮，即可进入备注母版视图。备注母版主要用于对幻灯片备注窗格中的内容格式进行设置，选择各级标题文本后，还可以对其字符格式等进行设置。

（2）编辑幻灯片母版

编辑幻灯片母版与编辑幻灯片的方法非常类似，在幻灯片母版中同样可以添加图片、音频、文本等对象，但通常只添加通用对象，即只添加在大部分幻灯片中都需要使用的对象。下面将新建一个空白演示文稿，并设置母版的文本格式、背景格式，然后插入页眉和页脚等内容，其具体操作如下。

① 新建一个空白演示文稿，单击【视图】/【母版视图】选项组中的“幻灯片母版”按钮，进入幻灯片母版视图。

② 在幻灯片版式选择窗格中选择第 2 张幻灯片版式，即标题幻灯片母版，选择“单击此处编辑母版标题样式”占位符，在【开始】/【字体】选项组中设置该占位符的文本格式为“微软雅黑、60”，再在【开始】/【段落】选项组中设置该占位符的文本对齐方式为“中部对齐”，如图 3-27 所示。

③ 选择“单击此处编辑母版副标题样式”占位符，设置副标题的文本格式为“微软雅黑、28”。

④ 在幻灯片版式选择窗格中选择第 1 张幻灯片版式，即标题和内容幻灯片母版，单击【插入】/【文本】选项组中的“页眉和页脚”按钮，打开“页眉和页脚”对话框，在“幻灯片”选项卡中选中“页脚”复选框，并在其下方的文本框中输入“美德美装饰”文本，然后选中“标题幻灯片中不显示”复选框，再单击“全部应用”按钮，如图 3-28 所示。

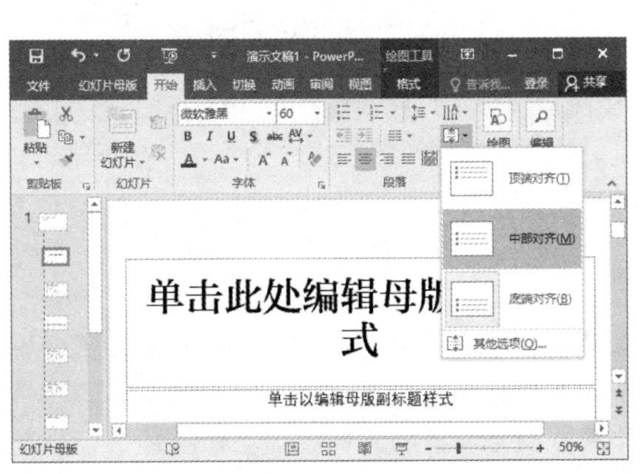

图 3-27 设置文本格式和段落格式

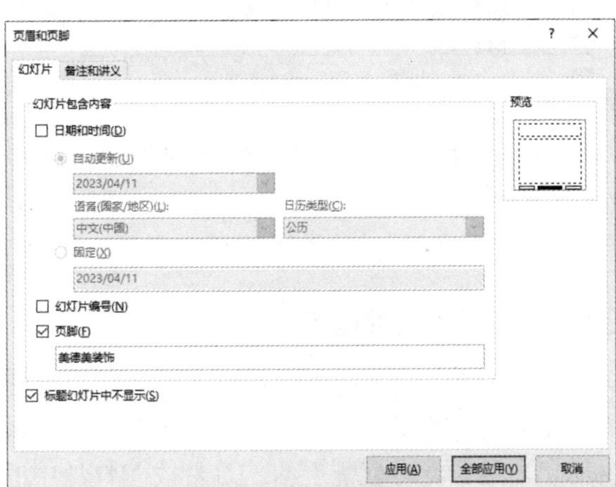

图 3-28 设置页眉和页脚

⑤ 返回幻灯片母版视图后，单击【幻灯片母版】/【背景】选项组中的“背景样式”下拉按钮，在弹出的下拉列表中选择“样式 11”选项，如图 3-29 所示。

⑥ 在【插入】/【插图】选项组中单击“形状”下拉按钮，在弹出的下拉列表中选择“矩形”中的“矩形”选项，然后在第 1 张幻灯片的顶部绘制一个与幻灯片宽度相同的矩形，并在【绘图工具-格式】/【大小】选项组中的“高度”数值框中输入“3.68 厘米”，如图 3-30 所示。

图 3-29　设置母版幻灯片背景样式

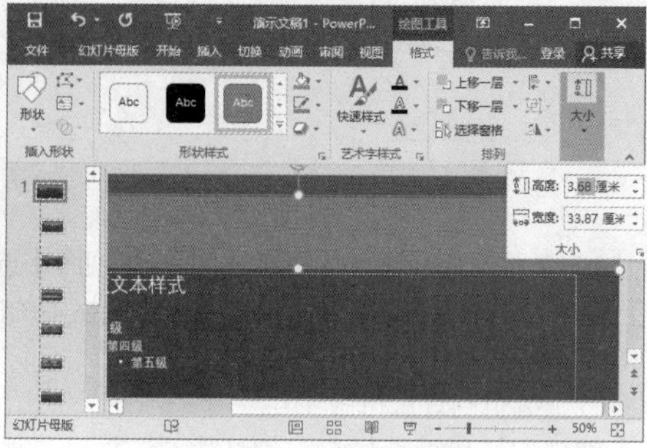

图 3-30　设置形状高度

⑦ 单击【绘图工具-格式】/【形状样式】选项组中的“样式”列表框中的“其他”按钮，在弹出的下拉列表中选择“彩色填充-金色，强调颜色 4”选项，如图 3-31 所示。

⑧ 多次单击【绘图工具-格式】/【排列】选项组中的“下移一层”按钮，将标题占位符显示出来，如图 3-32 所示。

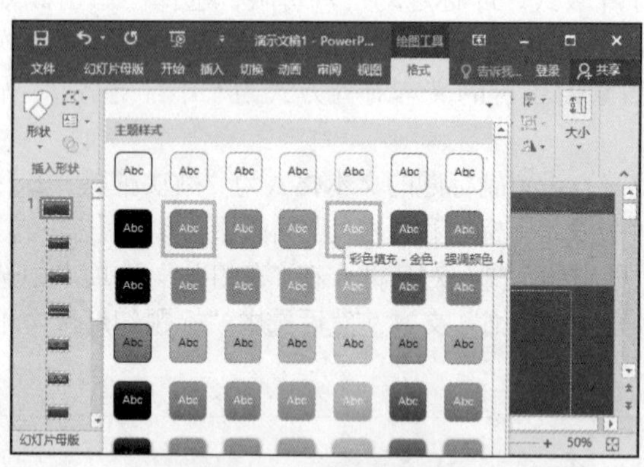

图 3-31　设置形状样式

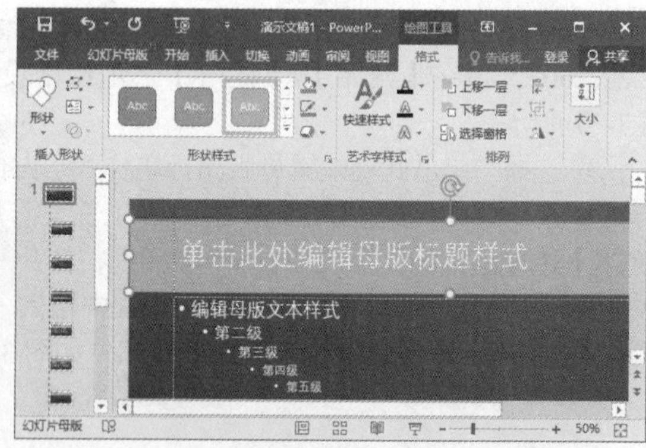

图 3-32　设置形状的显示层次

⑨ 单击【幻灯片母版】/【关闭】选项组中的“关闭母版视图”按钮，退出幻灯片母版视图，然后在幻灯片窗格的空白区域处右击，在弹出的快捷菜单中选择“新建幻灯片”选项，在新建的幻灯片中便显示了插入的形状和页脚（配套资源：\效果文件\第 3 章\幻灯片母版.pptx）。

3.1.5　丰富幻灯片内容

演示文稿除用于日常办公外，用户还可以将演示文稿放映给观众观看，因此，用户需要把演示文稿做得生动、精彩一些，从而吸引观众的注意力。如何才能让演示文稿中的文字、图片生动起来呢？此时就需要给幻灯片或幻灯片中的对象添加与设置动画、添加动作按钮、创建超链接等。

1. 添加切换效果

设置幻灯片切换动画即设置当前幻灯片与下一张幻灯片之间的过渡动画效果，切换动画可以使幻灯片之间的衔接更加自然、生动。下面将为“员工培训”演示文稿添加幻灯片切换动画，其具体操作如下。

① 打开“员工培训.pptx”演示文稿（配套资源：\素材文件\第 3 章\员工培训.pptx），选择第 1 张幻灯片，单击【切换】/【切换到此幻灯片】选项组中的“其他”按钮，在弹出的下拉列表中选择“百叶窗”选项，如图 3-33 所示。

② 使用同样的方法为其他幻灯片设置各种切换效果，如果需要为整个演示文稿设置统一的切换效果，则可以单击【切换】/【计时】选项组中的“全部应用”按钮。

③ 单击【切换】/【计时】选项组中“声音”选项右侧的下拉按钮，在弹出的下拉列表中选择“打字机”选项，在“持续时间”数值框中输入“01.60”，如图 3-34 所示（配套资源：\效果文件\第 3 章\员工培训.pptx）。

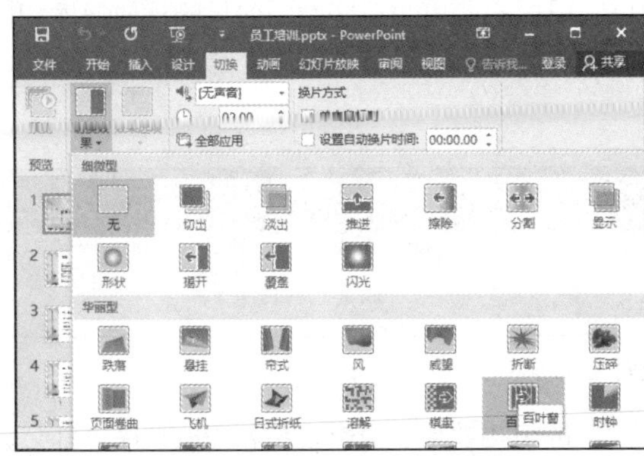

图 3-33　为幻灯片添加切换动画

图 3-34　设置切换动画的参数

在“换片方式”选项组中选中“单击鼠标时”复选框，表示单击鼠标时播放切换动画；选中“设置自动换片时间”复选框并设置换片时间，表示在放映幻灯片时根据所设置的间隔时间自动播放切换动画并切换幻灯片。

2. 添加动画效果

在 PowerPoint 2016 中，用户可以为每张幻灯片中的不同对象添加动画效果，PowerPoint 2016 动画效果的类型主要包括进入动画、退出动画、强调动画和动作路径动画 4 种。

- 进入动画：进入动画反映文本或其他对象在幻灯片放映时进入放映界面的动画效果。
- 退出动画：退出动画反映文本或其他对象在幻灯片放映时退出放映界面的动画效果。
- 强调动画：强调动画反映文本或其他对象在幻灯片放映过程中需要强调的动画效果。
- 动作路径动画：动作路径动画指定某个对象在幻灯片放映过程中的运动轨迹。

（1）添加单一动画

为对象添加单一动画效果是指为幻灯片中某个对象或多个对象快速添加进入、退出、强调或动作路径动画。其方法如下：选择需要添加动画的对象，单击【动画】/【动画】选项组中的“其他”按钮，在弹出的下拉列表中选择需要的动画类型。为对象添加动画效果后，系统将在幻灯片编辑区中对设置了动画效果的对象进行预览放映，且该对象旁会出现数字标识，代表播放动画的顺序。

（2）添加组合动画

组合动画是指为同一个对象同时添加进入、退出、强调和动作路径动画 4 种类型中的任意动画组合，如同时为对象添加进入和退出动画等。其方法如下：选择需要添加组合动画效果的对象，单击【动画】/【高级动画】选项组中的“添加动画”下拉按钮★，在弹出的下拉列表中选择需要添加的动画类型，再次单击“添加动画”下拉按钮★，在弹出的下拉列表中继续选择其他类型的动画效果。添加组合动画后，该对象的左侧将同时出现多个数字标识。

内容比较严肃且正规的演示文稿不适合添加太多、太复杂的动画效果，但宣传类、娱乐类、展示类演示文稿则可以酌情设置多重动画效果。

（3）设置动画效果

为对象添加动画效果后，用户还可以对已添加的动画效果进行设置，使这些动画效果在播放时更具条理性，如设置动画播放参数、调整动画播放顺序等。

- 设置动画播放参数：默认添加的动画效果是按照添加的顺序逐一进行播放的，并且默认的动画效果，其播放速度及时间是统一的。因此，用户可以根据需要更改这些动画效果的播放速度和播放时间。动画播放参数主要通过“动画”选项卡中的“动画”选项组和“计时”选项组进行设置，如图 3-35 所示。

图 3-35 “动画”选项卡

- 调整动画播放顺序：播放幻灯片时，各动画之间的衔接效果、逻辑关系和播放顺序等都会影响演示文稿的播放质量，因此，用户在为幻灯片中的各对象添加完动画效果后，还应检查并调整各动画的播放顺序。调整动画播放顺序的方法主要有两种：一是通过【动画】/【计时】选项组中的“向前移动”按钮▲或“向后移动”按钮▼进行调整；二是通过“动画窗格”任务窗格顶部的▲按钮或▼按钮进行调整。

3. 添加动作按钮

动作按钮的功能与超链接比较类似，在幻灯片中创建动作按钮后，用户可将其设置为单击或经过该动作按钮时，快速切换到上一张幻灯片、下一张幻灯片或第一张幻灯片。下面将在“员工培训 1”演示文稿中创建并设置动作按钮，其具体操作如下。

① 打开“员工培训 1.pptx”演示文稿（配套资源：\素材文件\第 3 章\员工培训 1.pptx），选择第 2 张幻灯片，单击【插入】/【插图】选项组中的“形状”下拉按钮，在弹出的下拉列表中选择“动作按钮”中的“动作按钮：第一张”选项，如图 3-36 所示。

② 当鼠标指针变成+形状时，将其移至幻灯片右下角，按住鼠标左键不放并向右下角拖曳，绘制一个动作按钮。

③ 释放鼠标左键，系统自动打开“操作设置”对话框，在“单击鼠标”选项卡中的“超链接到”下拉列表中选择“第一张幻灯片”选项，如图 3-37 所示；然后单击“确定”按钮，即可在放映幻灯片时通过单击该动作按钮切换到第一张幻灯片。

在幻灯片中添加动作按钮后，用户可在“绘图工具-格式”选项卡中对动作按钮的形状、大小、形状样式等进行设置。

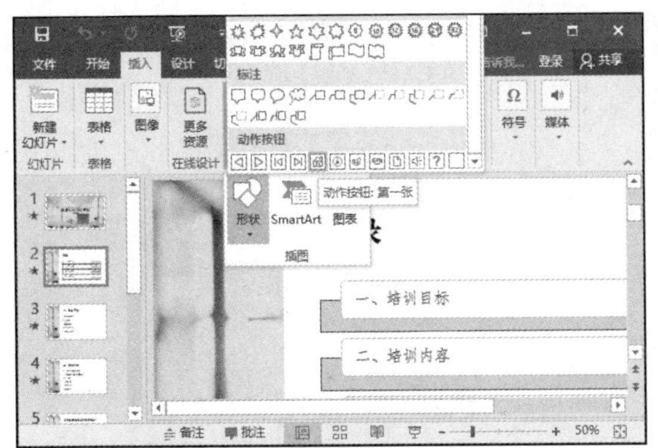

图 3-36　选择形状

图 3-37　设置动作按钮

4. 创建超链接

除使用动作按钮链接到指定幻灯片外，用户还可以为幻灯片中的文本或图片等对象创建超链接。创建超链接后，在放映幻灯片时单击该对象，即可将页面跳转到链接所指向的幻灯片并进行播放。下面将为“员工培训 1”演示文稿目录页中的对象创建超链接，其具体操作如下。

① 在“员工培训 1.pptx”演示文稿中选择目录页幻灯片中的“一、培训目标”文本，然后单击【插入】/【链接】选项组中的“超链接”按钮。

② 打开“插入超链接”对话框，在对话框左侧的“链接到”列表框中选择“本文档中的位置”选项，在“请选择文档中的位置”列表框中选择要链接到的幻灯片位置“3.一、培训目标”选项，在对话框右侧“幻灯片预览”列表框中将显示所选幻灯片的缩略图，然后单击“确定”按钮，如图 3-38 所示。

③ 返回幻灯片编辑区中后，即可查看设置超链接后的效果。

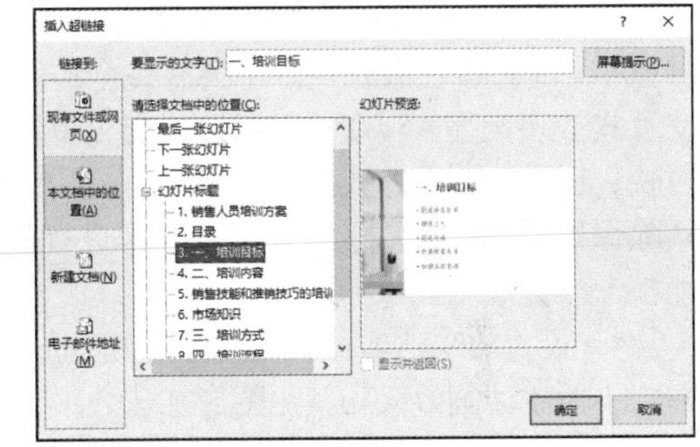

图 3-38　为文本添加超链接

提示

在“插入超链接”对话框中单击“屏幕提示”按钮，将打开“设置超链接屏幕提示”对话框，用户可在其中的“屏幕提示文字”文本框中输入鼠标指针指向链接对象时提示的文字。另外，如果直接选择文本为其设置超链接效果，则设置超链接完成后的文本颜色将发生改变，且文本下方会添加一条下画线；如果选择文本框为其设置超链接效果，则不会改变文本的显示效果。

3.1.6　放映演示文稿

使用 PowerPoint 2016 制作演示文稿的最终目的是将幻灯片展示给观众，即放映幻灯片。与此同时，用户还可以在放映幻灯片时交互演示文稿或选择跳转目标。

1. 放映设置

在 PowerPoint 2016 中，放映幻灯片时可以设置不同的放映方式，如演讲者放映（全屏幕）、观众自行浏览或在展台浏览等，还可以隐藏不需要放映的幻灯片和录制旁白等，从而满足不同场合的放映需求。

（1）设置放映方式

单击【幻灯片放映】/【设置】选项组中的“设置幻灯片放映”按钮，打开“设置放映方式”

对话框，在其中可以设置幻灯片的放映类型、放映选项、放映幻灯片的放映数量、换片方式等，如图 3-39 所示。

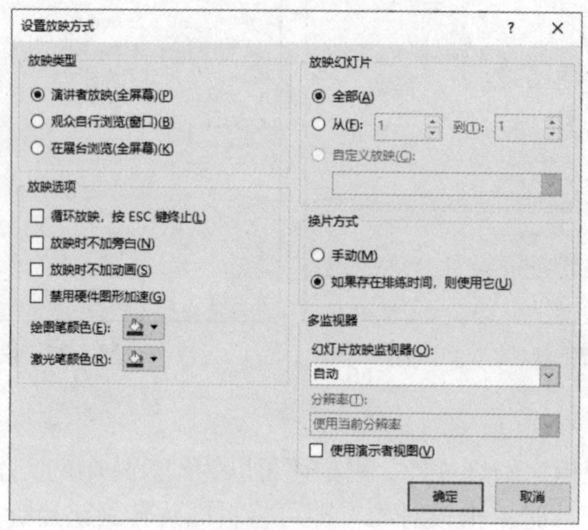

图 3-39 “设置放映方式”对话框

- 设置放映类型：在“放映类型”选项组中选中相应的单选项，可以为幻灯片设置相应的放映类型。其中，演讲者放映（全屏幕）方式是 PowerPoint 2016 默认的放映类型，放映时幻灯片全屏显示，演讲者在放映过程中具有完全控制权；观众自行浏览方式是一种让观众自行观看幻灯片的交互式放映类型，观众可以通过快捷菜单对演示文稿进行翻页、打印和浏览操作，但不能进行单击放映；在展台浏览方式同样可以全屏显示幻灯片，但与演讲者放映（全屏幕）方式不同的是，该方式除保留鼠标指针用于选择屏幕对象进行放映外，演讲者不能进行其他放映控制，要终止放映时只能按 Esc 键。
- 设置放映选项：在“放映选项”选项组中选中 4 个复选框，可分别设置循环放映、不添加旁白、不播放动画效果和禁用图形加速效果，同时还可以设置绘图笔和激光笔的颜色等。在“绘图笔颜色”和“激光笔颜色”下拉列表中选择任意一种颜色，在放映幻灯片时，演讲者便可以使用该颜色的绘图笔或激光笔在幻灯片上写字或做标记。
- 设置放映幻灯片的数量：在“放映幻灯片”选项组中可以设置需要进行放映的幻灯片数量，可以选择放映演示文稿中所有的幻灯片或手动输入放映开始和结束的幻灯片页数。
- 设置换片方式：在“换片方式”选项组中可以设置幻灯片的切换方式，选中“手动”单选项，表示在演示过程中将手动切换幻灯片及演示动画效果；选中“如果存在排列计时，则使用它”单选项，表示演示文稿将按照幻灯片的排练时间自动切换幻灯片和动画，但是如果没有已保存的排练计时，即使选中该单选项，放映时还是只能以手动方式切换幻灯片。

（2）自定义放映

自定义放映是指有选择性地放映部分幻灯片，它可以将需要放映的幻灯片另存为一个名称再进行放映，这类放映主要适用于内容较多的演示文稿。下面将在“员工培训 1”演示文稿中新建自定义放映方案，其具体操作如下。

① 打开“员工培训 1”演示文稿，单击【幻灯片放映】/【开始放映幻灯片】选项组中的“自定义幻灯片放映”下拉按钮，在弹出的下拉列表中选择“自定义放映”选项，打开“自定义放映”对话框，单击“新建”按钮。

② 打开“定义自定义放映”对话框，在“幻灯片放映名称”文本框中输入“培训方案”文本，在“在演示文稿中的幻灯片”列表框中选中要放映的幻灯片对应的复选框，然后单击“添加”按钮，如图 3-40 所示。

③ 单击右侧的“向上”按钮 或“向下”按钮 ，可以调整幻灯片的播放顺序，然后单击“确定”按钮，返回“定义自定义放映”对话框，如图 3-41 所示，单击“放映”按钮可进入幻灯片放映状态（配套资源：\效果文件\第 3 章\员工培训 1.pptx）。

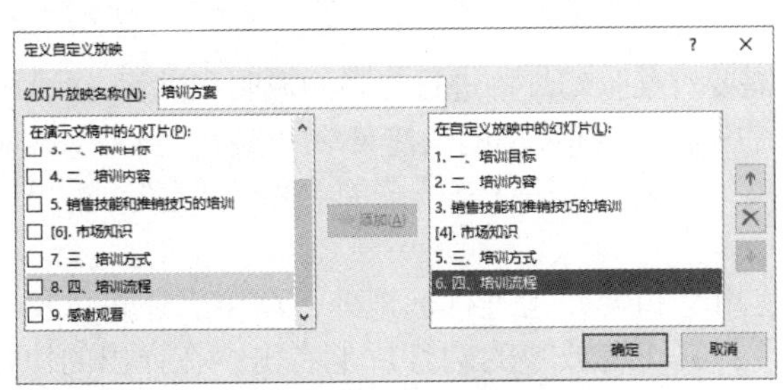

图 3-40　自定义要放映的幻灯片

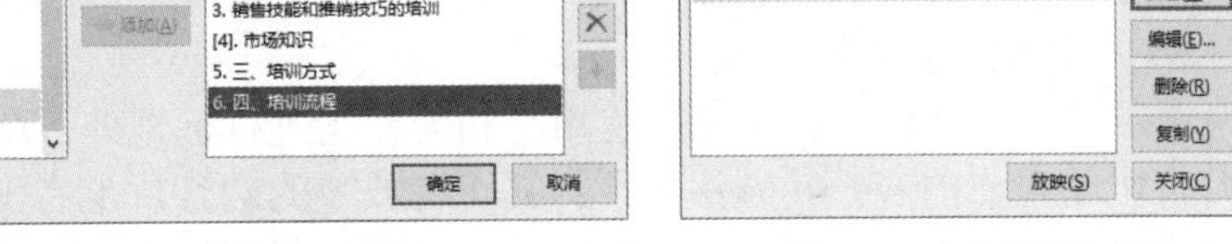

图 3-41　自定义放映方案

（3）隐藏幻灯片

放映幻灯片时，如果用户只需要放映其中的几张幻灯片，则除可以通过自定义放映方式选择需要放映的幻灯片外，还可以将不需要放映的幻灯片隐藏起来，在需要放映时再将其重新显示。其方法如下：在幻灯片窗格中选择需要隐藏的幻灯片，单击【幻灯片放映】/【设置】选项组中的“隐藏幻灯片”按钮 将其隐藏，再次单击该按钮可将其重新显示。

（4）录制旁白

在没有解说员或演讲者的情况下，制作者可以事先为演示文稿录制旁白。其方法如下：单击【幻灯片放映】/【设置】选项组中的“录制幻灯片演示”按钮 ，打开“录制幻灯片演示”对话框，如图 3-42 所示，在其中设置想要录制的内容后，单击“开始录制”按钮，此时幻灯片将开始放映并计时录音。只要安装了音频输入设备，用户就可以直接录制旁白。

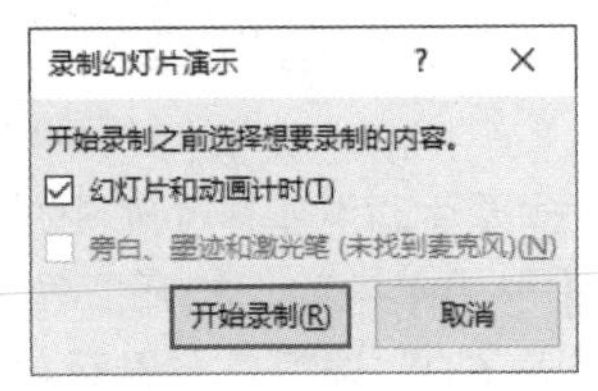

图 3-42　录制旁白

（5）设置排练计时

用户在正式放映幻灯片前，可预先统计放映整个演示文稿和放映每张幻灯片所需的大致时间，再通过排练计时功能使演示文稿按照设置好的时间和顺序自动进行播放，这样在放映过程中就可以不需要人为地操作。其方法如下：单击【幻灯片放映】/【设置】选项组中的“排练计时”按钮 ，进入幻灯片放映状态，并在左上角打开“录制”工具栏，如图 3-43 所示。开始放映幻灯片后，幻灯片在人工控制下将不断进行切换，“录制”工具栏中也会同步进行计时，排练计时完成后会弹出询问是否保留排练计时的提示框，单击“是”按钮完成排练计时操作。

图 3-43　排练计时

2. 放映演示文稿

对演示文稿进行放映设置后，演讲者便可以开始放映演示文稿了，并在放映过程中进行标记和定位等控制操作。

（1）放映演示文稿操作

演示文稿的放映包含开始放映和切换放映，下面分别进行介绍。

- 开始放映：开始放映演示文稿的方法有 3 种，一是单击【幻灯片放映】/【开始放映幻灯片】选项组中的“从头开始”按钮 或按 F5 键，系统将从第 1 张幻灯片开始放映；二是单击【幻灯片放映】/【开始放映幻灯片】选项组中的“从当前幻灯片开始”按钮 或按 Shift+F5 组合键，系统将从当前选择的幻灯片开始放映；三是单击状态栏中的“幻灯片放映”按钮 ，系统将从当前幻灯片开始放映。
- 在放映需要讲解和介绍的演示文稿，如课件类、会议类演示文稿时，演讲者经常需要切换到上一张或切换到下一张幻灯片，此时就需要使用幻灯片放映的切换功能。其中，切换到上一张幻灯片时可按Page Up键、←键或Backspace键；切换到下一张幻灯片时可单击鼠标，也可按Space键、Enter键或→键。

（2）放映过程中的控制

在演示文稿的放映过程中，用户有时需要对某张幻灯片进行更多的说明和讲解，此时既可以直接按S键暂停，也可以在需要暂停的幻灯片中右击，在弹出的快捷菜单中选择“暂停”选项。另外，用户在该快捷菜单中还可以选择“指针选项”选项，然后在其子菜单中选择“笔”或“荧光笔”选项，从而对幻灯片中的重要内容进行标记。

在放映演示文稿的过程中，除可以使用笔和荧光笔进行标记外，演讲者还可以使用激光笔来指出幻灯片中的重点内容。其方法如下：在正在放映的幻灯片上右击，在弹出的快捷菜单中选择“指针选项”选项，然后在其子菜单中选择“激光指针”选项，当鼠标指针将变为◉形状时，便可以指向屏幕上的任何一个地方。需要注意的是，激光笔只能用来指示位置，不能在屏幕上留下标记。

3.1.7 打包与打印演示文稿

为了避免编辑的演示文稿无法在其他计算机中演示，用户在制作好演示文稿后还需要对其进行打包操作。此外，用户还可以将其打印出来，以供日后留档查阅。

1. 打包演示文稿

将演示文稿打包可以解决运行环境的限制和文件损坏或无法调用等不可预料的问题。其方法如下：选择【文件】/【导出】选项，打开“导出”界面，选择“将演示文稿打包成CD”选项，在界面右侧单击“打包成CD”按钮，打开“打包成CD”对话框，如图3-44所示。用户可以在其中选择添加多个演示文稿进行打包，同时还可以选择打包文件的存放方式，如文件夹或CD；若单击“复制到文件夹”按钮，则会打开“复制到文件夹”对话框，设置好文件夹名称和存放的位置后，单击“确定”按钮即可进行打包操作。

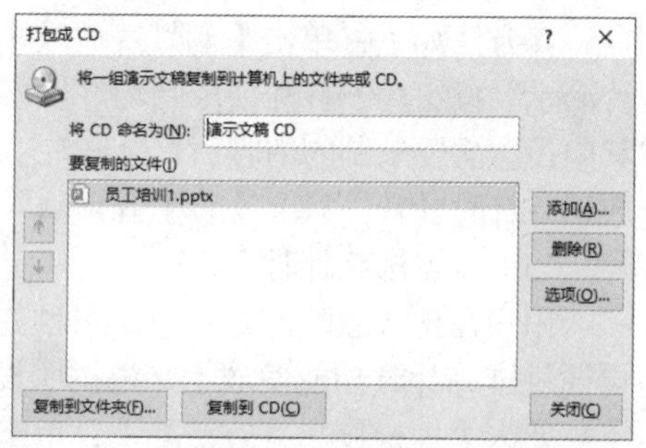

图3-44 “打包成CD”对话框

2. 打印演示文稿

演示文稿制作完成后，用户可以根据实际需要以不同的颜色（如彩色、灰度或黑白）打印整个演示文稿中的幻灯片、大纲、备注和讲义，但在打印之前，用户还需要进行页面设置及打印预览，使打印出来的效果符合实际需要。

对幻灯片进行页面设置主要包括调整幻灯片的大小、设置幻灯片编号起始值及打印方向等，使之适合各种类型的纸张。其方法如下：单击【设计】/【自定义】选项组中的“幻灯片大小”下拉按钮，在弹出的下拉列表中选择“自定义幻灯片大小”选项，打开“幻灯片大小”对话框。在“幻灯片大小”下拉列表中选择纸张大小；在“宽度”和“高度”数值框中设置幻灯片宽度及高度的具体数值；在“方向”选项组中选择幻灯片及备注、讲义和大纲的打印方向；在“幻灯片编号起始值”数值框中输入打印的起始编号，完成后单击“确定”按钮，如图3-45所示。

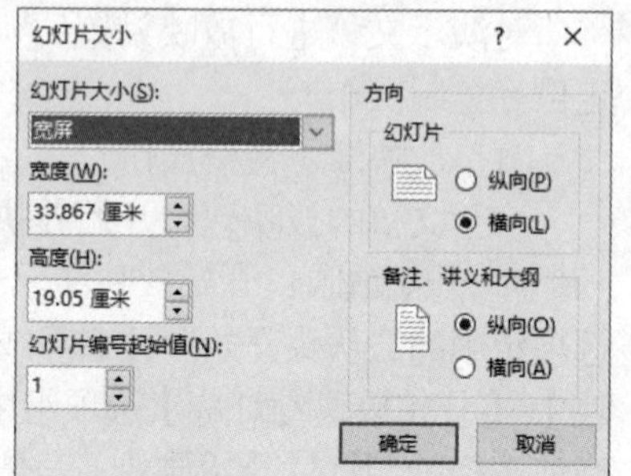

图3-45 “幻灯片大小”对话框

对演示文稿进行页面设置后，用户即可预览打印效果并进行打印。其方法如下：选择【文件】/

【打印】选项，打开“打印”界面，在右侧可预览打印效果；在中间列表框中可对打印机、要打印的幻灯片编号、每页打印的张数和颜色模式等进行设置，完成后单击“打印”按钮 开始打印。

3.2　应用案例

学习了 PowerPoint 2016 的相关知识后，用户就可以通过上述技能制作美观、流畅的演示文稿了。下面将通过制作“营销计划”演示文稿、制作“职位职责”演示文稿、制作“旅游产品开发策划”演示文稿、放映“年度销售计划”演示文稿、输出“入职培训”演示文稿 5 个案例来巩固所学知识，熟练掌握 PowerPoint 2016 的相关操作技巧。

3.2.1　制作“营销计划”演示文稿

1. 任务目标

某公司前段时间生产出了一款新产品，经检验合格后，准备投向市场，于是便要求销售部助理小王为该产品制作“营销计划”演示文稿。接到任务后，小王准备先搭建该演示文稿的基本框架，其具体要求如下。

① 搜索并应用 PowerPoint 2016 提供的模板。

② 定时保存演示文稿。

③ 新建、删除、复制、移动、修改、隐藏及播放幻灯片。

制作完成的“营销计划”演示文稿参考效果如图 3-46 所示。

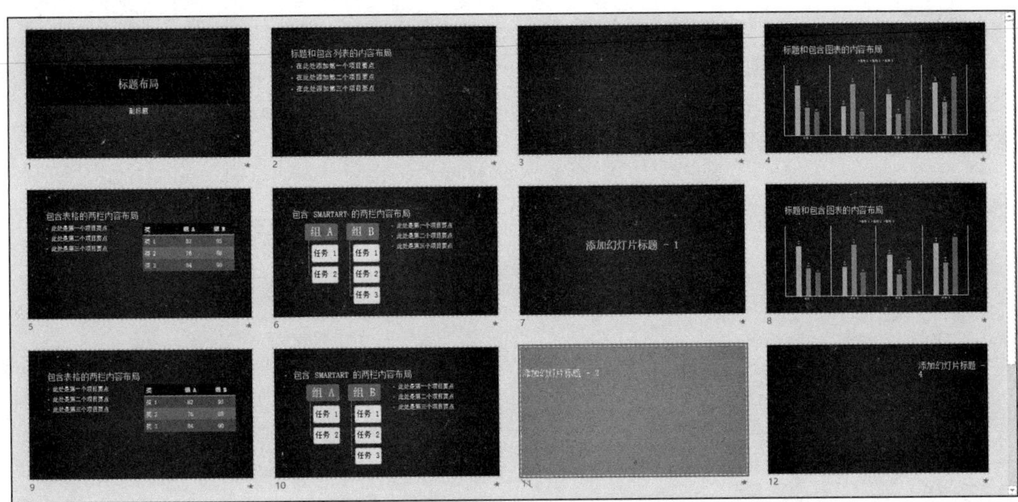

图 3-46　“营销计划”演示文稿参考效果

2. 案例分析

营销计划是在组织目标、技能、资源和各种变化的市场机会之间建立与保持一种可行的适应性管理过程。营销计划详细说明了预期的经济效益，有关部门和公司高层管理者可以以此来预计未来的发展状况，从而既可以减少经营的盲目性，又可以使公司有一个明确的发展目标，便于公司采取相应的措施，达到预期目标。

本案例在 PowerPoint 2016 中编辑，主要会用到以下操作。

① 根据模板创建演示文稿。

② 保存演示文稿。

③ 编辑幻灯片。

3. 案例实现

① 启动 PowerPoint 2016，选择【文件】/【新建】选项，打开“新建”界面，在“搜索联机模板和主题”文本框中输入“营销”文本，然后单击“开始搜索”按钮，如图 3-47 所示。

② 在搜索界面中选择“红色射线演示文稿(宽屏)”选项，在打开的窗口中单击“创建”按钮，如图 3-48 所示，创建该模板样式的演示文稿。

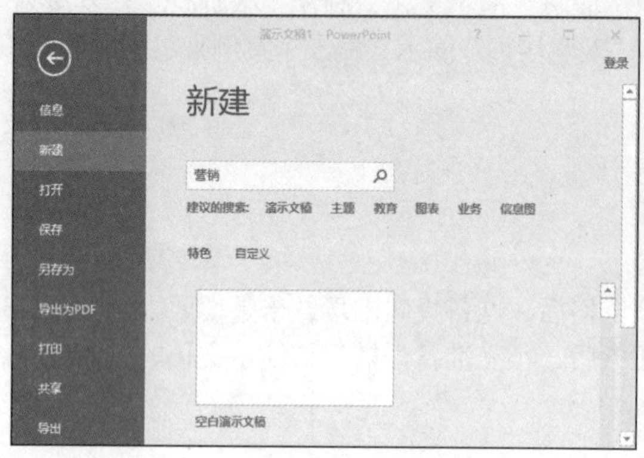

图 3-47 输入关键词

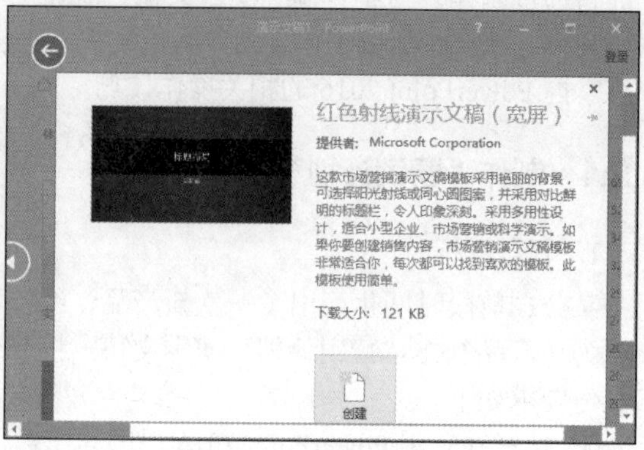

图 3-48 创建演示文稿模板

③ 单击快速访问工具栏中的“保存”按钮，在打开的“另存为”界面中选择“浏览”选项，打开“另存为”对话框，将演示文稿以“营销计划”为名保存在本地磁盘 E 盘中，如图 3-49 所示，然后单击“保存”按钮。

④ 选择【文件】/【选项】选项，打开“PowerPoint 选项”对话框，在对话框左侧选择“保存”选项，在对话框右侧选中“保存自动恢复信息时间间隔”复选框，并在其右侧的数值框中输入“10”，然后单击“确定”按钮，如图 3-50 所示。

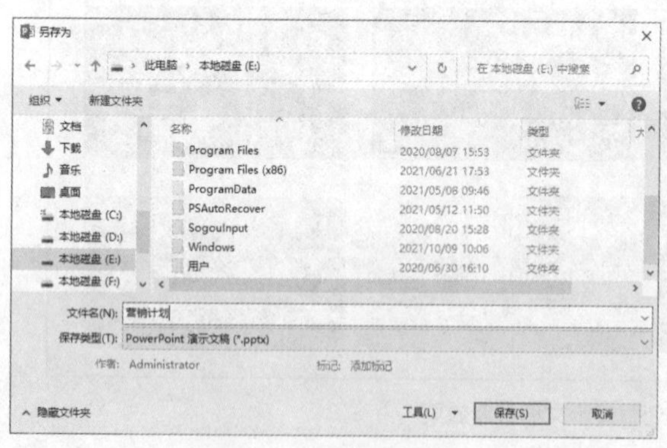

图 3-49 保存演示文稿

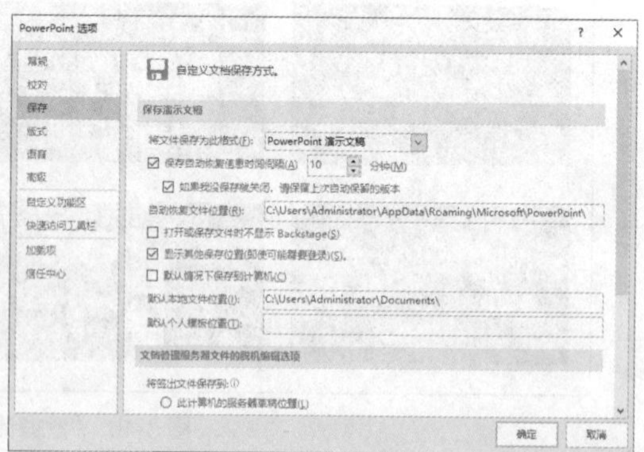

图 3-50 设置定时保存演示文稿

⑤ 在幻灯片窗格中选择第 2 张幻灯片，单击【开始】/【幻灯片】选项组中的“新建幻灯片”下拉按钮，在弹出的下拉列表中选择“节标题”选项，如图 3-51 所示。

⑥ 按住 Ctrl 键的同时在幻灯片窗格中选择第 9、10 张幻灯片，按 Delete 键删除，或在其上右击，在弹出的快捷菜单中选择“删除幻灯片”选项进行删除，如图 3-52 所示。

⑦ 在幻灯片窗格中选择第 4、5、6 张幻灯片，按 Ctrl+C 组合键复制幻灯片，然后将鼠标指针定位到第 6 张幻灯片的下方，按 Ctrl+V 组合键粘贴幻灯片。

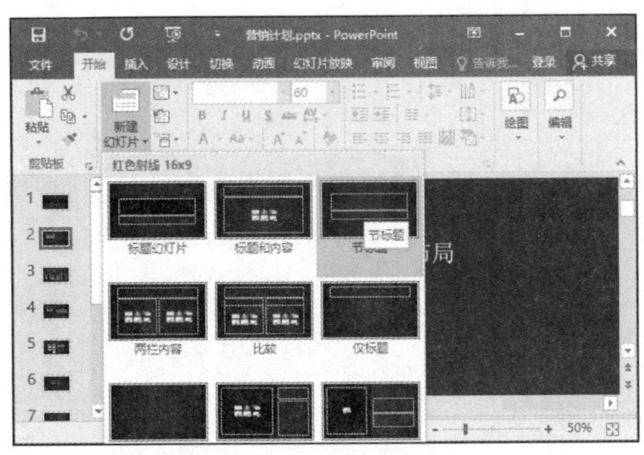

图 3-51　新建幻灯片

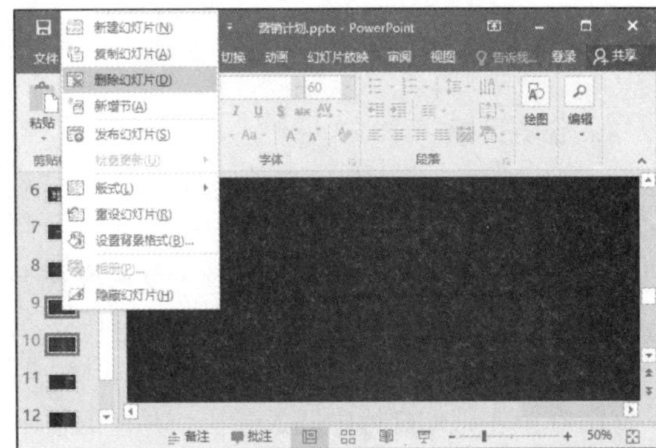

图 3-52　删除幻灯片

⑧ 保持幻灯片的选择状态，通过拖曳的方式将这 3 张幻灯片移动到第 10 张幻灯片的下方，如图 3-53 所示。

⑨ 在幻灯片窗格中选择第 11、12 张幻灯片，单击【开始】/【幻灯片】选项组中的“版式”下拉按钮，在弹出的下拉列表中选择“空白”选项，如图 3-54 所示。

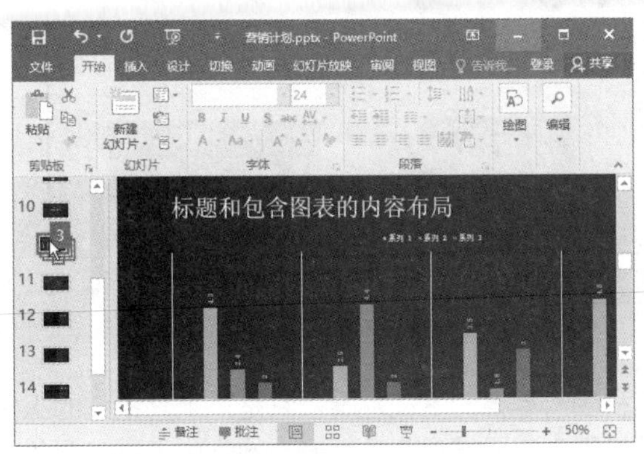

图 3-53　移动幻灯片

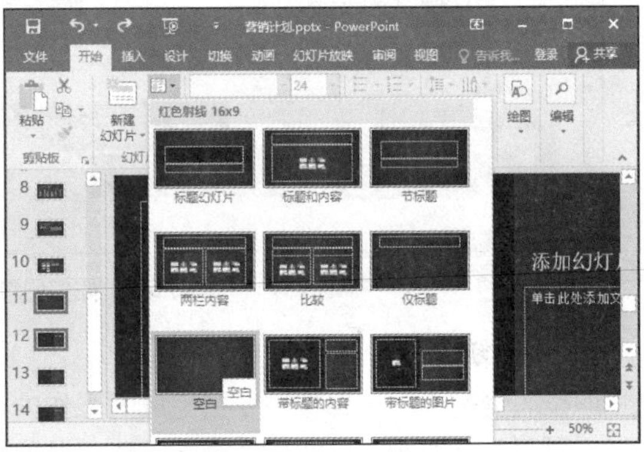

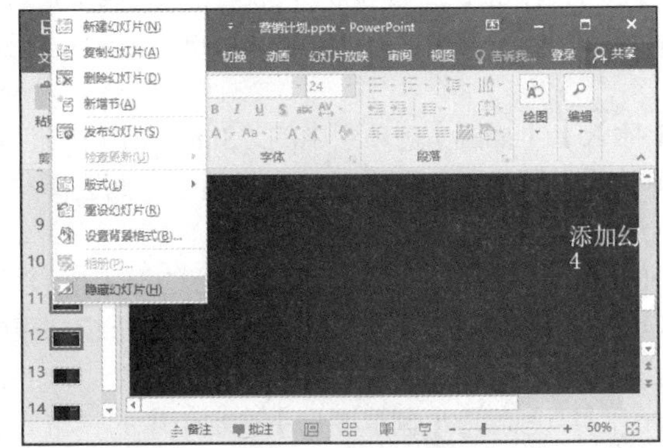

图 3-54　修改幻灯片版式

⑩ 保持幻灯片的选择状态，右击，在弹出的快捷菜单中选择“隐藏幻灯片”选项，隐藏这两张幻灯片，如图 3-55 所示。然后选择第 12 张幻灯片，右击，在弹出的快捷菜单中选择“隐藏幻灯片”选项，取消其隐藏。

⑪ 在幻灯片窗格中选择第 5 张幻灯片，单击【幻灯片放映】/【开始放映幻灯片】选项组中的“从当前幻灯片开始”按钮，查看该张幻灯片的效果，如图 3-56 所示（配套资源：\效果文件\第 3 章\营销计划.pptx）。

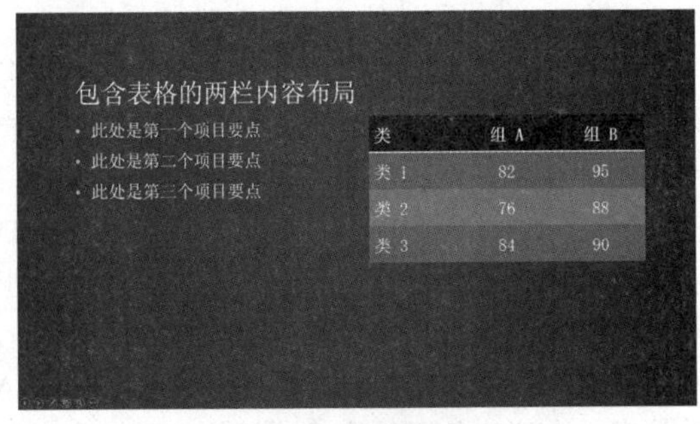

图 3-55　隐藏幻灯片

图 3-56　播放幻灯片

3.2.2 制作“职位职责”演示文稿

1. 任务目标

为了认识自己的定位，深化岗位职责的内涵，现需要根据总经理的岗位职责制作一份“职位职责”演示文稿，其要求如下。

① 设置第 1 张幻灯片中副标题的文本样式为艺术字样式。

② 在第 2 张幻灯片中添加 SmartArt 图形。

③ 在第 2 张幻灯片中插入图片。

④ 在第 3 张幻灯片中插入形状，并在形状中填充图片。

⑤ 在第 4 张幻灯片中添加图表。

制作完成的“职位职责”演示文稿参考效果如图 3-57 所示。

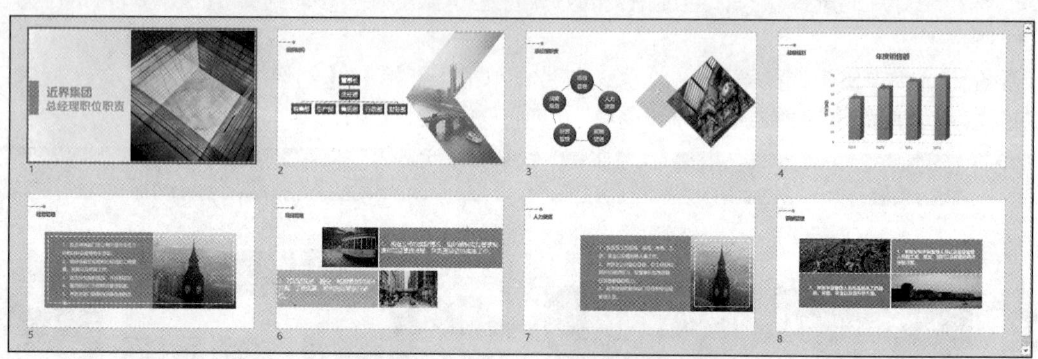

图 3-57 “职位职责”演示文稿参考效果

2. 案例分析

职位职责是指一个岗位需要去完成的工作内容和应当承担的责任范围。它是一个具象化的工作描述，可将其归类于不同职位类型的范畴。职位是组织为完成某项任务而确立的，由工种、职务、职称和等级等组成，必须归属于一个人。职责是职务与责任的统一，由授权范围和相应的责任两部分组成。

本案例在 PowerPoint 2016 中编辑，主要会用到以下操作。

① 设置文本样式。

② 插入并编辑 SmartArt 图形、图片、形状、图表。

3. 案例实现

① 打开“职位职责.pptx”演示文稿（配套资源：\素材文件\第 3 章\职位职责.pptx），选择第 1 张幻灯片中的副标题占位符，在【绘图工具-格式】/【艺术字样式】选项组中的“样式”列表框中选择“填充-蓝色，着色 1，阴影”选项，如图 3-58 所示。

② 在幻灯片窗格中选择第 2 张幻灯片，单击【插入】/【插图】选项组中的“SmartArt”按钮，打开“选择 SmartArt 图形”对话框，在对话框左侧选择“层次结构”选项，在对话框右侧选择“组织结构图”选项，然后单击“确定”按钮，如图 3-59 所示。

③ 选择 SmartArt 图形中的第 2 个形状，按 Delete 键将其删除，然后选择最上方的第 1 个形状，单击【SmartArt 工具-设计】/【创建图形】选项组中的“添加形状”下拉按钮，在弹出的下拉列表中选择“在上方添加形状”选项，如图 3-60 所示。

④ 选择 3 级结构右侧的竖线，单击【SmartArt 工具-设计】/【创建图形】选项组中的“布局”下拉按钮，在弹出的下拉列表中选择“标准”选项，如图 3-61 所示。

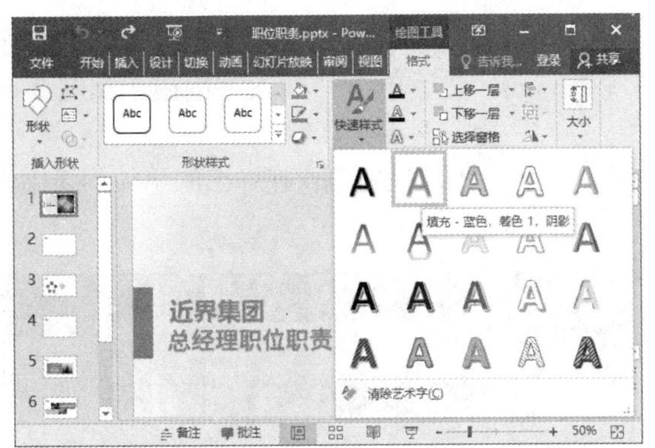

图 3-58　选择艺术字样式

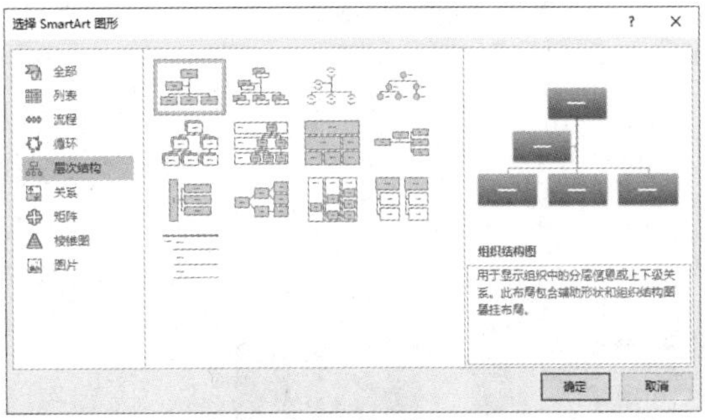

选择 SmartArt 图形

图 3-59　选择 SmartArt 图形

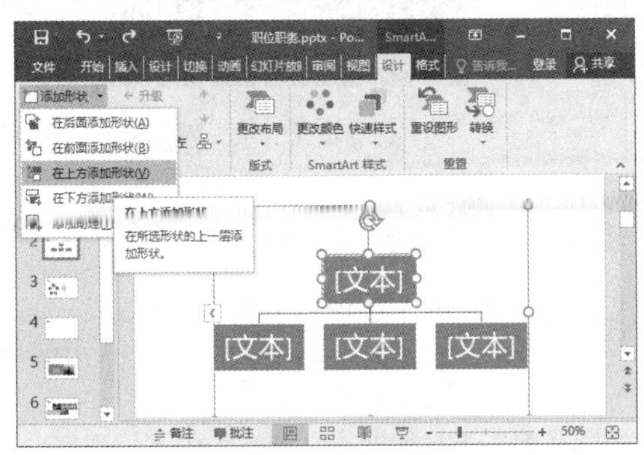

图 3-60　添加形状

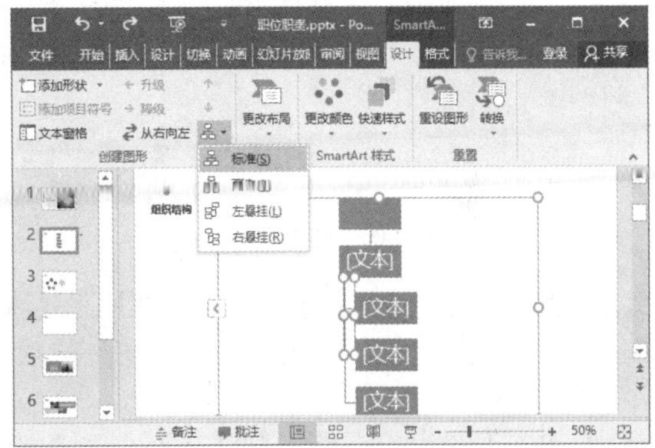

图 3-61　修改布局

⑤ 在 SmartArt 图形中依次输入“董事长”“总经理”“销售部”“生产部”“售后部”文本，然后选择“售后部”文本所在的形状，再次单击“添加形状”下拉按钮，在弹出的下拉列表中选择“在后面添加形状”选项。

⑥ 使用同样的方法在添加形状的后面再次添加一个同等级的形状，然后在添加的形状中分别输入“行政部”“财务部”文本。

⑦ 选择 SmartArt 图形，单击【SmartArt 工具-设计】/【SmartArt 样式】选项组中的“更改颜色”下拉按钮，在弹出的下拉列表中选择“主题颜色(主色)”中的“深色 2 填充”选项，如图 3-62 所示。

⑧ 保持 SmartArt 图形的选择状态，单击【SmartArt 工具-格式】/【形状样式】选项组中的“形状效果”下拉按钮，在弹出的下拉列表中选择“棱台”选项，在其子菜单中选择“棱台”中的“圆”选项，如图 3-63 所示。

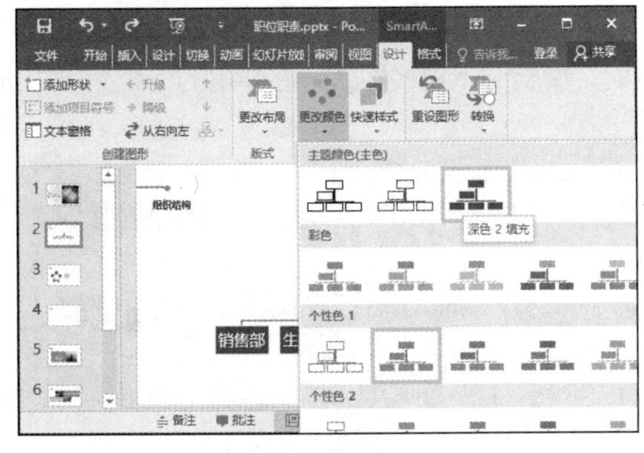

图 3-62　更改颜色

图 3-63　设置形状效果

⑨ 单击【插入】/【图像】选项组中的“图片”按钮，打开“插入图片”对话框，选择“图片 1.png”选项（配套资源：\素材文件\第 3 章\图片 1.png），然后单击“插入”按钮，如图 3-64 所示。

⑩ 单击【图片工具-格式】/【调整】选项组中的“颜色”下拉按钮，在弹出的下拉列表中选择“重新着色”中的“蓝色，个性色 1 浅色”选项，如图 3-65 所示。

图 3-64　选择图片

图 3-65　调整图片颜色

⑪ 保存图片的选择状态，单击【图片工具-格式】/【图片样式】选项组中的“图片效果”下拉按钮，在弹出的下拉列表中选择“阴影”选项，在其子菜单中选择“内部”中的“内部居中”选项，如图 3-66 所示。

⑫ 单击【图片工具-格式】/【大小】选项组中的“裁剪”下拉按钮，在弹出的下拉列表中选择“裁剪为形状”选项，在其子菜单中选择“箭头总汇”中的“燕尾形”选项，如图 3-67 所示。

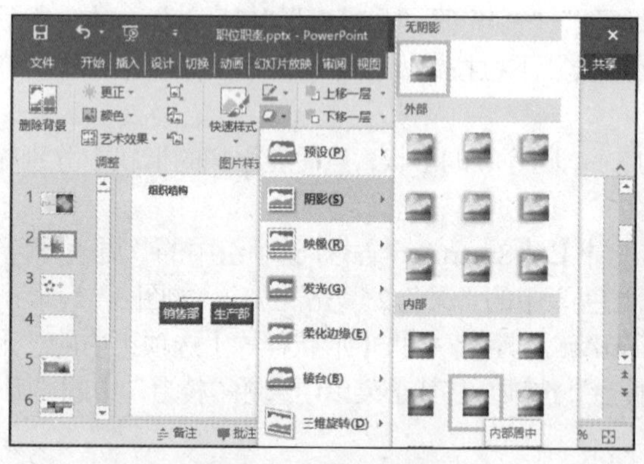

图 3-66　设置图片效果

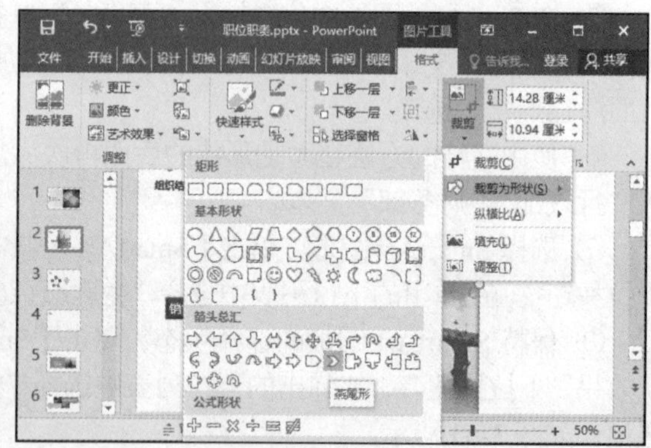

图 3-67　裁剪图片

⑬ 单击【图片工具-格式】/【排列】选项组中的“旋转”下拉按钮，在弹出的下拉列表中选择“水平翻转”选项，如图 3-68 所示。

⑭ 将图片水平移至幻灯片右侧，然后在幻灯片窗格中选择第 3 张幻灯片，插入一个菱形形状。

⑮ 选择菱形形状，单击【绘图工具-格式】/【形状样式】选项组中的“形状填充”下拉按钮，在弹出的下拉列表中选择“图片”选项，如图 3-69 所示。

⑯ 打开“插入图片”对话框，选择“从文件”选项，打开“插入图片”对话框，在其中选择“图片 2.png”选项（配套资源：\素材文件\第 3 章\图片 2.png），然后单击“插入”按钮。

⑰ 单击【绘图工具-格式】/【排列】选项组中的“下移一层”下拉按钮，在弹出的下拉列表中选择“置于底层”选项，如图 3-70 所示。

⑱ 在幻灯片窗格中选择第 4 张幻灯片，单击【插入】/【插图】选项组中的“图表”按钮，打开“插入图表”对话框，在对话框左侧选择“柱形图”选项，在对话框右侧选择“三维簇状柱形图”选项，如图 3-71 所示。

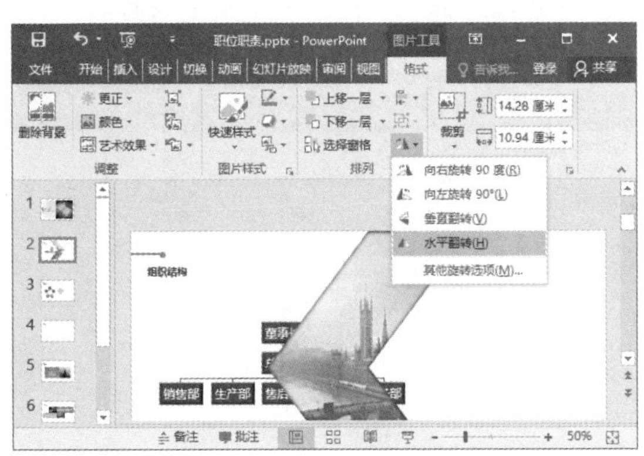

图 3-68　旋转图片

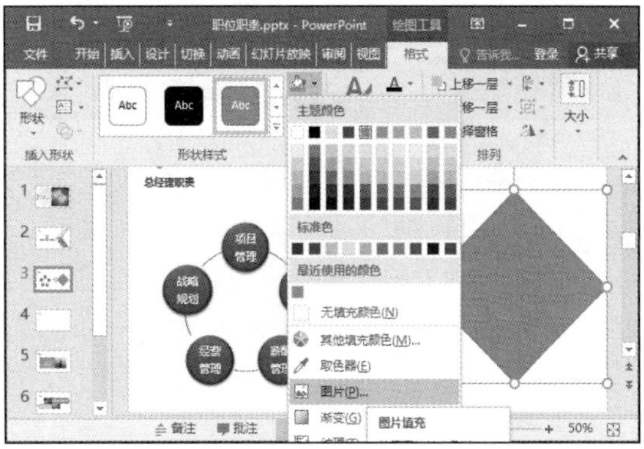

图 3-69　填充图片

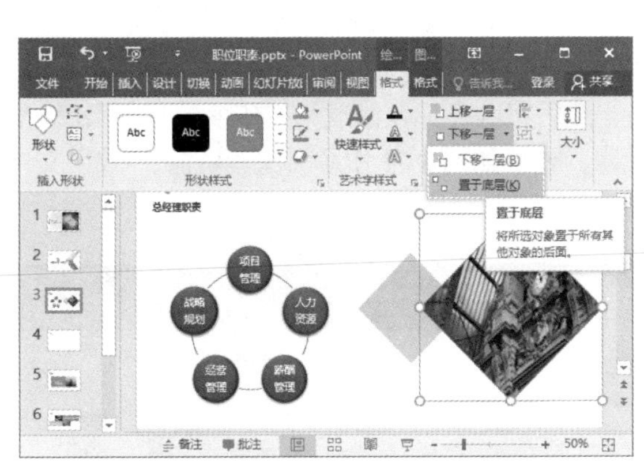

图 3-70　调整形状排列顺序

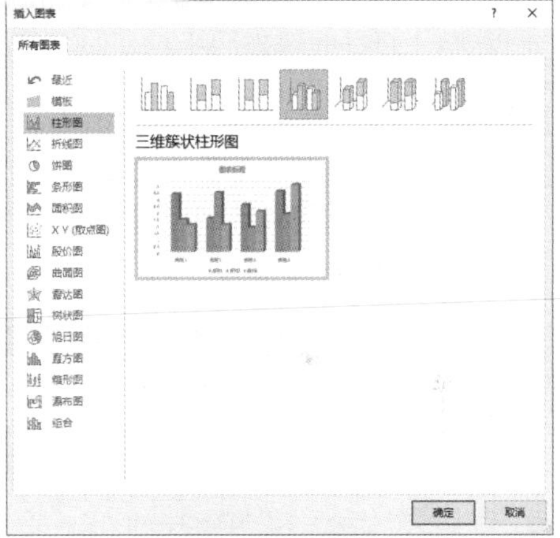

图 3-71　插入图表

⑲ 在打开的“Microsoft PowerPoint 中的图表”电子表格窗口中输入数据，如图 3-72 所示，然后关闭该窗口。

⑳ 单击【图表工具-设计】/【图表布局】选项组中的“快速布局”下拉按钮，在弹出的下拉列表中选择“布局 2”选项，如图 3-73 所示。

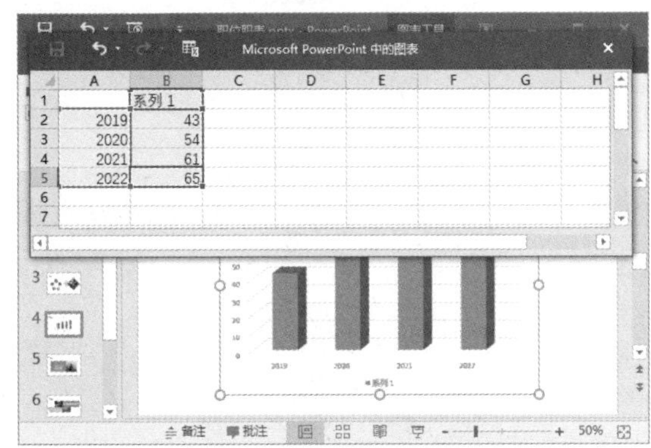

图 3-72　输入图表数据

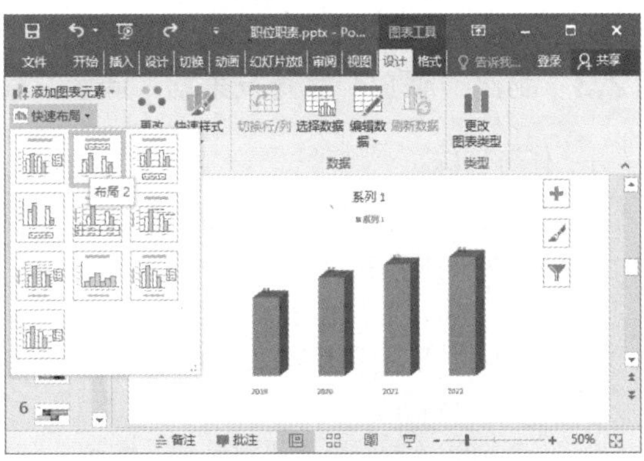

图 3-73　修改图表布局

㉑ 选择图表，在【图表工具-设计】/【图表样式】选项组中的“样式”列表框中选择“样式 5”选项，如图 3-74 所示。

㉒ 单击【图表工具-设计】/【图表布局】选项组中的“添加图表元素”下拉按钮，在弹出的下拉列表中选择“轴标题”选项，在其子菜单中选择“主要纵坐标轴”选项，如图 3-75 所示。

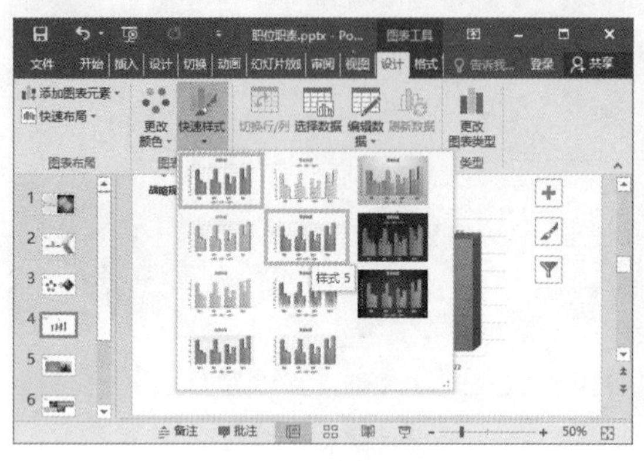

图 3-74　修改图表样式

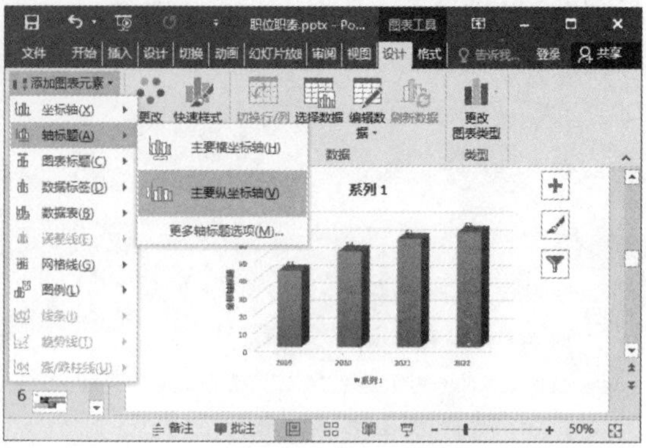

图 3-75　添加坐标轴

㉓ 双击添加的纵坐标轴，打开“设置坐标轴标题格式”任务窗格，选择“文本选项”选项卡，再单击“文本框”按钮，在“文字方向”下拉列表中选择“竖排”选项，如图 3-76 所示。

㉔ 关闭“设置坐标轴标题格式”任务窗格，然后将图表标题修改为“年度销售额”，纵坐标轴修改为“销量/万件”，再删除图表下方的图例元素，效果如图 3-77 所示（配套资源：\效果文件\第 3 章\职位职责.pptx）。

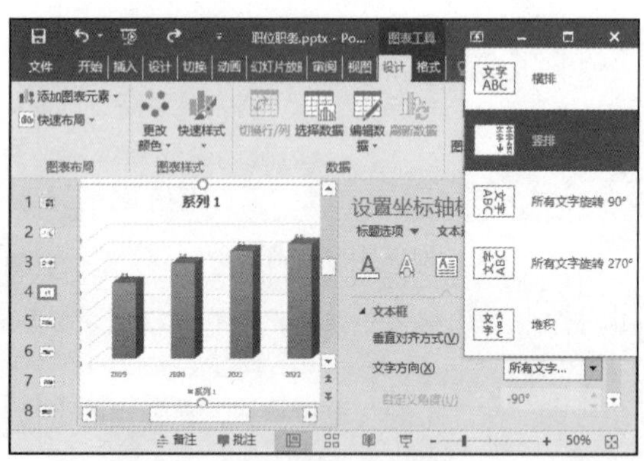

图 3-76　设置坐标轴文字方向

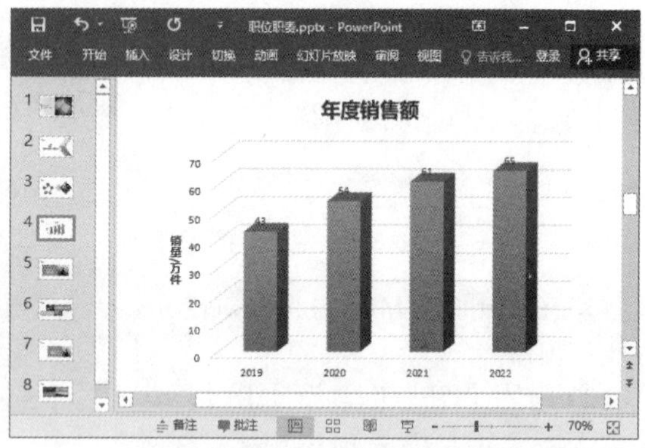

图 3-77　图表效果

3.2.3　制作“旅游产品开发策划”演示文稿

1. 任务目标

某旅游公司准备开发一条旅游线路，现在需要根据当地的特点制作一份“旅游产品开发策划”演示文稿，其具体要求如下。

① 在第 1 张幻灯片中插入并设置音频文件，在第 5 张幻灯片中插入并设置视频文件。

② 为幻灯片应用切换效果，为幻灯片对象应用动画效果。

③ 设置排练计时。

制作完成的“旅游产品开发策划”演示文稿参考效果如图 3-78 所示。

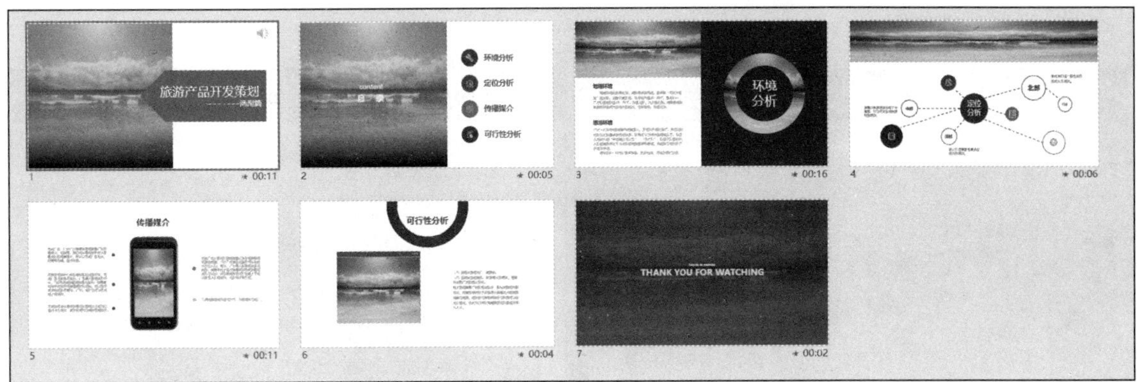

图 3-78 “旅游产品开发策划”演示文稿参考效果

2. 案例分析

旅游产品开发策划是指根据旅游市场的需求和旅游资源优势，对旅游产品进行研制、开发和优化的过程，其内容主要包括环境分析、定位分析、传播媒介、可行性分析等。

本案例在 PowerPoint 2016 中编辑，主要会用到以下操作。

① 添加并设置音频文件。

② 添加并设置视频文件。

③ 添加切换效果和动画效果。

④ 设置排练计时。

3. 案例实现

① 打开“旅游产品开发策划.pptx”演示文稿（配套资源：\素材文件\第 3 章\旅游产品开发策划.pptx），在幻灯片窗格中选择第 1 张幻灯片，然后单击【插入】/【媒体】选项组中的“音频”下拉按钮，在弹出的下拉列表中选择“PC 上的音频”选项，如图 3-79 所示。

② 打开“插入音频”对话框，选择“背景音乐.mp3”选项（配套资源：\素材文件\第 3 章\背景音乐.mp3），然后单击“插入”按钮，如图 3-80 所示。

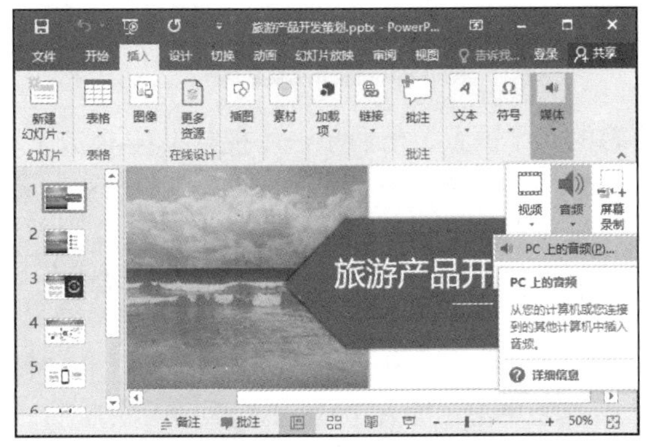

图 3-79 选择“PC 上的音频”选项

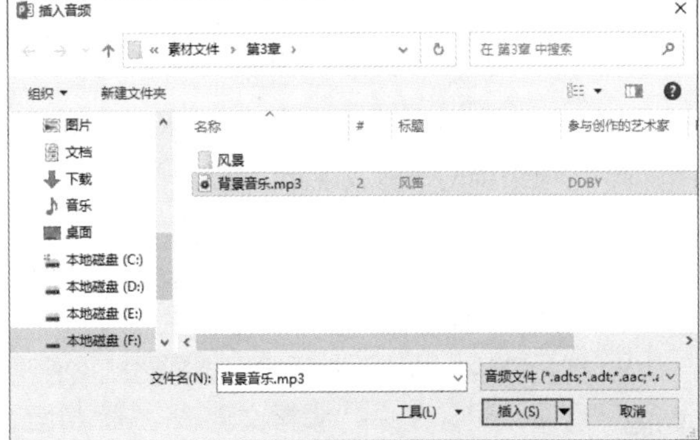

图 3-80 选择音频文件

③ 将音频图标移动到页面右上角，单击【音频工具-播放】/【编辑】选项组中的“剪裁音频”下拉按钮，打开“剪裁音频”对话框，移动右侧红色指示线到“00:53:519”处，移动左侧绿色指示线到“00:11:679”处，然后单击“确定”按钮，如图 3-81 所示。

④ 单击【音频工具-播放】/【音频选项】选项组中的“音量”下拉按钮，在弹出的下拉列表

中选择“低”选项，如图 3-82 所示，然后选中该选项组中的“跨幻灯片播放”“循环播放，直到停止”“放映时隐藏”复选框。

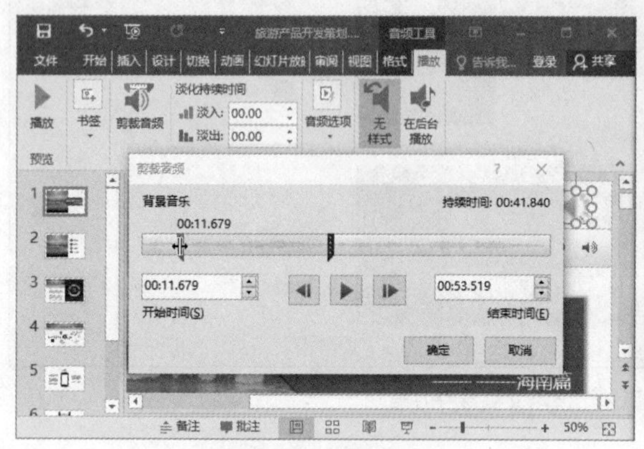

图 3-81　剪裁音频

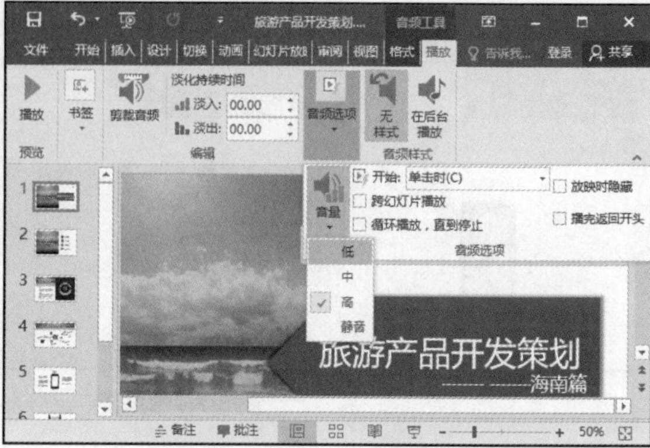

图 3-82　设置音频选项

⑤ 在幻灯片窗格中选择第 5 张幻灯片，单击【插入】/【媒体】选项组中的“视频”下拉按钮，在弹出的下拉列表中选择“PC 上的视频”选项，如图 3-83 所示。

⑥ 打开“插入视频文件”对话框，选择“宣传片.mp4”选项（配套资源：\素材文件\第 3 章\宣传片.mp4），然后单击“插入”按钮，如图 3-84 所示。

图 3-83　选择“PC 上的视频”选项

图 3-84　选择视频文件

⑦ 将视频图标的大小调整至与幻灯片中手机屏幕的大小一致，然后单击【视频工具-播放】/【编辑】选项组中的“剪裁视频”按钮，打开“剪裁视频”对话框，在“结束时间”编辑框中输入“06:10.000”，然后单击“确定”按钮，如图 3-85 所示。

⑧ 单击【视频工具-格式】/【调整】选项组中的“标牌框架”下拉按钮，在弹出的下拉列表中选择“文件中的图像”选项，如图 3-86 所示。

⑨ 打开“插入图片”对话框，选择“从文件”选项，打开“插入图片”对话框，在其中选择“封面.jpg”选项（配套资源：\素材文件\第 3 章\封面.jpg），然后单击“插入”按钮，返回演示文稿后，即可看到修改视频封面后的效果，如图 3-87 所示。

⑩ 在幻灯片窗格中选择第 1 张幻灯片，在【切换】/【切换到此幻灯片】选项组中的“切换效果”列表框中选择“淡出”选项，如图 3-88 所示。

⑪ 在【切换】/【计时】选项组中的“持续时间”编辑框中输入“01.00”，如图 3-89 所示，然后为第 2～6 张幻灯片应用相同的切换效果，并设置相同的持续时间。

图 3-85　剪裁视频

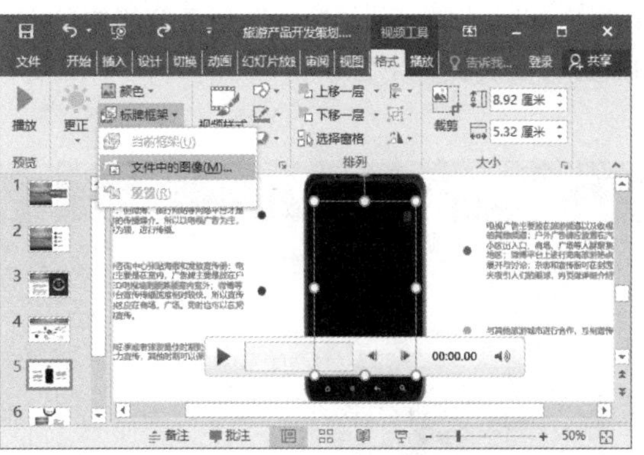

图 3-86　选择“文件中的图像”选项

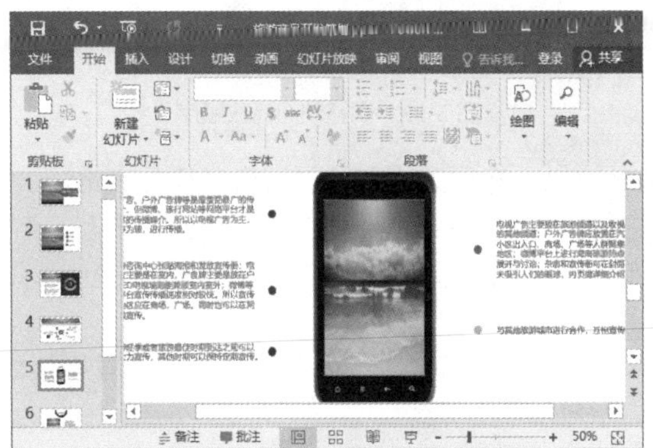

图 3-87　设置视频封面后的效果

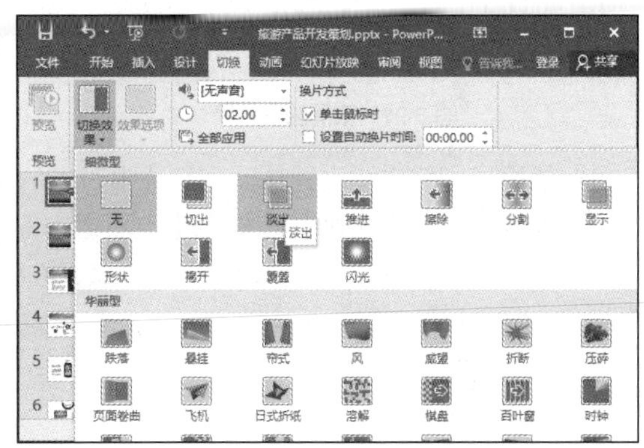

图 3-88　添加切换效果

⑫ 在幻灯片窗格中选择第 7 张幻灯片，为其应用“推进”切换效果，设置持续时间为“01.00”。

⑬ 在幻灯片窗格中选择第 1 张幻灯片，选择该张幻灯片右侧的标题对象，在【动画】/【动画】选项组中的“动画样式”列表框中选择“进入”中的“浮入”选项，如图 3-90 所示。

图 3-89　设置持续时间

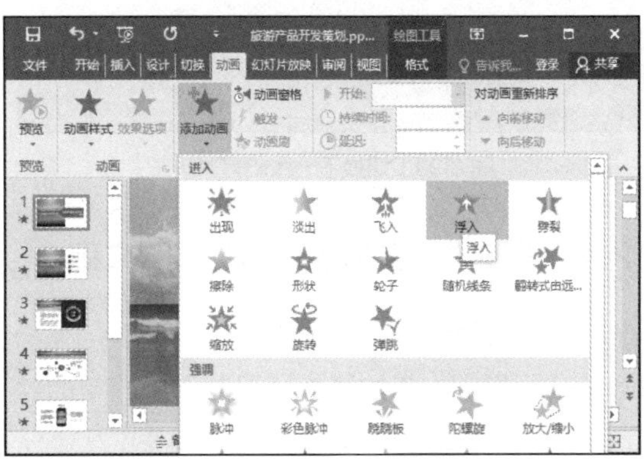

图 3-90　添加动画效果

⑭ 单击【动画】/【高级动画】选项组中的“动画窗格”按钮，打开“动画窗格”任务窗格，在其中选择背景音乐动画效果，单击【动画】/【高级动画】选项组中的“触发”下拉按钮，在弹

出的下拉列表中选择“单击”选项，在其子菜单中选择“背景音乐”选项，如图 3-91 所示，取消其触发效果。

⑮ 保持背景音乐动画效果的选择状态，单击按钮，使背景音乐在动画发生前播放，然后按住 Ctrl 键，同时选择“动画窗格”任务窗格中的两个动画效果，单击【动画】/【计时】选项组中“开始”文本框右侧的下拉按钮，在弹出的下拉列表中选择“与上一动画同时”选项，如图 3-92 所示。

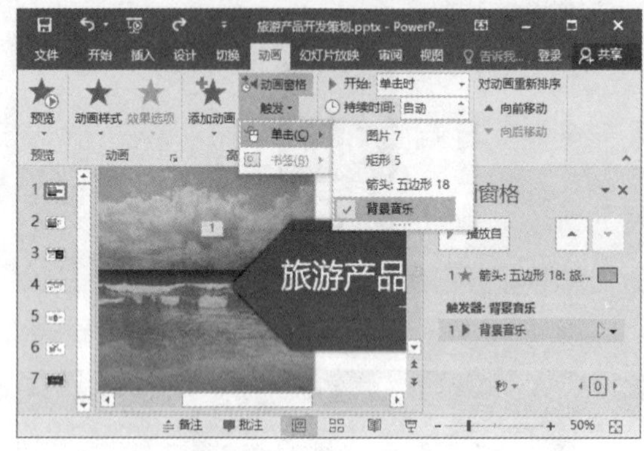

图 3-91　取消触发效果

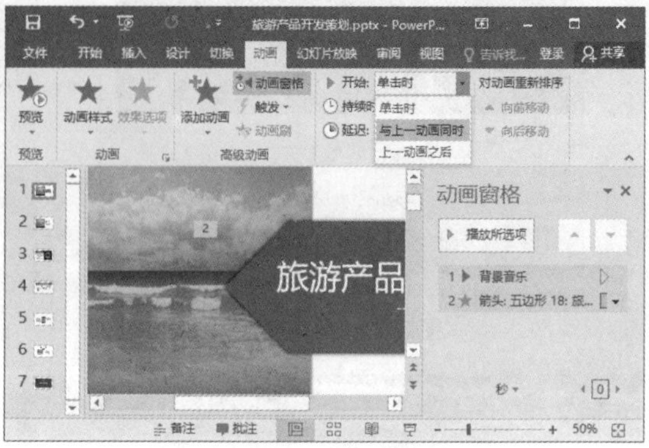

图 3-92　调整动画播放顺序

⑯ 使用同样的方法设置其他幻灯片中对象的动画效果，然后关闭“动画窗格”任务窗格。

⑰ 单击【幻灯片放映】/【设置】选项组中的“排练计时”按钮，进入幻灯片放映状态，当第 1 张幻灯片放映完成后，单击幻灯片任意位置，或单击“录制”工具栏中的“下一项”按钮，即放映下一张幻灯片，如图 3-93 所示。

⑱ 录制完成后，在弹出的提示框中单击“是”按钮，保存排练计时，如图 3-94 所示（配套资源：\效果文件\第 3 章\旅游产品开发策划.pptx）。

图 3-93　切换下一张幻灯片

图 3-94　保存排练计时

3.2.4　放映“年度销售计划”演示文稿

1. 任务目标

某公司根据去年的销售情况制订了今年的销售计划，并将其制作成了“年度销售计划”演示文稿，该演示文稿需要在会议上放映，因此需要对其进行放映设置，其具体要求如下。

① 设置放映类型为“演讲者放映（全屏幕）”。

② 在放映时通过“查看所有幻灯片”命令跳转到指定的幻灯片。

③ 为第 4、5 张幻灯片添加不同颜色的注释。

放映完成的“年度销售计划”演示文稿参考效果如图 3-95 所示。

图 3-95　“年度销售计划”演示文稿参考效果

2. 案例分析

销售计划是指公司在计划期内进行商品销售活动的计划，它规定了公司在计划期内商品销售的品种、数量、销售价格、销售对象、销售渠道、销售期限、销售收入、销售费用、销售利润等，是公司编制生产计划和财务计划的重要依据。

本案例在 PowerPoint 2016 中编辑，主要会用到以下操作。

① 设置放映类型。

② 添加并保存注释。

3. 案例实现

① 打开“年度销售计划.pptx”演示文稿（配套资源：\素材文件\第 3 章\年度销售计划.pptx），单击【幻灯片放映】/【设置】选项组中的“设置幻灯片放映”按钮，打开“设置放映方式”对话框，在“放映类型”选项组中选中“演讲者放映（全屏幕）”单选项，然后单击“确定”按钮，如图 3-96 所示。

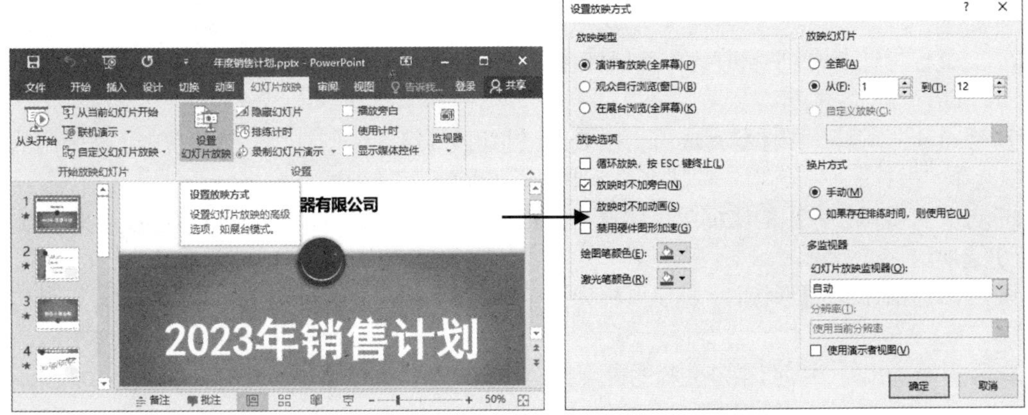

图 3-96　设置幻灯片放映类型

② 单击【幻灯片放映】/【开始放映幻灯片】选项组中的“从头开始”按钮，进入第 1 张幻灯片的放映状态，然后右击，在弹出的快捷菜单中选择“查看所有幻灯片”选项，如图 3-97 所示。

③ 在打开的界面中选择第 4 张幻灯片，如图 3-98 所示。

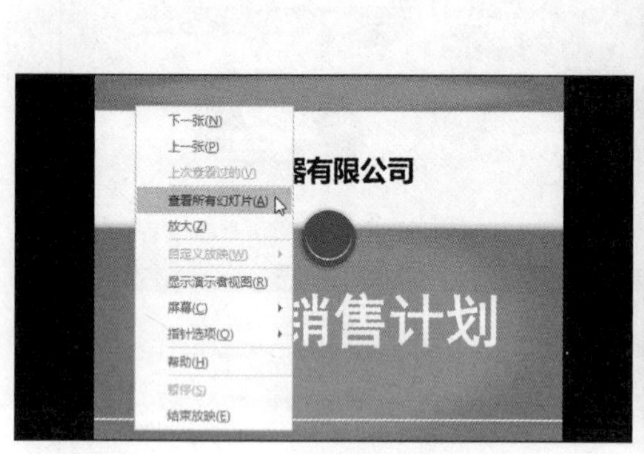

图 3-97　选择“查看所有幻灯片”选项

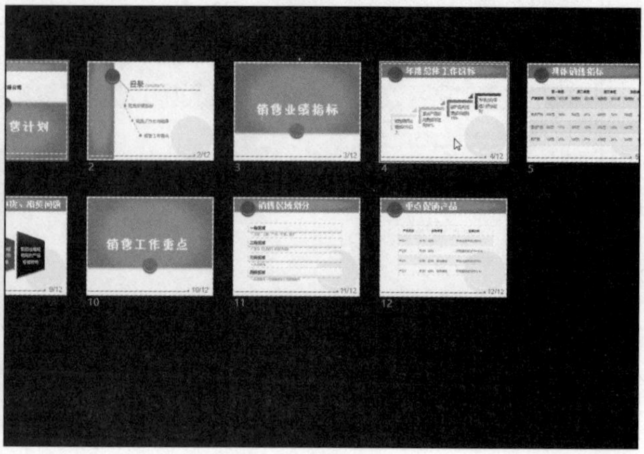

图 3-98　选择幻灯片

④ 在第 4 张幻灯片中右击，在弹出的快捷菜单中选择“指针选项”选项，在其子菜单中选择“笔”选项，如图 3-99 所示。

⑤ 再次右击，在弹出的快捷菜单中选择“指针选项”选项，在其子菜单中选择【墨迹颜色】/【紫色】选项，如图 3-100 所示。

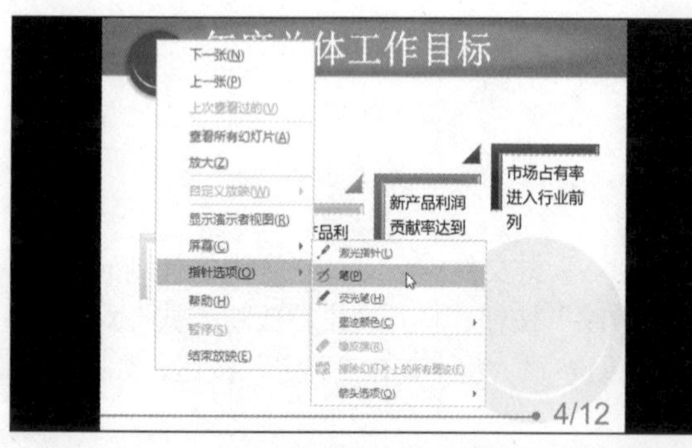

图 3-99　选择“笔”选项

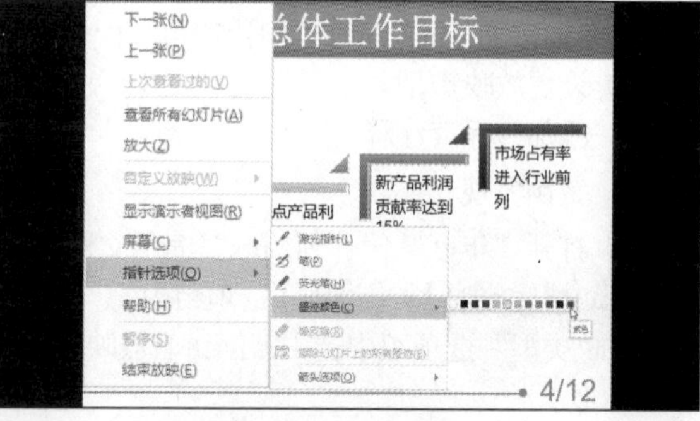

图 3-100　选择墨迹颜色

⑥ 当鼠标指针变成•形状时，拖曳鼠标在需要重点介绍的地方画一条下画线，以突出显示，如图 3-101 所示。

⑦ 在第 4 张幻灯片中注释完成后，按 Enter 键切换到第 5 张幻灯片，然后右击，在弹出的快捷菜单中选择“指针选项”选项，在其子菜单中选择“荧光笔”选项。

⑧ 再次右击，在弹出的快捷菜单中选择“指针选项”选项，在其子菜单中选择【墨迹颜色】/【蓝色】选项。

⑨ 当鼠标指针变成▌形状时，拖曳鼠标为销售增长率添加蓝色圆圈注释，然后按 Esc 键退出幻灯片放映。

⑩ 此时将弹出是否保留墨迹注释的提示框，单击“保留”按钮进行保存，如图 3-102 所示（配套资源：\效果文件\第 3 章\年度销售计划.pptx）。

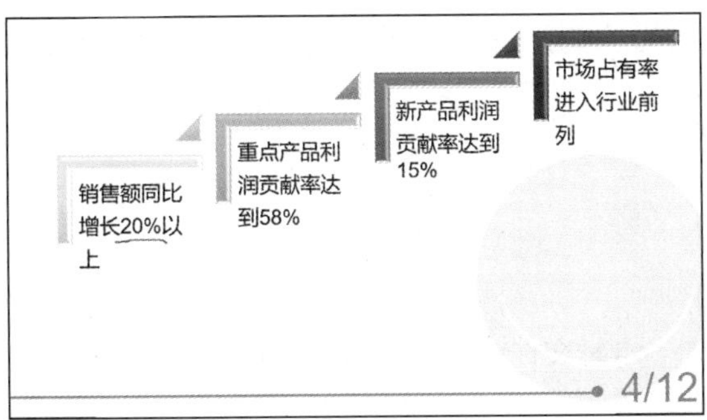

图 3-101　添加注释

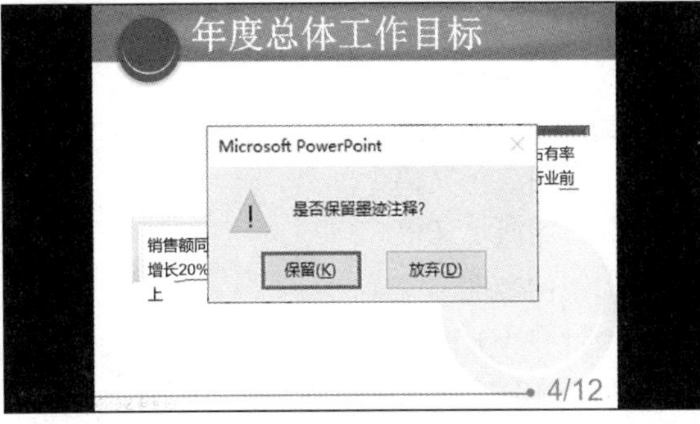

图 3-102　保留注释

3.2.5　输出“入职培训”演示文稿

1. 任务目标

某公司年初的时候聘用了多名新员工，并对他们进行了入职培训，为了能让新员工熟记公司规定，现需要输出并打印“入职培训”演示文稿，以便新员工时常翻阅，其具体要求如下。

① 将演示文稿导出为 PNG 图片、压缩文件、PDF 文件，再打包文件。

② 打印一份该演示文稿；纵向打印备注页幻灯片，打印两张讲义幻灯片。

输出完成的“入职培训”演示文稿部分参考效果如图 3-103 所示。

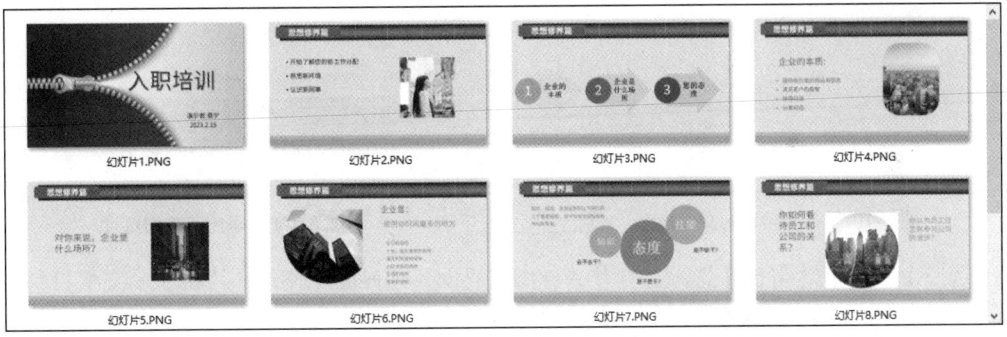

（a）将“入职培训”演示文稿导出为图片的参考效果

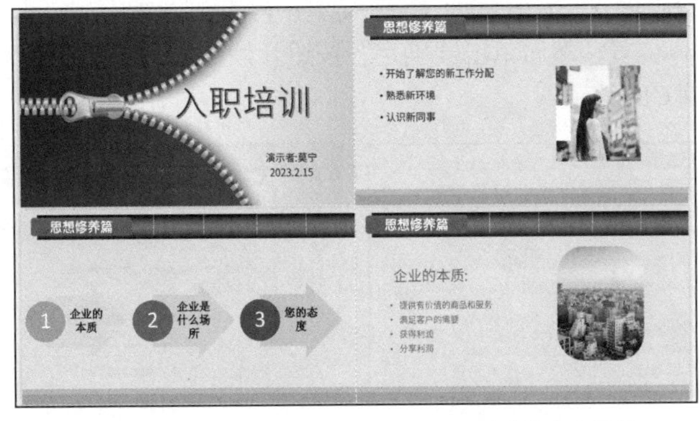

（b）将“入职培训”演示文稿导出为 PDF 文件的参考效果

图 3-103　“入职培训”演示文稿部分参考效果

2. 案例分析

入职培训主要是公司向每一位初入公司的新员工介绍公司历史、基本工作流程、行为规范、组织结构、人员结构和处理同事关系等活动的总称，目的是使员工融入这个团队，同时也有利于公司文化建设。

本案例在 PowerPoint 2016 中编辑，主要会用到以下操作。

① 导出演示文稿。

② 打印演示文稿。

3. 案例实现

① 打开“入职培训.pptx”演示文稿（配套资源：\素材文件\第 3 章\入职培训.pptx），选择【文件】/【导出】选项，打开“导出”界面。

② 在界面左侧选择“更改文件类型”选项，在右侧选择“图片文件类型”选项组中的“PNG 可移植网络图形格式”选项，然后单击“另存为”按钮，如图 3-104 所示。

③ 打开“另存为”对话框，在地址栏中选择好图片的保存位置后，单击“保存”按钮，打开“Microsoft PowerPoint”对话框，单击“所有幻灯片”按钮，如图 3-105 所示，所有幻灯片将会以.png 的形式保存在系统自动创建的“入职培训”文件夹中（配套资源：\效果文件\第 3 章\入职培训\）。

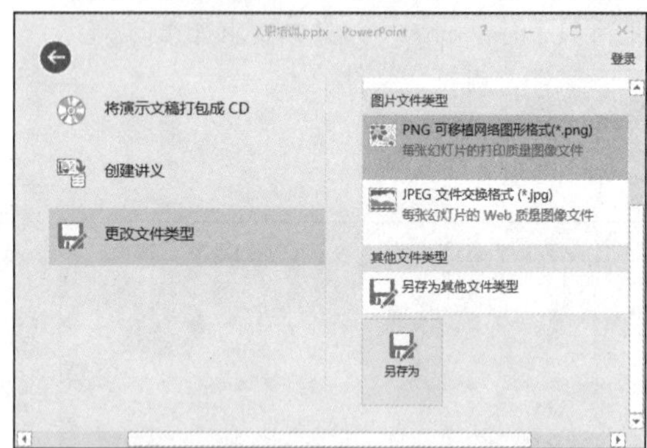

图 3-104　选择导出的文件类型

图 3-105　导出所有幻灯片

④ 选择【文件】/【导出】选项，打开“导出”界面，在界面左侧选择“将演示文稿打包成 CD”选项，在右侧单击“打包成 CD”按钮，如图 3-106 所示。

⑤ 打开“打包成 CD”对话框，单击“复制到文件夹”按钮，打开“复制到文件夹”对话框。在“文件夹名称”文本框中输入“入职培训 CD”文本，再单击“浏览”按钮，在打开的“选择位置”对话框中选择文件的保存位置，然后单击“确定”按钮开始打包，如图 3-107 所示（配套资源：\效果文件\第 3 章\入职培训 CD\）。

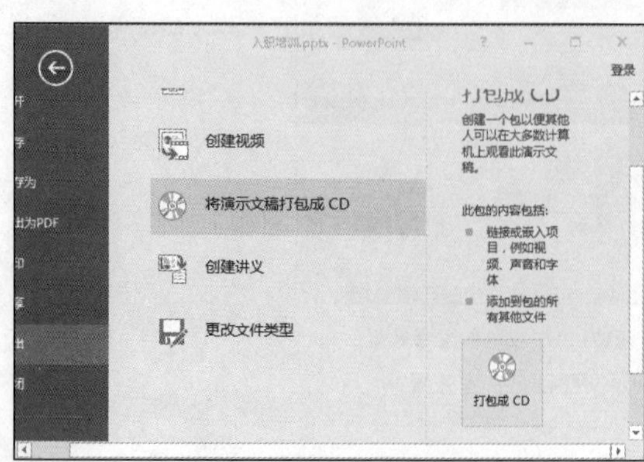

图 3-106　打包演示文稿

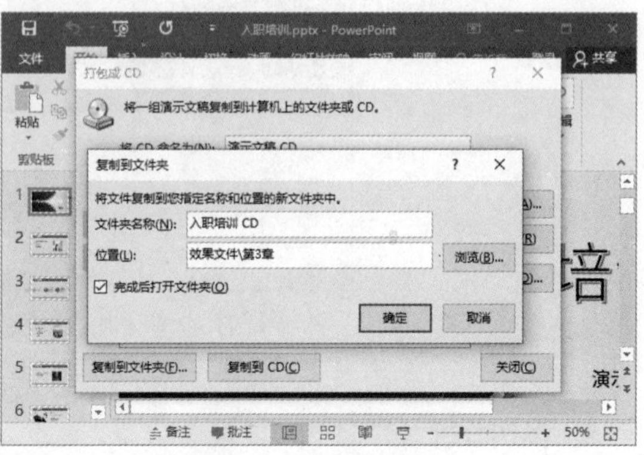

图 3-107　设置打包参数

⑥ 关闭“打包成 CD”对话框，选择【文件】/【导出】选项，打开“导出”界面，在界面左侧选择“创建 PDF/XPS 文档”选项，在右侧单击“创建 PDF/XPS”按钮，如图 3-108 所示。

⑦ 打开“发布为 PDF 或 XPS”对话框，在地址栏中选择好 PDF 文档的保存位置后，单击“发布”按钮，如图 3-109 所示（配套资源：\效果文件\第 3 章\入职培训.pdf）。

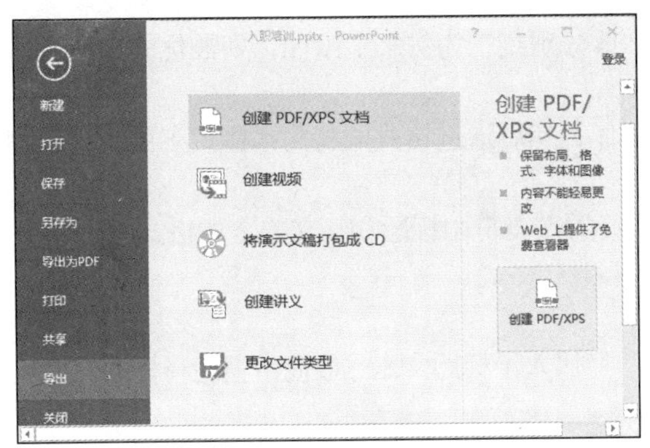

图 3-108　创建 PDF 文档

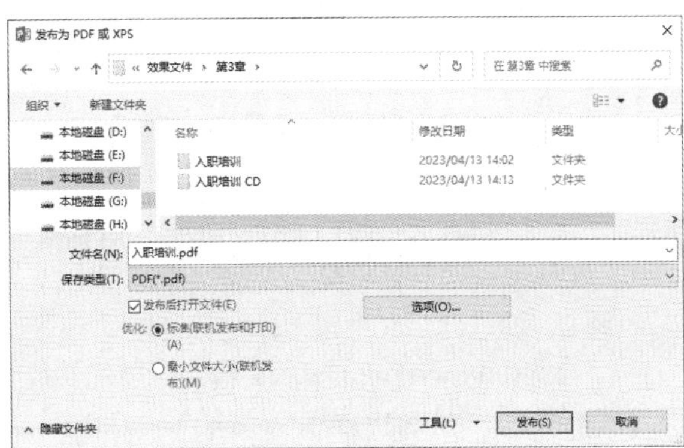

图 3-109　发布为 PDF

⑧ 选择【文件】/【打印】选项，打开“打印”界面，单击“整页幻灯片”下拉按钮，在弹出的下拉列表中选择“打印版式”中的“备注页”选项，再次单击该下拉按钮，在弹出的下拉列表中选择“讲义”中的“2 张幻灯片”选项，如图 3-110 所示。

⑨ 单击“灰度”下拉按钮，在弹出的下拉列表中选择“颜色”选项，如图 3-111 所示，然后单击“打印”按钮，即可对幻灯片进行彩色打印。

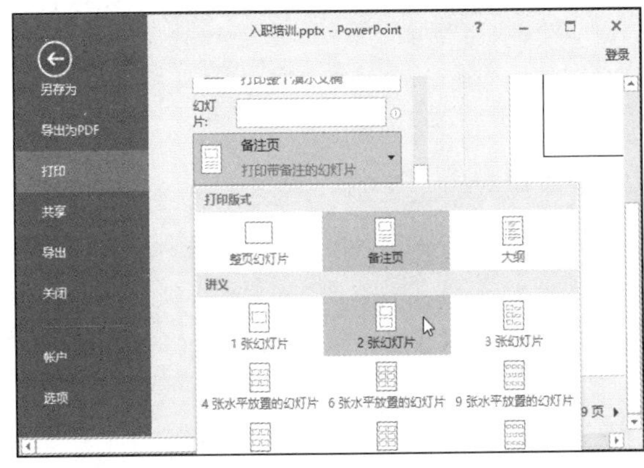

图 3-110　打印备注页和讲义

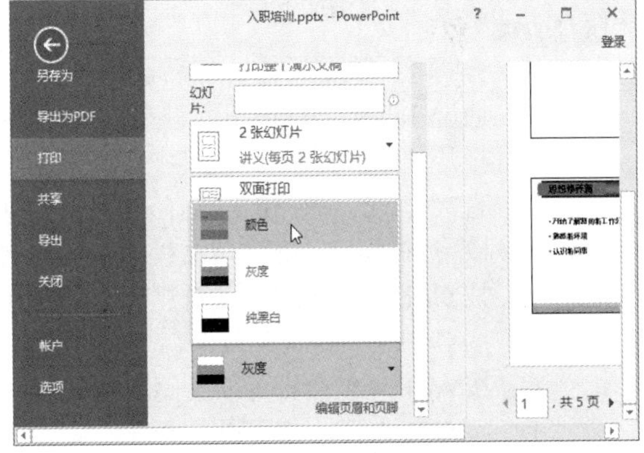

图 3-111　设置彩色打印

3.3　习题

一、单选题

1. 如果用户需要在 PowerPoint 演示文稿中的某一张幻灯片后增加一张新幻灯片，则最优的操作方法是（　　）。

A. 在普通视图左侧的幻灯片窗格图中按 Enter 键

B. 选择【插入】/【插入幻灯片】选项

C. 选择【文件】/【新建】选项

D. 选择【视图】/【新建窗口】选项

2. 可以在 PowerPoint 2016 同一窗口显示多张幻灯片，并在幻灯片下方显示编号的视图是（　　）。

A. 备注页视图　　B. 普通视图

C. 幻灯片浏览视图　　D. 阅读视图

3. 在 PowerPoint 2016 中制作演示文稿时，若希望将所有幻灯片中标题的中文字体和英文字体分别统一为微软雅黑、Arial，正文的中文字体和英文字体分别统一为仿宋、Arial，则最优的操作方法是（　　）。

A. 首先在一张幻灯片中设置标题和正文的字体，然后通过格式刷将文本格式应用到其他幻灯片的相应部分

B. 在幻灯片母版中通过“字体”对话框分别设置占位符中标题和正文的字体格式

C. 通过“替换字体”功能快速设置字体

D. 通过自定义主题字体进行设置

4. 小沈在 PowerPoint 演示文稿的标题幻灯片中已经输入了标题文本，但他希望能将标题文本转换为艺术字，则最快捷的操作方法是（　　）。

A. 将文本插入点定位到该幻灯片的空白处，选择【插入】/【艺术字】选项，再选择一种艺术字样式，然后将原标题文本移动到艺术字文本框中

B. 选择标题文本框，在【绘图工具-格式】/【艺术字样式】选项组的列表框中选择需要的艺术字样式

C. 在标题文本框中右击，在弹出的快捷菜单中选择“转换为艺术字”选项

D. 选择标题文本，选择【插入】/【艺术字】选项，并在弹出的下拉列表中选择需要的艺术字样式，然后删除原标题文本框

5. 小李在制作 PowerPoint 演示文稿时，需要将一个被其他图形完全遮盖的图片删除，则最优的操作方法是（　　）。

A. 先将上层图形移走，然后选择该图片并将其删除

B. 通过 Tab 键选择该图片，然后将其删除

C. 打开“选择窗格”，在其中选择该图片名称后将其删除

D. 直接在幻灯片中单击选择该图片，然后将其删除

6. 下列关于 PowerPoint 演示文稿基本操作的说法中，不正确的是（　　）。

A. 按 Ctrl+N 组合键可以新建带模板内容的演示文稿

B. 按 Ctrl+S 组合键可以保存演示文稿

C. 按 Alt+F4 组合键可以关闭演示文稿

D. 按 Ctrl+O 组合键可以打开演示文稿

7. 小梅需要将 PowerPoint 演示文稿的内容制作成一份 Word 版讲义，以便后续可以灵活编辑及打印，则最优的操作方法是（　　）。

A. 切换到演示文稿的“大纲”视图，将大纲内容直接复制到 Word 文档中

B. 在 PowerPoint 2016 中利用“创建讲义”功能直接创建 Word 讲义

C. 将演示文稿中的幻灯片以粘贴对象的方式一张张复制到 Word 文档中

D. 将演示文稿另存为“大纲 / RTF 文件”格式，然后在 Word 中将其打开

8. 小李在一次校园活动中拍摄了多张数码照片，现需要将这些照片整理到一个 PowerPoint 演示文稿中，则最优的操作方法是（　　）。

A. 创建一个 PowerPoint 演示文稿，然后在每页幻灯片中插入图片

B. 创建一个 PowerPoint 演示文稿，然后批量插入图片

C. 创建一个 PowerPoint 相册文件

D. 在文件夹中选择所有照片，然后右击直接发送到 PowerPoint 演示文稿中

9. 如果需要在演示文稿中的每页幻灯片左下角相同位置插入学校的校徽图片，则最优的操作方法是（　　）。

A. 打开幻灯片放映视图，将校徽图片插入幻灯片中

B. 打开幻灯片普通视图，将校徽图片插入幻灯片中

C. 打开幻灯片母版视图，将校徽图片插入母版中

D. 打开幻灯片浏览视图，将校徽图片插入幻灯片中

10. PowerPoint 演示文稿的首张幻灯片为标题版式幻灯片，若要从第 2 张幻灯片开始插入编号，并使编号值从 1 开始，则正确的方法是（　　）。

A. 先在“页面设置”对话框中将幻灯片编号的起始值设置为 0，然后插入幻灯片编号，并选中“标题幻灯片中不显示”复选框

B. 直接插入幻灯片编号，并选中“标题幻灯片中不显示”复选框

C. 先在“页面设置”对话框中将幻灯片编号的起始值设置为 0，然后插入幻灯片编号

D. 从第 2 张幻灯片开始依次插入文本框，并在其中输入正确的幻灯片编号值

11. 如果需要将 PowerPoint 演示文稿中的 SmartArt 图形列表内容通过动画效果一次性展现出来，则最优的操作方法是（　　）。

A. 将 SmartArt 动画效果设置为“一次按级别”

B. 将 SmartArt 动画效果设置为“整批发送”

C. 将 SmartArt 动画效果设置为“逐个按分支”

D. 将 SmartArt 动画效果设置为“逐个按级别”

12. 小李利用 PowerPoint 演示文稿制作产品宣传方案时，希望在演示时能够满足不同对象的需要，则处理该演示文稿的最优操作方法是（　　）。

A. 制作一份包含适合所有人群的全部内容的演示文稿，放映前隐藏不需要的幻灯片

B. 制作一份包含适合所有人群的全部内容的演示文稿，每次放映时按需要进行删减

C. 制作一份包含适合所有人群的全部内容的演示文稿，然后利用自定义幻灯片放映功能创建不同的演示方案

D. 针对不同的人群分别制作不同的演示文稿

13. 江老师使用 Word 2016 编写完成了课程教案，现在需要根据该教案创建 PowerPoint 2016 课件，则最优的操作方法是（　　）。

A. 从 Word 文档中复制相关内容到幻灯片中

B. 参考 Word 教案，直接在 PowerPoint 2016 中输入相关内容

C. 在 Word 2016 中直接将教案大纲发送到 PowerPoint

D. 通过插入对象的方式将 Word 文档内容插入幻灯片中

14. 小吕在利用 PowerPoint 2016 制作旅游风景简介演示文稿时插入了大量的图片，为了减小文档体积，以便通过邮件方式发送给客户浏览，现在需要压缩文稿中图片的大小，则最优的操作方法是（　　）。

A. 在 PowerPoint 2016 中通过调整缩放比例、剪裁图片等操作减小每张图片的大小

B. 直接利用压缩软件压缩演示文稿的大小

C. 先在图形图像处理软件中调整每个图片的大小，再重新替换到演示文稿中

D. 直接通过 PowerPoint 2016 提供的“压缩图片”功能压缩演示文稿中图片的大小

15. 可以在 PowerPoint 演示文稿内置主题中设置的内容是（　　）。
    A. 字体、颜色和效果　　B. 字体、颜色和表格
    C. 效果、图片和表格　　D. 效果、背景和图片

二、操作题

1. 制作“财务部工作总结”演示文稿

利用所学知识和素材（配套资源：\素材文件\第 3 章\财务部工作总结\）制作“财务部工作总结.pptx”演示文稿（配套资源：\效果文件\第 3 章\财务部工作总结.pptx），如图 3-112 所示，涉及的知识点包括输入文本、应用母版、设置文本格式、插入图表、插入图片、插入形状、添加切换效果和动画效果。

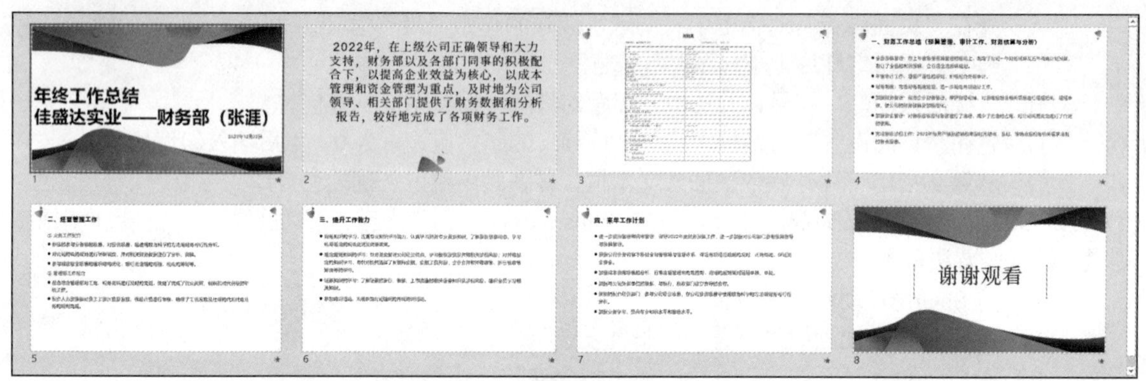

图 3-112　财务部工作总结演示文稿

2. 制作“产品上市策划”演示文稿

利用所学知识和素材（配套资源：\素材文件\第 3 章\产品上市策划\）制作“产品上市策划.pptx”演示文稿（配套资源：\效果文件\第 3 章\产品上市策划.pptx、产品上市策划.pdf），如图 3-113 所示，涉及的知识点包括设置文本格式、插入艺术字、插入图片、插入 SmartArt 图形、插入形状、插入表格、插入音频文件、添加切换效果和动画效果、输出演示文稿。

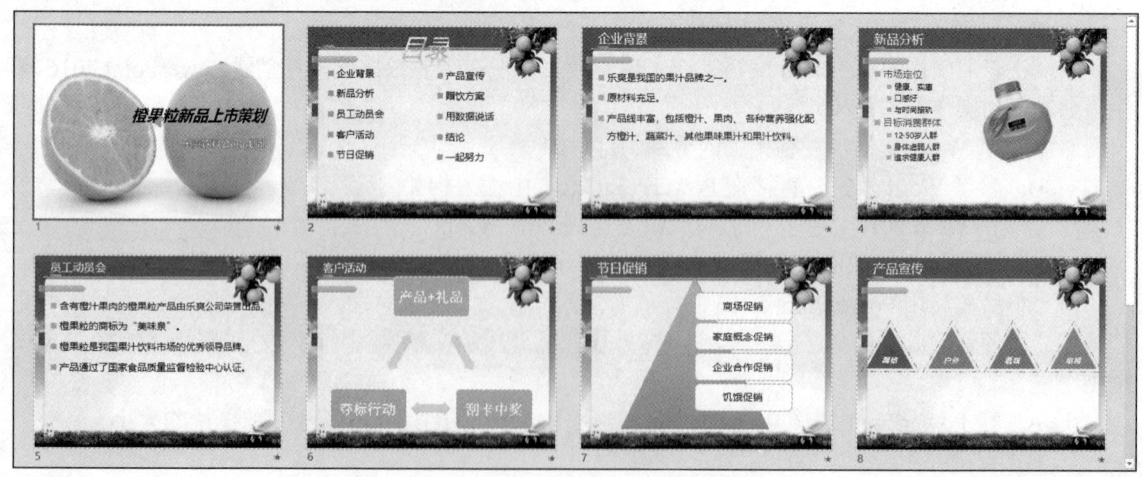

图 3-113　产品上市策划演示文稿

3. 制作“企业资源分析”演示文稿

利用所学知识和素材（配套资源：\素材文件\第 3 章\企业资源分析\）制作“企业资源分析.pptx”

演示文稿（配套资源：\效果文件\第 3 章\企业资源分析.pptx），如图 3-114 所示，涉及的知识点包括插入动作按钮、创建超链接。

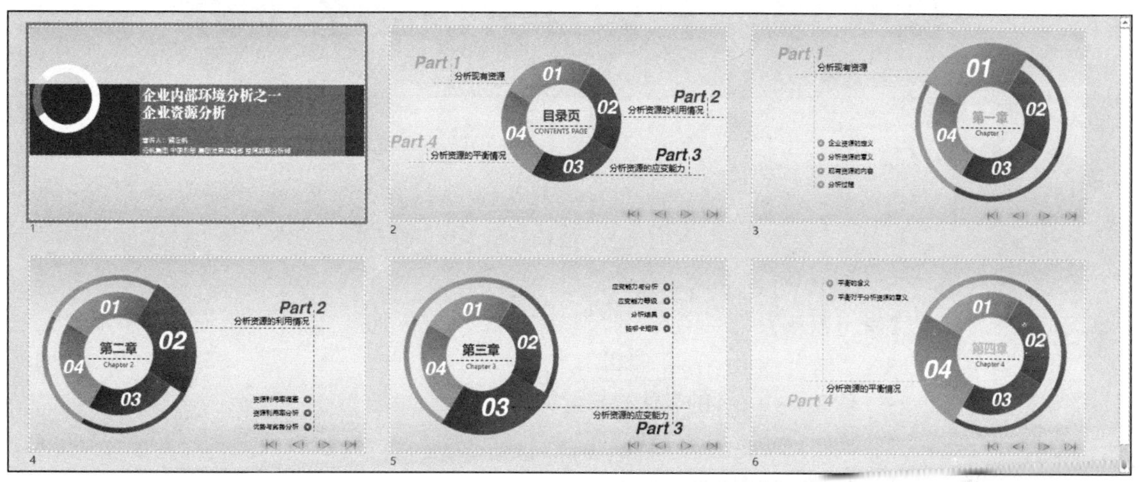

图 3-114　企业资源分析演示文稿

04 第 4 章 Python 程序设计

【学习目标】

- 了解 Python 的基础知识。
- 掌握 Python 的表达式与运算符。
- 掌握 Python 的控制流程。
- 掌握 Python 的函数。

4.1 知识要点

Python 是一种面向对象的解释型计算机程序设计语言，Python 语言从 20 世纪 90 年代初诞生至今，已被逐渐应用于系统管理任务的处理和 Web 编程之中。Python 的语法简洁清晰，具有丰富且强大的库，能够把用其他语言制作的各种模块很轻松地连接在一起，因此常被称为“胶水语言”。

在使用 Python 编程之前，需要先搭建 Python 开发环境，即安装与运行 Python。Python 已经被移植在 Windows、Linux 和 macOS 等多个平台上，本章 Python 版本适用于 Windows 7 及以后的操作系统。

此外，还需对 Python 语言的标识符、关键字与变量，数据类型及输入输出指令等基础内容有所了解。

4.1.1 搭建 Python 开发环境

Python 的安装程序可在 Python 官网中下载，然后进行安装即可。下面安装 Python 3.8.8，其具体操作如下。

① 双击下载好的安装程序，打开安装向导窗口，保持选中“Install launcher for all users recommended”复选框不变，再选中“Add Python 3.8 to PATH”复选框（将 Python 安装路径添加到环境变量 PATH 中），如图 4-1 所示。

② 单击“Install Now”链接，将 Python 安装到系统提供的默认安装路径中，如图 4-2 所示。

③ 安装完成后，打开“Setup was successful”界面，然后单击“Close”按钮退出安装，如图 4-3 所示。

④ 安装成功后，查看安装的程序是否能正常运行，这里以 Windows 10 操作系统为例。按 Windows+R 组合键，打开“运行”对话框，在其中输入“cmd”，然后单击“确定”按钮，如图 4-4 所示。

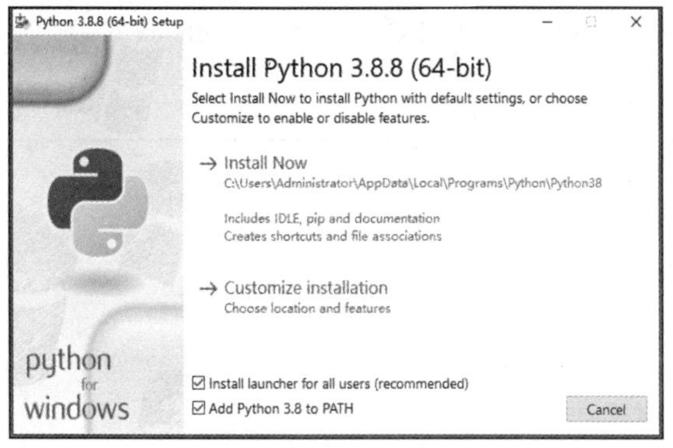

图 4-1　安装向导窗口

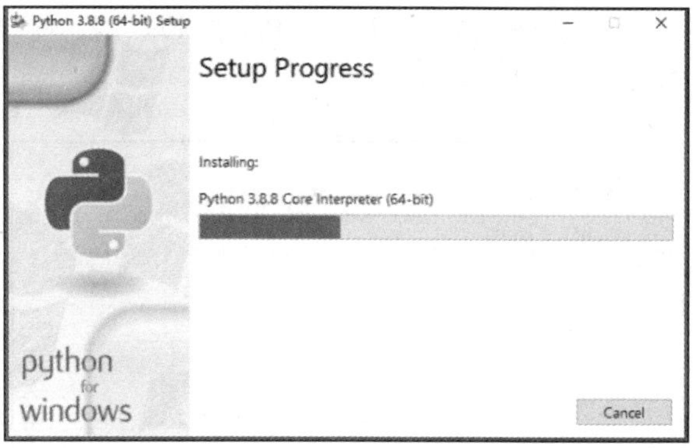

图 4-2　安装 Python

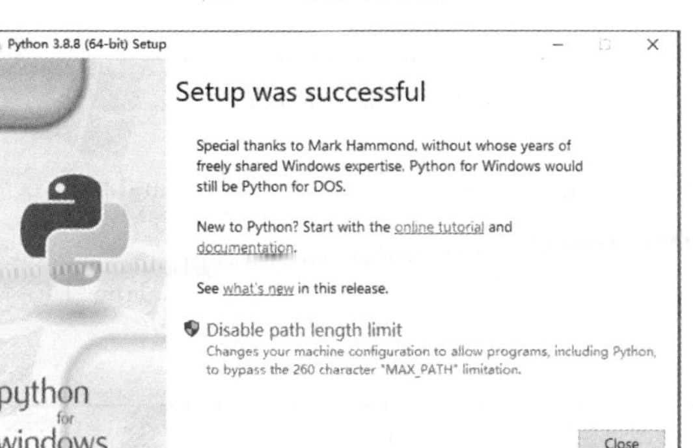

图 4-3　安装成功

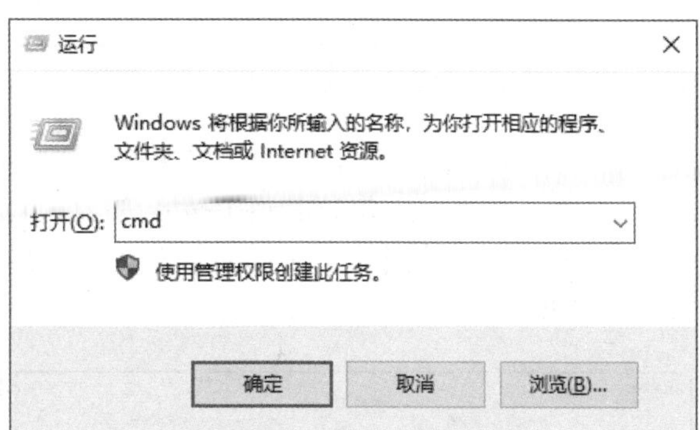

图 4-4　“运行”对话框

⑤ 打开命令提示符窗口，在其中输入“python”后，按 Enter 键，此时将显示 Python 的版本信息并进入 Python 命令行（显示“>>>”），这说明 Python 的开发环境已安装成功，如图 4-5 所示。

⑥ 此时可直接输入 Python 指令，如输入 print 指令可以输出指定字符串，如图 4-6 所示。

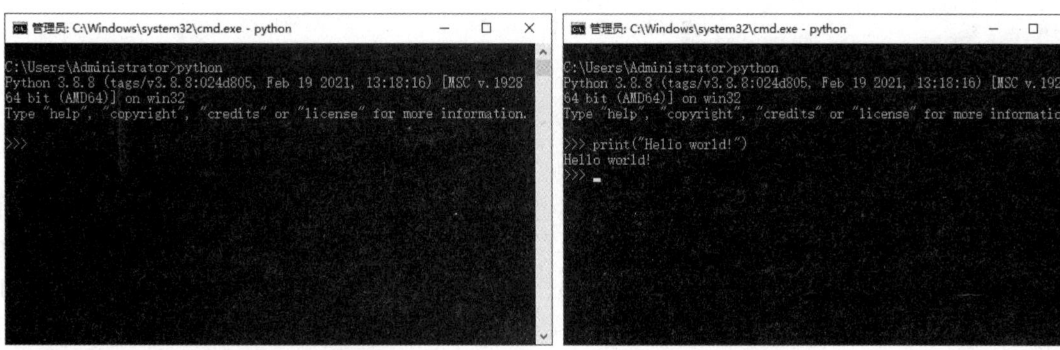

图 4-5　进入 Python 命令行　　　　图 4-6　输入 print 指令

4.1.2　运行第一个 Python 程序

IDLE 是 Python 安装程序自带的一个集成开发环境，可以方便地创建、运行、调试 Python 程序。下面输入和运行第一个 Python 程序，其具体操作如下。

① 选择【开始】/【IDLE】选项，打开“IDLE Shell 3.8.8”窗口，这个窗口是 Python 的集成开发环境，在其中可以进行程序的编辑、编译、执行与除错等操作，如图 4-7 所示。

② 选择【File】/【New File】选项，打开程序编辑窗口，在其中输入代码“print("我的第一个Python程序")”，如图4-8所示。

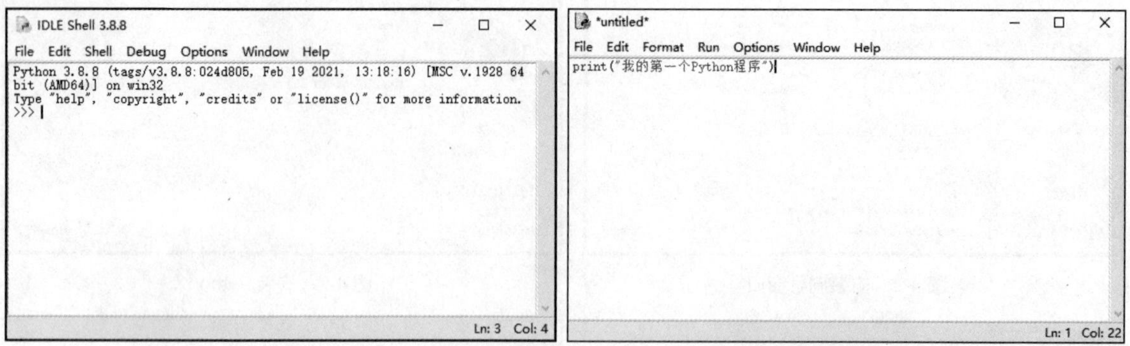

图4-7 “IDLE Shell 3.8.8”窗口

图4-8 输入程序代码

③ 选择【File】/【Save】选项，打开“另存为”对话框，在其中将程序保存为“first.py”文件(配套资源：\效果文件\第4章\first.py)，如图4-9所示。

④ 选择【Run】/【Run Module】选项，运行程序，在“IDLE Shell 3.8.8”窗口将显示运行结果，如图4-10所示。

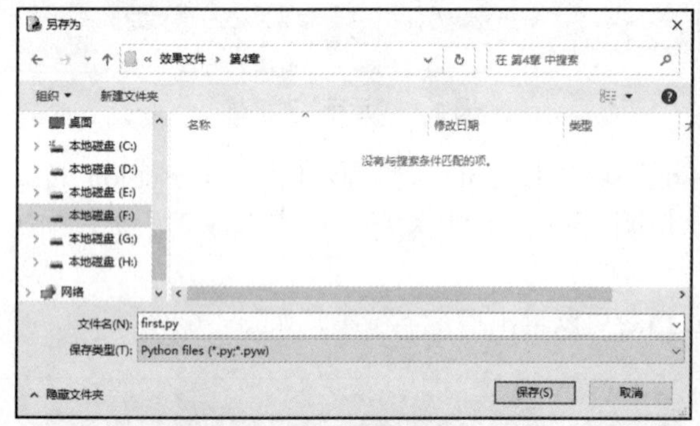

图4-9 保存程序

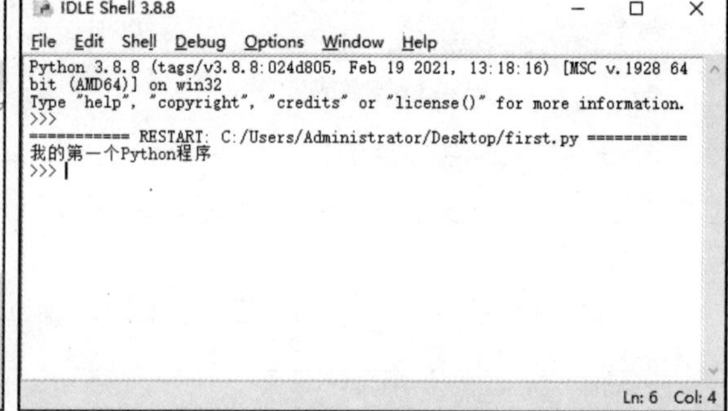

图4-10 运行结果

4.1.3 第三方集成开发环境

除Python自带的集成开发环境IDLE外，读者还可以选择第三方开发的集成开发环境。选择不同的编辑器对Python编程效率的影响是非常大的，因此选择合适的Python开发工具十分重要，下面介绍几种通过长期实践检验的、好用的Python第三方集成开发环境。它们功能丰富、性能完善，能够帮助开发人员快速地进行应用程序的开发。

1. PyCharm

PyCharm是一款功能强大的Python IDE，由JetBrains公司开发，其界面如图4-11所示。PyCharm在macOS、Windows和Linux操作系统上都可以使用，支持调试、语法高亮、Project管理、代码跳转、智能提示、自动完成、单元测试、版本控制等许多功能。

PyCharm有两个版本：一个是免费社区版，另一个是更先进的面向企业开发者的专业版。PyCharm的大部分功能在社区版中都可以使用，包括智能代码补全、直观的项目导航、错误检查和修复、遵循PEP8规范的代码质量检查、智能重构、图形化的调试器和运行器等。

图 4-11　PyCharm 的界面

此外，专业版还提供了额外的高级功能，如远程开发、数据库和 SQL 工具、Python 科学工具支持（如 NumPy 和 Pandas）及 Django 和 Flask Web 框架的完整支持等。专业版还包括更多的代码检查和优化工具，可以帮助开发者更快速地开发和调试 Python 项目，提高生产力，缩短开发时间。

总之，无论是初学者还是有经验的开发者，PyCharm 都是一个非常优秀的 Python 开发工具，可以大大提高开发效率和减少出错率，是 Python 开发必备的工具之一。

2. Eclipse+PyDev

PyDev 是一个针对 Python 开发的 Eclipse 插件，它提供了强大的 Python 调试、代码补全和交互式 Python 控制台等功能，并且在 Eclipse 中安装 PyDev 非常方便，其界面如图 4-12 所示。PyDev 在开源的 IDE 中被认为是较好的 Python IDE 之一，广受 Python 开发者的推崇。

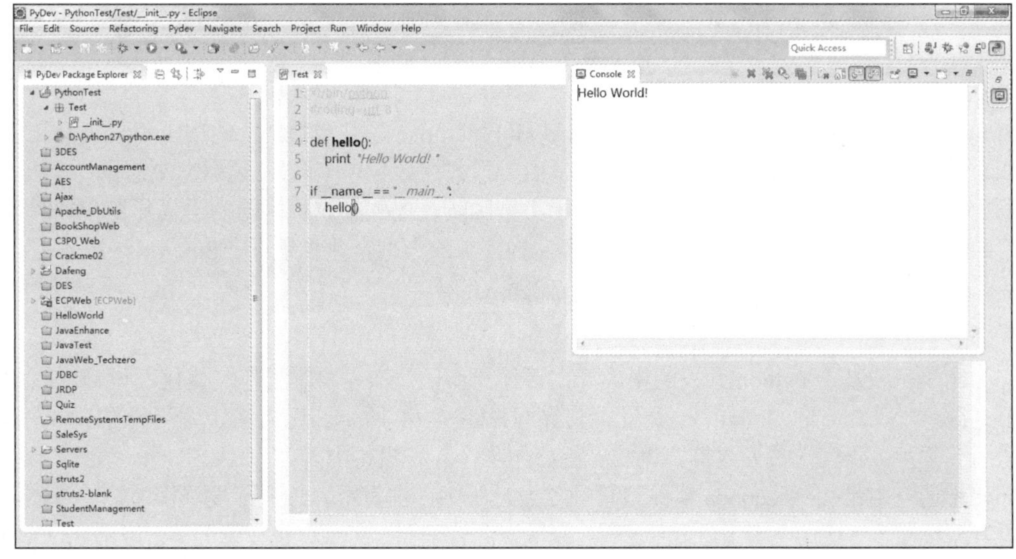

图 4-12　Eclipse+PyDev 的界面

此外，PyDev 也可以与 Liclipse 这个商业产品配合使用。Liclipse 同样基于 Eclipse 开发，为 PyDev 提供了易用性改进和额外的主题选项，进一步提高了开发效率和用户体验。

Liclipse 提供了很多增强功能，如针对 Python 程序的远程调试、涉及数据库的交互窗口和集成 Git、Mercurial、Subversion 等版本管理系统，此外还有内置的单元测试和自动化测试工具。同时，它还支持 Python 科学工具，如 NumPy 和 SciPy 等库，以及其他编程语言，如 Java 和 C++等，可作为复杂项目的综合开发环境。

3. Visual Studio

Visual Studio 是一款功能非常强大的综合性集成开发平台，不仅可以支持各种平台的开发，还拥有完善的扩展插件市场。在 Visual Studio 中，开发者可以使用 Python 进行编程，而且还支持 Python 智能感知、调试和其他工具，为 Python 开发者提供了很多便利和支持。Visual Studio 的界面如图 4-13 所示。

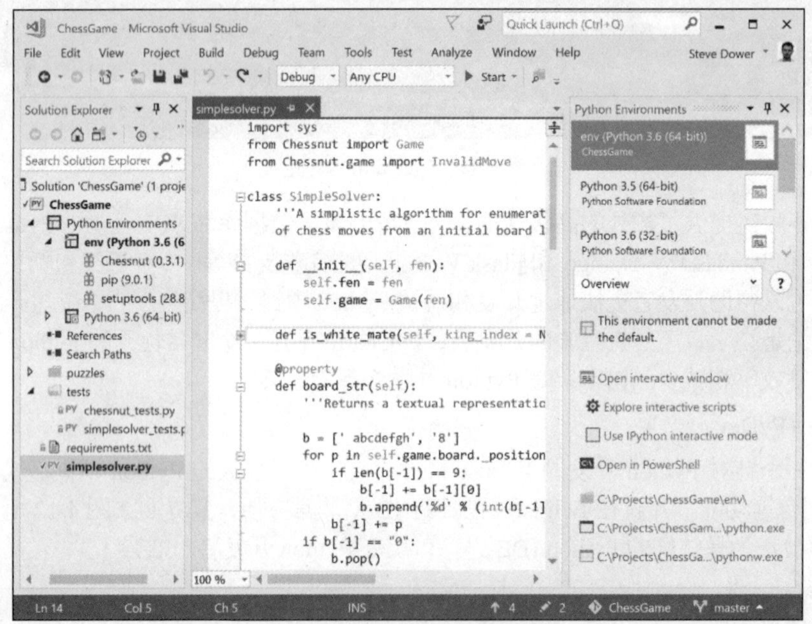

图 4-13 Visual Studio 的界面

Visual Studio 分为 Community、Professional 和 Enterprise 这几个版本，适用于不同规模和需求的团队和个人。其中，Community 版本免费向学生、开源社区和单个开发人员提供使用，是学习和个人开发的不二之选。Professional 版本则适用于小型团队，提供高效、协同的团队开发和资源管理工具，帮助团队高效地完成项目。对于需要更多定制需求的大型企业和组织，Enterprise 版本提供了更加灵活和强大的工具和服务，可以满足不同规模团队的需求。

4. Spyder

Spyder 是一款基于 Python 开发的集成开发环境，专门为数据科学工作流优化而设计，因此非常适用于进行科学计算方面的 Python 开发，其界面如图 4-14 所示。作为一款免费开源软件，Spyder 非常适用于学生、研究人员等人群，也被广泛应用于企业和机构中。

Spyder 通常附带在 Anaconda 软件包管理器发行版中，拥有所有集成开发环境所需的基本功能，如多语言编辑器、交互式控制台、文件查看、变量资源管理器、文件查找和管理等。使用 Spyder IDE，开发者可以快速完成代码编写、测试和调试等过程，提高了开发效率。

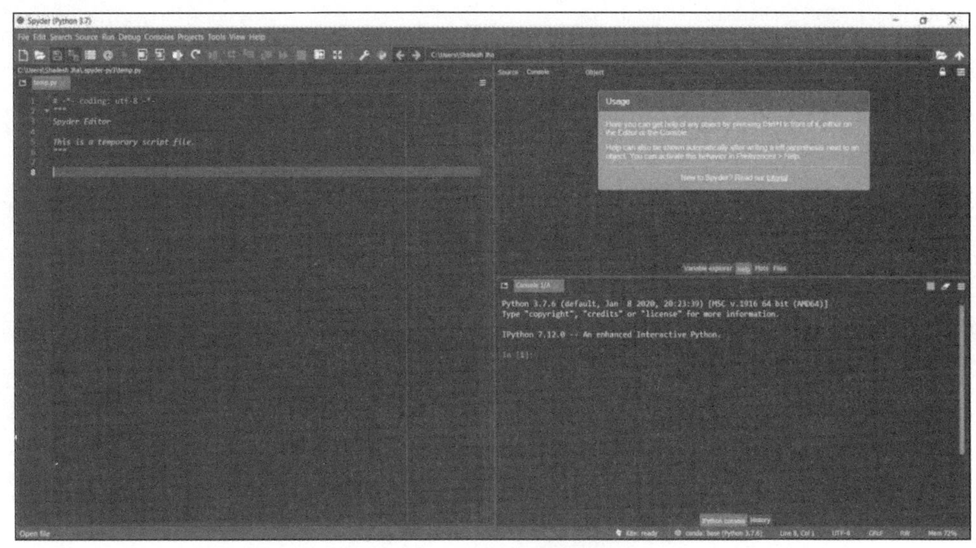

图 4-14　Spyder 的界面

Spyder IDE 还具有很强的可扩展性和定制性，用户可以根据自己的需求和喜好对其进行定制及配置，如更改颜色主题、添加新的插件和工具等。此外，Spyder 也可以运行于 Windows、macOS 或 Linux 操作系统之上，为开发者提供了更加灵活的使用体验，可以满足不同平台和操作系统的需求。

4.2　应用案例

掌握了 Python 的相关知识后，用户就可以在安装成功的开发环境中输入并运行各种程序了。下面将通过两数互换、3 个数中求最小值、求阶乘、从键盘输入 *n* 个整数、将 *n* 个整数逆置、猜数字游戏 6 个实验来巩固所学知识，熟练掌握 Python 的使用方法。

4.2.1　两数互换

1. 任务目标

使用 Python 开发一个交换两个数的程序，其具体要求如下。

① 输入两个整数。

② 交换两个整数并输出。

2. 案例分析

这个问题使用的方法是创建临时变量，以实现两个数之间的交换。假设将两个整数分别存入变量 a 和变量 b 中，此时可以把 a 和 b 想象成两个容器，当需要交换容器中的东西时，就需要借助第三个容器 tmp，即先把 a 中的东西拿出来放到 tmp 中，现在 a 中就是空的，此时就可以把 b 中的东西拿出来放到 a 中；而 b 的东西拿出来放到 a 中后，b 中现在就是空的，最后把 tmp 中的东西放到 b 中。

使用伪代码描述如下。

步骤 1：输入两个整数，并存入变量 a、b 中。

步骤 2：tmp = a。

步骤 3：a = b。

步骤 4：b = temp。

3. 案例实现

选择【开始】/【IDLE】选项，打开“IDLE Shell 3.8.8”窗口，选择【File】/【New File】选项，打开程序编辑窗口，在其中输入如下代码。

```
#文件名：swap.py
#功能：交换两个整数的值
a = int(input())
b = int(input())
tmp = a
a = b
b = tmp
print(a,b)
```

将程序存储为 swap.py，并运行。程序运行时，在该窗口中通过键盘输入两个整数 3 和 6，此时程序将输出 6 和 3，是两个整数交换后的结果。程序 swap.py 的运行界面如图 4-15 所示（配套资源：\效果文件\第 4 章\swap.py）。

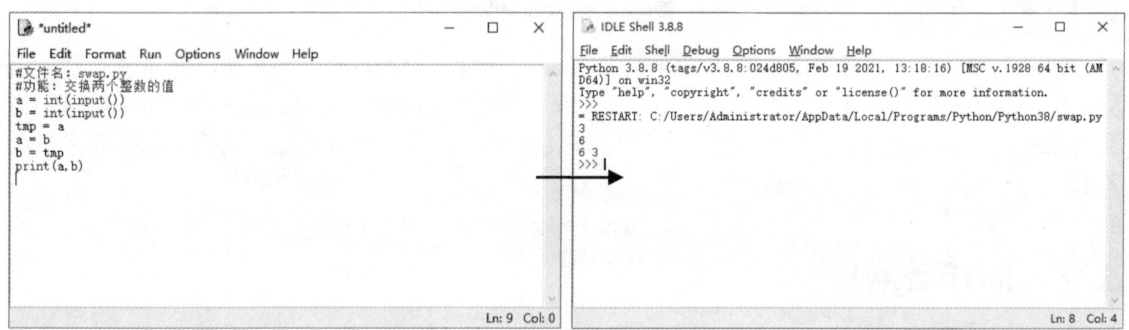

图 4-15 程序 swap.py 的运行界面

4.2.2 3 个数中求最小值

1. 任务目标

使用 Python 开发一个在三个数中求最小值的程序，其具体要求如下。

① 输入三个整数。

② 求最小值并输出。

2. 案例分析

这个问题使用的方法是设定一个存储最小值的变量 min，将其初值设定为一个数的值，然后将其与其他两个数进行比较，看是否出现更小的值，如果有，则将其改为最小的值。

使用伪代码描述如下。

步骤 1：输入三个整数 a、b、c。

步骤 2：设 min 存储最小值，min 的初值为 a。

步骤 3：若 b 小于 max，则 min = b。

步骤 4：若 c 小于 max，则 min = c。

步骤 5：输出 max 的值。

3. 案例实现

选择【开始】/【IDLE】选项，打开“IDLE Shell 3.8.8”窗口，选择【File】/【New File】选项，

打开程序编辑窗口，在其中输入如下代码。

```
#文件名：min.py
#功能：求三个整数的最小值，并输出
a = int(input())
b = int(input())
c = int(input())
min = a
if b<min:
    min = b
if c<min:
    min = c
print(min)
```

将程序存储为 min.py，并运行。程序运行时，在窗口中通过键盘输入三个整数 5、4、3，此时程序将输出 3。程序 min.py 的运行界面如图 4-16 所示（配套资源：\效果文件\第 4 章\min.py）。

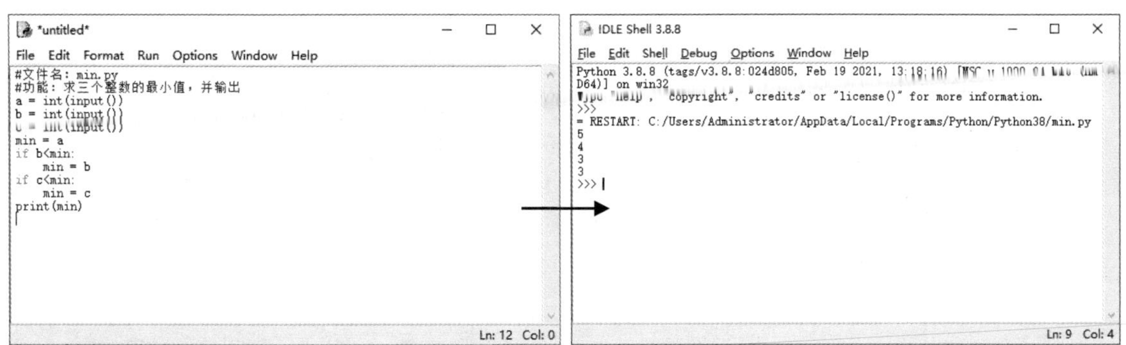

图 4-16　程序 min.py 的运行界面

4.2.3　求阶乘

1. 任务目标

使用 Python 开发一个求阶乘的程序，其具体要求如下。

① 计算 5!。

② 输出阶乘的结果。

2. 案例分析

这个问题使用递推（迭代）思想进行求解，其过程是通过已知条件，利用特定关系得出中间结果，再从中间结果不断递推，直到求出最终结果。设变量 fi 存储阶乘的结果，计算 5! 的递推过程如下。

① 已知 1! =1，则 fi = 1。

② 计算 2! 并存入 fi，fi = fi×2。

③ 计算 3! 并存入 fi，fi = fi×3。

④ 计算 4! 并存入 fi，fi = fi×4。

⑤ 计算 5! 并存入 fi，fi = fi×5。

由上可知，fi 的最终结果是 5! 的值。步骤②～⑤的计算都是做了一个乘法运算，区别只是乘法的一个因子具有规律性的变化。在该实验中，可以将每个步骤写成 fi = fi×i，i 的取值范围是 2～5，然后使用循环语句控制执行 4 次语句 fi = fi×i。

由此可知，递推方法是让计算机对一组语句进行重复执行，在每次执行这组语句时，都是从变量的原值推导出它的一个新值，然后不断用变量的旧值递推出新值。这种方法非常易于推导数据规模较大的问题求解，如求取 100!，可以循环执行 99 次语句 fi = fi×i；求取 1000!，可以循环执行 999 次语句 fi = fi×i。

使用伪代码描述如下。

步骤 1：fi = 1。

步骤 2：令 i 的取值为范围为 2～5，重复执行语句 fi = fi×i。

步骤 3：输出 fi 的值。

3. 案例实现

选择【开始】/【IDLE】选项，打开“IDLE Shell 3.8.8”窗口，选择【File】/【New File】选项，打开程序编辑窗口，在其中输入如下代码。

```
#文件名: Factorial.py
#功能: 求 5!
fi = 1
for i in range(2,5):
    fi = fi*i
print(fi)
```

将程序存储为 Factorial.py，并运行。程序 Factorial.py 的运行界面如图 4-17 所示（配套资源：\效果文件\第 4 章\Factorial.py）。

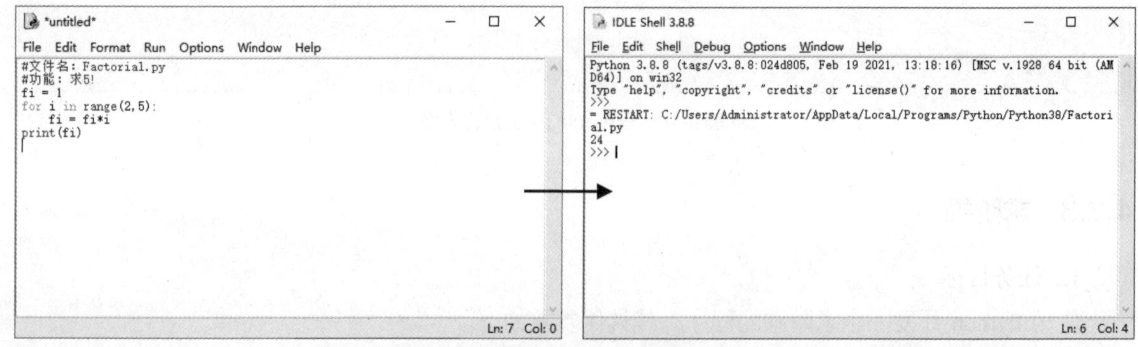

图 4-17　程序 Factorial.py 的运行界面

将计算 5 的阶乘扩展成求任意 *n* 的阶乘，即求 *n*!。其程序代码如下。

```
#文件名: Factorial1.py
#功能: 求 n!
n = int(input("n="))
fi = 1
for i in range(2,n):
      fi = fi*i
print(fi)
```

4.2.4　从键盘输入 *n* 个整数

1. 任务目标

使用 Python 开发一个从键盘输入 *n* 个整数的程序，其具体要求如下。

① 从键盘中输入 *n* 个整数。

② 将整数存入列表中并显示。

2. 案例分析

这个问题需要使用 for 循环语句来实现 *n* 次数据的输入，主要可使用 Python 语言提供的列表数据类型。列表是指一块可以存放多个值的连续的内存空间，用户可以通过每个值所指的位置的索引访问它们。

使用伪代码描述如下。

步骤 1：输入 n 的值。

步骤 2：初始化列表 list=[]。

步骤 3：令 i 的取值范围为 0～n-1，重复输入 n 个整数，追加至列表 list。

① 输入一个整数存入变量 number 中。

② 将 number 追加至列表 list 中。

步骤 4：输出列表 list。

3. 案例实现

选择【开始】/【IDLE】选项，打开“IDLE Shell 3.8.8”窗口，选择【File】/【New File】选项，打开程序编辑窗口，在其中输入如下代码。

```
#文件名：input_numbers
#功能：从键盘输入n个整数存入列表list
n = int(input("n = "))
list = []
for i in range(0,n):
        number = int(input("第{}个数：".format(i+1)))
        list.append(number)
print(list)
```

将程序存储为 input_numbers.py，并运行。程序 input_numbers.py 的运行界面如图 4-18 所示（配套资源：\效果文件\第 4 章\input_numbers.py）。

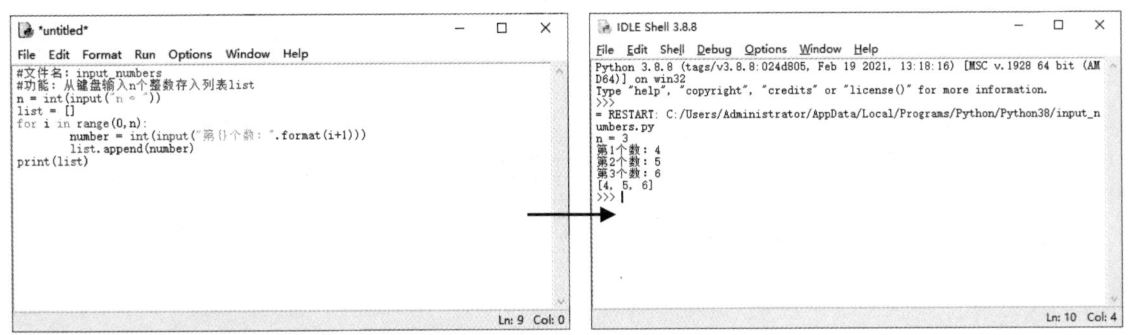

图 4-18　程序 input_numbers.py 的运行界面

4.2.5 将 *n* 个整数逆置

1. 任务目标

使用 Python 开发一个将 *n* 个整数逆置的程序，其具体要求如下。

① 从键盘中输入 *n* 个整数。

② 将输入的整数逆置。

2. 案例分析

利用两个整数交换的思想实现 *n* 个整数的逆置，将第一个整数与倒数第一个整数交换，将第二个整数与倒数第二个整数交换……将第 *n*/2 个整数与第 *n*/2+1 个整数交换。例如，有 5 个整数 1、2、3、4、5，将 1 与 5 交换，将 2 和 4 交换，共交换 2 次，结果变为 5、4、3、2、1。

使用伪代码描述如下。

步骤 1：输入 n 的值。

步骤 2：初始化列表 list=[]。

步骤 3：令 i 的取值范围为 0～n−1，重复输入 n 个整数，追加至列表 list。

① 输入一个整数存入变量 number 中。

② 将 number 追加至列表 list 中。

步骤 4：令 i 的取值范围为 0～n/2，前后交换数据。

① tmp = list[i]。

② list[i] = list[n−1−i]。

③ list[n−1−i] = tmp。

步骤 5：输出列表 list。

3. 案例实现

选择【开始】/【IDLE】选项，打开“IDLE Shell 3.8.8”窗口，选择【File】/【New File】选项，打开程序编辑窗口，在其中输入如下代码。

```
n = int(input("n = "))
list = []
for i in range(0,n):
        number = int(input("第{}个数：".format(i+1)))
        list.append(number)
for i in range(int(n/2)):
    tmp = list[i]
    list[i] = list[n-i-1]
    list[n-i-1] = tmp
print(list)
```

将程序存储为 reverse.py，并运行。程序 reverse.py 的运行界面如图 4-19 所示（配套资源：\效果文件\第 4 章\reverse.py）。

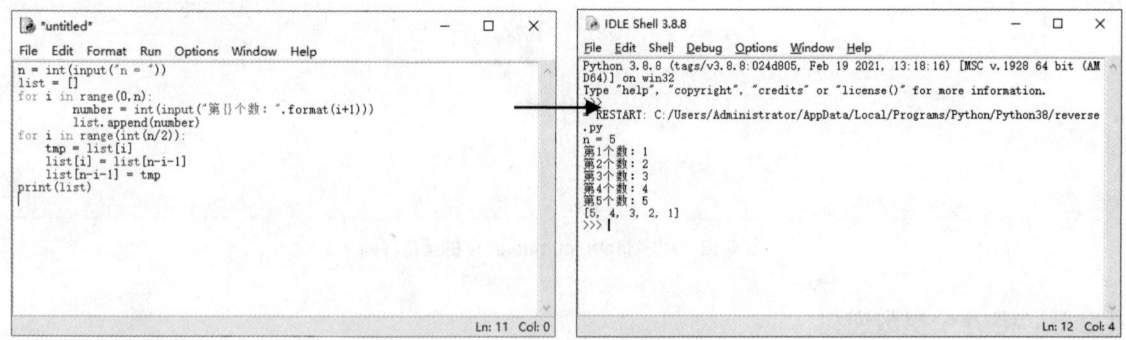

图 4-19　程序 reverse.py 的运行界面

4.2.6　猜数字游戏

1. 任务目标

使用 Python 开发一个猜数字的程序，其具体要求如下。

① 使用随机函数产生随机整数。

② 将键盘输入的数据与随机整数进行比较。

2. 案例分析

首先使用随机函数产生一个 1～100 的随机整数，然后接收用户输入的数据，并与随机整数进行比较。如果不相等，则输出相应的信息，并继续接收用户输入的数据；如果相等，则输出“你猜对了！”的信息。此外，如果用户输入的数据不符合要求，则应给出相应的提示信息。

使用伪代码描述如下。

步骤 1：引入 random 库。

步骤 2：产生一个 1～100 的整数，存入变量 num1 中。

步骤 3：设置变量 num2 的值为 0。

步骤 4：设置变量 count 的值为 0。

步骤 5：当 num1!= num2 时，执行以下语句。

```
5.1  尝试;
  5.1.1  变量 count 加 1;
  5.1.2  输入一个整数，并存入变量 num2;
5.2  出现错误;
  5.2.1  输出"必须输入整数。"
5.3  否则;
  5.3.1  如果 1<=num2<=100;
    5.3.1.1  如果 num1>num2;
      5.3.1.1.1  输出"你输入的数大了。"
    5.3.1.2  如果 num1<num2;
      5.3.1.2.1  输出"你输入的数小了。"
    5.3.1.3  否则;
      5.3.1.3.1  输出"你猜对了。"
      5.3.1.3.2  输出"你一共用了 count 次"
  5.3.2  否则
    5.3.2.1  输出"必须输入 1 到 100 的整数。"
```

步骤 6：输出列表 list。

3. 案例实现

选择【开始】/【IDLE】选项，打开“IDLE Shell 3.8.8”窗口，选择【File】/【New File】选项，打开程序编辑窗口，在其中输入如下代码。

```
import random
num1=random.randint(1,100)
num2=0
count=0
while num1!=num2:
    try:
        count+=1
        num2=int(input("请输入一个 1 到 100 的整数："))
    except:
        print("必须输入整数。")
    else:
        if 1<= num2 <=100:
            if num2>num1:
                print("你输入的数大了。")
            elif num2<num1:
```

```
                print("你输入的数小了。")
            else:
                print("你猜对了。")
                print("你一共用了",count,"次")
        else:
            print("必须输入 1 到 100 的整数。")
```

将程序存储为 Guess numbers.py，并运行。程序 Guess numbers.py 的运行界面如图 4-20 所示（配套资源：\效果文件\第 4 章\Guess numbers.py）。

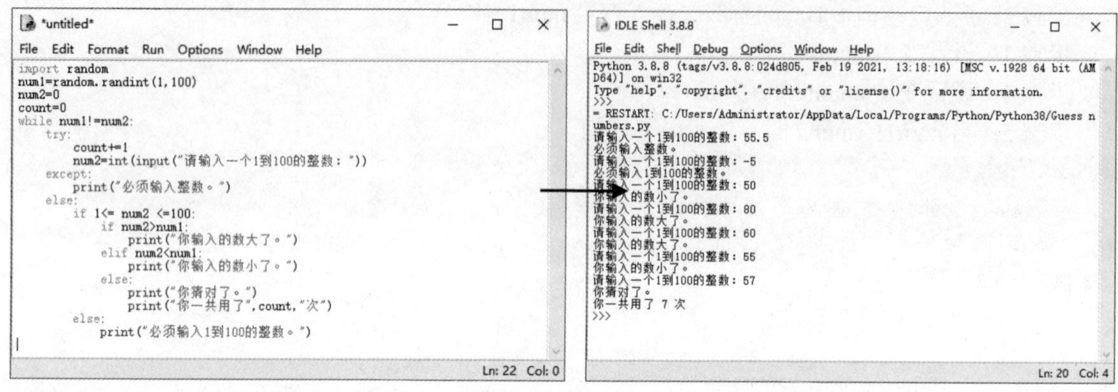

图 4-20　程序 Guess numbers.py 的运行界面

4.3　习题

1. 小学口算题练习程序

开发一个小学口算题练习程序，要求随机产生 10 道加、减、乘、除的口算题，参与计算的数值控制在 0～100 之间，自动判断用户计算的正误后，给出相应的评分。程序的运行效果如图 4-21 所示（配套资源：\效果文件\第 4 章\习题 1.py）。

```
*IDLE Shell 3.8.8*
File Edit Shell Debug Options Window Help
Python 3.8.8 (tags/v3.8.8:024d805, Feb 19 2021, 13:18:16) [MSC v.1928 64 bit (AMD64)] on win32
Type "help", "copyright", "credits" or "license()" for more information.
>>>
============== RESTART: C:/Users/Administrator/Desktop/第4章/习题1.py ==============
24÷12=2
回答正确
87+35=122
回答正确
18×2=36
回答正确
81-63=18
回答正确
280÷14=12.86
回答错误
56-33=23
回答正确
15-13=2
回答正确
126÷14=9
回答正确
42-33=9
回答正确
51+99=150
回答正确
得分 90
>>>
Ln: 26 Col: 4
```

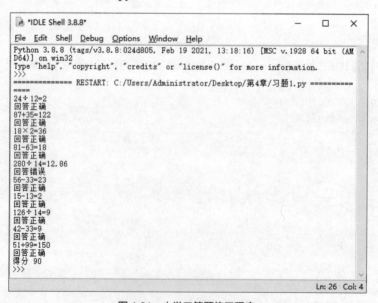

图 4-21　小学口算题练习程序

2. 判断闰年程序

开发一个判断输入的年份是否为闰年的程序，当输入不符合要求的数据时，需给出提示信息，并让用户重新输入。程序的运行效果如图 4-22 所示（配套资源：\效果文件\第 4 章\习题 2.py）。

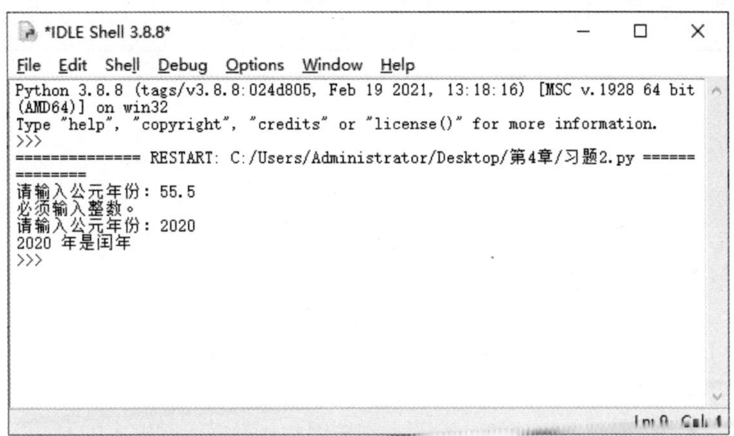

图 4-22　判断闰年程序

05 第 5 章　Access 程序设计

【学习目标】

- 掌握数据库和数据表的基本操作方法。
- 了解查询的功能、分类与条件，掌握创建查询的方法。
- 了解窗体的作用与类型，掌握设置窗体的方法。
- 了解报表的功能、视图类别与组成，掌握编辑报表的方法。
- 了解宏的功能、组成与类型，掌握创建宏的方法。

5.1　知识要点

数据库和表是 Access 中的两个基本对象。其中，数据库是所有对象的载体，表则是数据的基本存储工具，要想成功设计并创建具有各种功能的数据库系统，就必须学会数据库和表的各种基本操作。本章主要介绍认识 Access 主界面、数据库和表的基本操作、查询、窗体、报表内容。

5.1.1　认识 Access 主界面

启动 Access 2016 并选择"空白桌面数据库"选项后，在打开的对话框中单击"创建"按钮，即可进入其主界面，如图 5-1 所示。用户既可以在该界面中实现对数据库文件的新建、保存、打开、关闭等操作，也可以对现有数据库进行维护和设置。

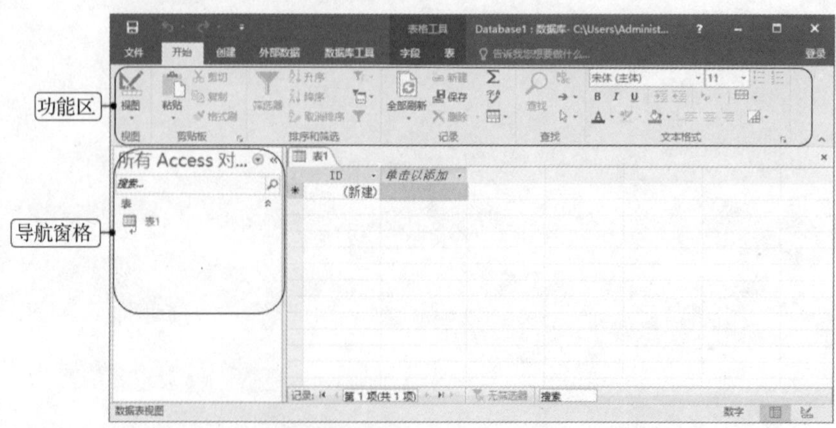

图 5-1　Access 2016 的主界面

- 功能区：功能区位于主界面的顶部，其中包含有多个选项卡，选择其中的“文件”菜单可以切换到 Access 的启动界面。
- 导航窗格：导航窗格位于主界面的左侧，分类显示了数据库中已创建的各种数据库对象。用户既可以通过导航窗格打开这些对象，也可以对这些对象进行复制、重命名、导入、导出等操作。

5.1.2　数据库和表的基本操作

Acces 数据库是表、查询、窗体等各种对象的集合，其文件扩展名为.accdb，只有掌握了创建、打开、保存、关闭数据库等基本操作，用户才能进行表、查询、窗体等对象的管理和操作。而数据表则是 Access 数据库存储和管理数据的对象，是数据库其他对象的数据来源，它是 Access 数据库的基础，也是数据库设计的第一步。

1. 数据库的基本操作

（1）创建空数据库

Access 中一般有两种创建数据库的常用方法，即创建空数据库和创建带有某种模板内容的数据库。

- 创建空数据库：启动 Access 2016，在打开的界面中选择“空白桌面数据库”选项，在打开的对话框对其进行重命名操作后，单击“文件名”文本框右侧的“浏览到某个位置来存放数据库”按钮，打开“文件新建数据库”对话框。在其中设置好数据库文件的保存位置和名称后，单击“确定”按钮，返回数据库创建界面，再单击“创建”按钮即可创建空数据库，同时完成数据库的保存操作，如图 5-2 所示。
- 通过模板创建数据库：Access 2016 提供了多种数据库模板，如果其中某个模板符合实际需要，则用户即可通过该模板来创建数据库，以提高工作效率。其方法如下：启动 Access 2016，选择【文件】/【新建】选项，打开“新建”界面，在其中选择所需模板选项，然后单击“创建”按钮，即可创建该样式的数据库，如图 5-3 所示。

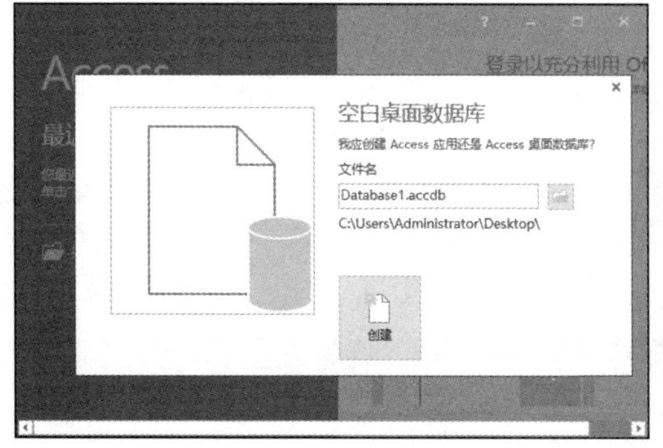

图 5-2　创建空数据库

图 5-3　通过模板创建数据库

若不想重新设置数据库的保存位置和名称，则可在启动 Access 2016 后直接双击“空白桌面数据库”选项，以此来实现快速创建空数据库的目的。

（2）打开数据库

打开数据库的常用方法主要有以下两种。

- 利用对话框打开：启动 Access 2016，选择【文件】/【打开】选项，打开“打开”界面，选择数据库文件的保存位置后，打开“打开”对话框，选择需要打开的数据库文件，然后单击“打开”

按钮或直接双击文件，即可打开对应的数据库文件。

- 打开最近使用的数据库：启动 Access，选择【文件】/【打开】选项，打开“打开”界面，在界面左侧选择“最近使用的文件”选项，此时将显示最近使用过的多个数据库文件选项，选择需要的选项即可打开对应的数据库文件。

通过“此电脑”窗口找到保存数据库文件的位置，双击该数据库文件也可启动 Access，并打开该数据库文件。

（3）保存数据库

对数据库进行编辑后，还需要将其保存。保存数据库的方法有以下 3 种。

- 按 Ctrl+S 组合键。
- 单击快速访问工具栏中的“保存”按钮。
- 选择【文件】/【保存】选项。

（4）关闭数据库

关闭数据库的常用方法有以下 3 种。

- 单击 Access 主界面右上角的“关闭”按钮。
- 选择【文件】/【关闭】选项。
- 按 Alt+F4 组合键。

2. 数据表的基本操作

创建数据库后，用户就可以在其中创建和编辑数据表（简称表）了。表是 Access 管理数据的基本对象，是数据库中数据的载体，一个数据库中通常包含若干个数据表对象。表由表结构和表数据组成。表结构是每个字段的字段名、数据类型和字段属性，表数据是表的记录。

（1）建立数据表结构

Access 表操作可以使用两种视图：设计视图与数据表视图。设计视图用来设计表结构，可以创建、查看及修改表的结构；数据表视图以二维表形式显示表中的数据，即记录，可以查看、添加、删除和修改表中记录。单击【表格工具-字段】/【视图】选项组中的“视图”下拉按钮，在弹出的下拉列表中显示两种视图，如图 5-4 所示。

进入设计视图模式，在“字段名称”单元格中输入表的字段名称，在右侧“数据类型”单元格中单击对应单元格右侧的下拉按钮，在弹出的下拉列表中可以选择字段的数据类型。在下方“字段属性”选项组中可以设置字段的相关属性。在图 5-5 所示的几个方框中显示了上述 3 种区域。

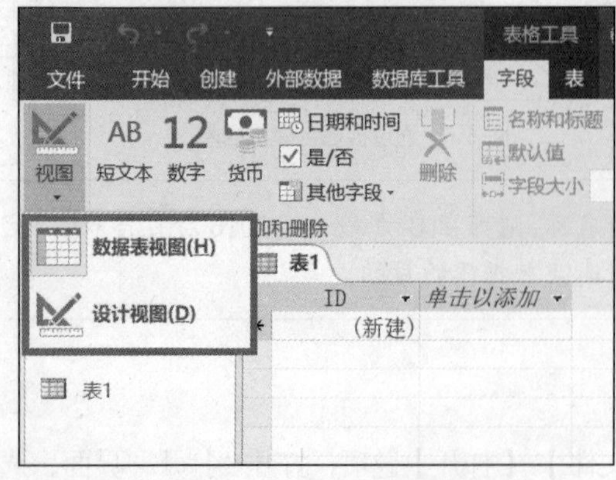

图 5-4　Access 2016 视图

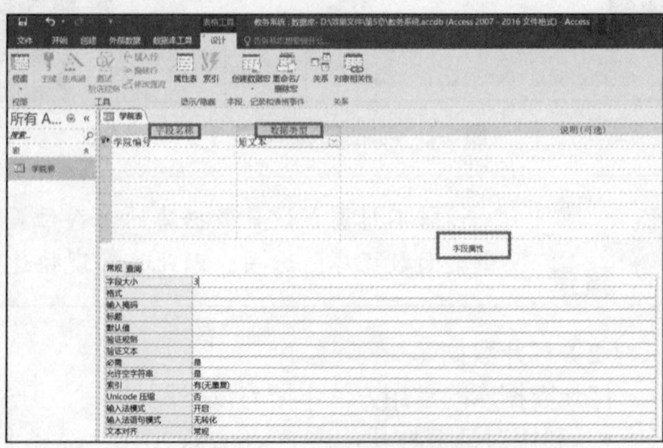

图 5-5　设计视图模式界面

Access 2016 中的常用字段数据类型如表 5-1 所示。

表 5–1　Access 2016 中的常用字段数据类型

数据类型	字段大小	说明
短文本	1～255 个字符或汉字	字符或汉字
长文本	1～65535 个字符或汉字	较长的文本类型的数据
数字	字符：1 字节； 整型：2 字节； 长整型：4 字节； 单精度型：4 字节； 双精度型：8 字节	数值
日期/时间	8 字节	日期时间值
货币	8 字节	货币值，数据前自动加货币符号
自动编号	4 字节	顺序号或随机数
是/否	1 位	逻辑值
OLE 对象	最大为 1GB	图像、图表、声音等

主键也称为主关键字，它是数据表中能够唯一标识记录的一个或多个字段的组合。数据表之间要想建立起关系，就必须在表中定义主键。在 Access 2016 中，默认主键是第一个字段，如图 5-6 所示，主键的标记是一个钥匙图标。用户可以定义以下主键。

- 自动编号主键：定义该主键后，当用户向表中增加一条记录时，主键字段的值就会自动加 1。如果在保存新建表之前未设置主键，则 Access 会弹出提示框，提示是否要创建主键，若单击“是”按钮，则 Access 就会创建自动编号类型的主键。

虽然自动编号主键在增加记录时，主键字段值会自动加 1，但是在删除记录时，自动编号的主键值会出现空缺而变得不连续，且不会自动调整。

- 单字段主键：以某一个字段作为主键来唯一标识一条记录。
- 多字段主键：由两个或两个以上的字段，组合在一起来唯一标识表中的一条记录（见图 5-7）。当数据表中没有任何单字段的值可以唯一标识一条记录时，就可以选择多个字段组合在一起作为唯一标识记录的主键。

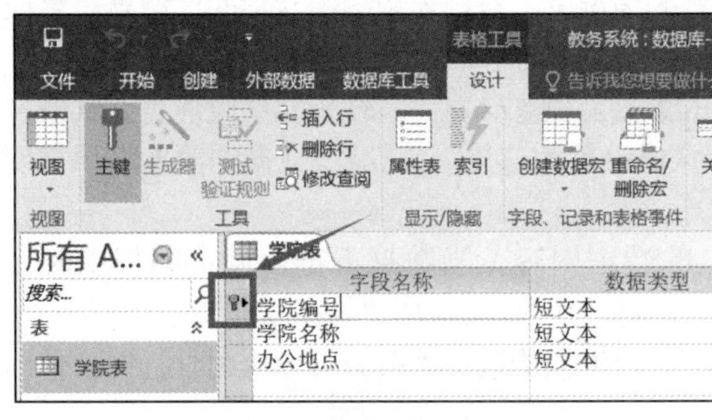

图 5-6　主键标记

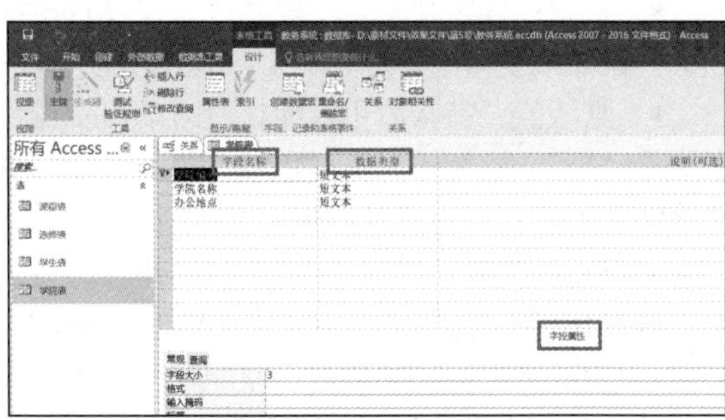

图 5-7　多字段主键

（2）设置字段属性

建立表结构时，用户一般还需要对相应字段进行属性设置，如字段大小、格式、输入掩码、标题、默认值、验证规则、验证文本、必需、索引等。

- 字段大小：字段大小属性可以控制字段使用的空间大小，限制输入该字段的最大长度。如果输入的数据超过该字段设置的字段大小，则系统就会拒绝存储。字段大小属性只适用于文本、数字或自动编号类型的字段。其中，文本类型的字段可以在数据表视图和设计视图中设置字段大小，数字和自动编号类型的字段则只能在设计视图中进行设置。
- 格式：字段的格式属性影响的是数据的显示格式，最终还会决定打印方式和屏幕显示方式。不同的数据类型可以设置不同的格式。
- 输入掩码：输入掩码可以理解为固定内容格式，如在产品系列号“KM2018-SDF314654”中，前半部分“KM2018-”是所有产品系列号的相同部分，这部分就可以定义一个输入掩码，以减少重复输入的工作量。在 Access 2016 中，文本型、数字型、日期/时间型、货币型等字段可以设置输入掩码。表 5-2 所示为设置输入掩码时各字符所代表的含义，如“0”代表必须输入数字 0～9，且不能输入加号和减号，那么“0000”这个输入掩码就表示可以输入任意 4 位数字。

表 5-2　输入掩码属性字符的含义

字符	含义
0	必须输入数字（0～9），不允许输入加号和减号
9	可以选择输入数字或空格，不允许输入加号和减号
#	可以选择输入数字或空格，允许输入加号和减号
L	必须输入字母（A～Z，a～z）
?	可以选择输入字母（A～Z，a～z）或空格
A	必须输入字母或数字
a	可以选择输入字母、数字或空格
&	必须输入任意一个字符或一个空格
C	可以选择输入任意一个字符或一个空格
. , : ; - /	小数分隔符、千位分隔符、日期分隔符和时间分隔符。选择的字符取决于 Windows 区域设置
<	将输入的所有字符转换为小写
>	将输入的所有字符转换为大写
!	使输入掩码从右到左显示，可以在输入掩码的任意位置输入感叹号
\	使输入的字符显示为原义字符
密码	表示创建密码输入文本框，输入的任何字符都按原字符保存，但显示为星号（*）

- 标题：标题并不是字段名称，在没有设置标题的情况下，数据表视图中显示的标题就是字段名称。但如果设置了标题，数据表视图中该字段的名称显示的就是所设置的标题内容。
- 默认值：默认值可以使字段自动显示设置好的数据。例如，对于“性别”字段而言，其值只可能是“男”或“女”，此时就将“性别”字段的默认值设置为“男”，以减少数据的输入，只需要修改性别为“女”的记录即可。
- 验证规则：验证规则可以约束字段中输入的数据内容，当数据不符合设定的规则时，Access 2016 将拒绝存储，从而确保输入合理的数据，并防止其他非法数据的输入。
- 验证文本：验证文本一般配合验证规则来使用，当输入的数据不符合验证规则时，便会弹出显示验证文本的提示框，以提醒用户。
- 必需：字段的“必需”属性表示的是该字段是否必须输入数据，当为某字段设置了必须输入数据的设置后，如果没有在该字段中输入数据，那么 Access 2016 就会及时给出错误提醒。
- 索引：为字段建立索引可以有效提高数据的查找和排列速度，并对表中的记录实施唯一性约束。按功能的不同，Access 2016 中的索引可分为唯一索引、普通索引和主索引 3 种。

（3）修改表结构

修改表结构的常见操作主要有字段的添加、修改、移动和删除，以及对主键的重新定义。

- 添加字段：在数据表视图中选择某个字段后，在字段名称上右击，在弹出的快捷菜单中选择“插入行”选项，可以在所选字段上方添加新的字段。
- 修改字段：修改字段可以重新对字段的名称、属性等进行设置，在设计视图和数据表视图中均可实现修改字段的操作。
- 移动字段：移动字段是指调整字段的排列顺序，同样可以在设计视图和数据表视图中实现此操作。
- 删除字段：在 Access 2016 中删除字段是不可逆的操作，也就是说字段删除后是无法恢复的，因此用户在删除字段时一定要谨慎。同样可以在设计视图和数据表视图中实现此操作。
- 重新定义主键：在设计视图中，用户可以轻松完成重新定义主键的操作，其方法与定义主键的方法完全一致，即单击需要重新定义为主键的字段左侧的主键字段选定器，然后单击【表格工具-设计】/【工具】选项组中的“主键”按钮，或在该选定器上右击，在弹出的快捷菜单中选择“主键”选项。

（4）编辑表数据

数据表中存储的数据可以根据实际需要进行修改和编辑，包括记录的定位、选择、添加、修改、复制、删除，以及数据的查找和替换等。

- 定位记录：定位记录是指快速定位到指定的记录上，以方便后续进行修改、删除等各种操作。除使用鼠标直接单击定位外，用户还可以使用记录定位器定位、快捷键定位和“转至”功能定位。表 5-3 所示为快捷键及其定位功能。

表 5-3　快捷键及其定位功能

快捷键	定位功能
Tab、Enter、→	下一个字段
Shift+Tab	上一个字段
Home	当前记录的第一个字段
End	当前记录的最后一个字段
Ctrl+↑	第一条记录的当前字段
Ctrl+↓	最后一条记录的当前字段
Ctrl+Home	第一条记录的第一个字段
Ctrl+End	最后一条记录的最后一个字段
↑	上一条记录的当前字段
↓	下一条记录的当前字段

- 选择记录：选择记录时可以通过鼠标或键盘来实现，使用鼠标选择记录的方法如表 5-4 所示。

表 5-4　使用鼠标选择记录的方法

选择记录的范围	鼠标的使用方法
字段中的部分数据	直接在字段中拖曳鼠标
字段中的全部数据	① 拖曳鼠标选择； ② 将鼠标指针移至字段左侧，当其变为✚形状时单击
连续的多个字段	将鼠标指针移至第一个字段左侧，当其变为✚形状时按住鼠标左键不放并拖曳鼠标
一条记录	单击该记录左侧的记录选定器
多条记录	将鼠标指针移至第一条记录左侧的记录选定器上，按住鼠标左键不放并向下拖曳鼠标

续表

选择记录的范围	鼠标的使用方法
一列数据	单击对应的字段名称
多列数据	单击选择第一列字段名称后，拖曳鼠标选择其他字段名称
所有记录	单击第一条记录选定器和第一列字段交汇处的“全选”按钮

- 添加记录：在数据表中添加新记录的方法有 3 种：一是在已有记录下方相邻的空行中直接输入要添加的数据；二是单击记录定位器上的“新（空白）记录”按钮；三是单击【开始】/【记录】选项组中的“新建”按钮。
- 修改记录：修改记录的方法很简单，只需要将文本插入点定位到要修改数据的相应字段，然后直接修改即可。
- 复制记录：通过对数据记录进行复制和粘贴操作，可以将某字段中的部分或全部数据快速应用到其他字段中。其方法如下，选择字段，按 Ctrl+C 组合键复制，再选择目标字段，按 Ctrl+V 组合键粘贴。
- 删除记录：删除记录有 3 种常用方法，一是在数据表视图中要删除记录的记录选定器上右击，在弹出的快捷菜单中选择“删除记录”选项；二是单击某条记录的记录选定器后，单击【开始】/【记录】选项组中的“删除”按钮；三是将文本插入点定位到某条记录中，单击“删除”下拉按钮，在弹出的下拉列表中选择“删除记录”选项。
- 查找数据：对于记录量太大的数据表而言，用户可以使用查找功能快速找到符合条件的数据。其方法如下，单击【开始】/【查找】选项组中的“查找”按钮，打开“查找和替换”对话框，如图 5-8 所示，在“查找内容”文本框中输入查找内容，在“查找范围”和“匹配”下拉列表设置搜索范围和匹配范围，然后单击“确定”按钮，即可找到符合条件的内容。

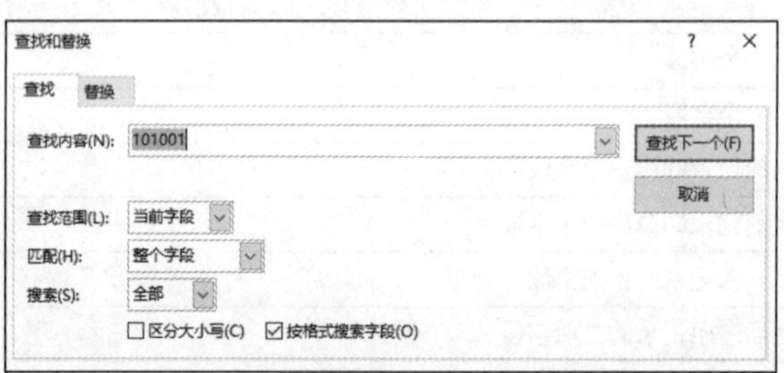

图 5-8 “查找和替换”对话框

- 替换数据：查找数据往往都是配合替换数据的操作来执行的，通过快速查找和统一替换的方法，用户能够将数据表中符合条件的数据快速修改为需要的内容，这也是提高工作效率的一种有效方法。

3. 建立表间关系

表间关系是数据库系统区别于文件系统的本质所在。文件系统中各文件大都是独立存在的，而数据库系统中各个表之间都建立起了一定的联系。

（1）表间关系

在 Access 2016 中，表与表之间的关系可分为一对一、一对多和多对多 3 种。

- 一对一：假设有表 A 和表 B 两个表，如果表 A 中的一条记录与表 B 中的一条记录相匹配，反之亦然，则表 A 与表 B 是一对一关系。
- 一对多：如果表 A 中的一条记录与表 B 中的多条记录相匹配，但表 B 中的一条记录只与表 A 中的一条记录相匹配，则表 A 与表 B 是一对多关系。

- 多对多：如果表 A 中的多条记录与表 B 中的多条记录相匹配，且表 B 中的多条记录也与表 A 中的多条记录相匹配，则表 A 与表 B 是多对多关系。

在 Access 2016 中，将一对多关系中与“一”端对应的表称为主表，与“多”端对应的表称为相关表。通常来说，一对一关系的两个表可以合并为一个表，这样既不会出现数据冗余，也便于数据查询；而多对多关系的表则可拆成多个一对多关系的表。

（2）参照完整性

参照完整性是在输入或删除记录时，为维持表之间已定义的关系而必须遵循的规则，它要求通过定义的外关键字（即外键）和主关键字（即主键）之间的引用规则来约定两个关系之间的联系。

实施参照完整性后，当对表中的主键字段进行操作时，系统会自动检查主键字段，确定该字段是否被添加、修改或删除。如果对主键的修改违背了参照完整性要求，那么系统会强制执行参照完整性。

如果表中设置了参照完整性，那么就不能在主表中没有相关记录时，将记录添加到相关表中；也不能在相关表中存在匹配记录时，删除主表中的记录，更不能在相关表中有相关记录时，更改主表中的主键值。

单击【数据库工具】/【关系】选项组中的“关系”按钮，即可设置多个表之间的关系，实施参照完整性。

4. 数据表管理

除基本的创建数据表外，常见的数据表管理操作还包括复制、重命名和删除表，以及排序和筛选表记录等。

（1）复制表

复制表可以为数据表建立备份数据，防止数据损坏或丢失，其方法如下：在需要复制的表选项上右击，在弹出的快捷菜单中选择“复制”选项，然后在下方的空白区域右击，在弹出的快捷菜单中选择“粘贴”选项，打开“粘贴表方式”对话框，在其中设置复制的表名称和复制对象后，单击“确定”按钮，如图 5-9 所示。

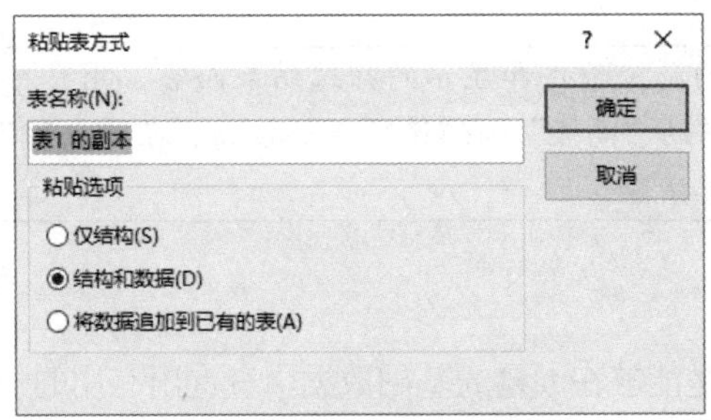

图 5-9　设置粘贴表的参数

选择粘贴方式时，“仅结构”表示仅复制数据表的表结构；“结构和数据”表示同时复制表结构和数据记录；“将数据追加到已有的表”表示可以将复制的数据添加到当前已有的表中，此时在“表名称”文本框中需要输入该表的名称。

（2）重命名表

在需要重命名的表选项上右击，在弹出的快捷菜单中选择“重命名”选项，直接输入新的名称后，按 Enter 键完成操作。

（3）删除表

在需要删除的表选项上右击，在弹出的快捷菜单中选择“删除”选项，或直接按 Delete 键，在弹出的提示框中单击“确定”按钮。需要注意的是，数据表删除后无法恢复，删除时应谨慎。

（4）排序表记录

排序表记录是指按照某种参考依据，以升序或降序的方式重新排列数据记录。Access 2016 中的排序操作主要有单字段排序和多字段排序两种。

- 单字段排序：单字段排序是指作为排序依据的字段只有一个的情况。其方法如下，在数据表视图中选择该字段，然后单击【开始】/【排序和筛选】选项组中的“升序”按钮或“降序”按钮。若要取消排序，则可在该选项组中单击“清除所有排序”按钮。
- 多字段排序：多字段排序即作为排序依据的字段有多个。其方法与单字段排序的方法相似，在选择字段后，单击“升序”按钮或“降序”按钮。需要注意的是，按照多字段排序时，需要先设置次要的排序依据，然后设置主要的排序依据。

（5）筛选表记录

筛选表记录可以根据需要使数据表中只显示符合一定条件的数据记录，Access 2016 中提供了丰富的记录筛选方法，如按选定内容筛选、使用筛选器筛选、按窗体筛选、高级筛选等。

- 按选定内容筛选：选择整个字段或字段中的部分数据，单击【开始】/【排序和筛选】选项组中的“选择”下拉按钮，在弹出的下拉列表中选择相应的筛选选项。
- 使用筛选器筛选：选择需要筛选字段下的任意单元格，单击【开始】/【排序和筛选】选项组中的“筛选器”下拉按钮，在弹出的下拉列表中选中或取消选中复选框即可快速筛选记录，同时还可以在子菜单中选择某个选项，在打开的对话框中精确设置筛选条件。
- 按窗体筛选：单击【开始】/【排序和筛选】选项组中的“高级”筛选选项下拉按钮，在弹出的下拉列表中选择“按窗体筛选”选项，为需要的字段设置筛选条件。设置完成后，单击该选项组中的“切换筛选”按钮就能显示筛选的符合条件的结果。
- 高级筛选：单击【开始】/【排序和筛选】选项组中的“高级”筛选选项下拉按钮，在弹出的下拉列表中选择“高级筛选/排序”选项，此时将进入高级筛选的设置界面，用户可在“字段”选项组中选择需要筛选的字段，在“条件”选项组中自主设置筛选条件。设置完成后，同样需要单击“切换筛选”按钮显示筛选结果。

提示 对于设置的筛选条件和显示的筛选结果而言，用户可通过单击【开始】/【排序和筛选】选项组中的“高级”筛选选项下拉按钮，在弹出的下拉列表中选择“清除所有筛选器”选项将其清除。

5.1.3 查询

数据库系统设计的目的是能够在大量的基础数据中查询出有用的信息，因此查询是数据库系统中非常重要的数据库对象之一。在 Access 2016 中创建查询后，只会保存查询的操作，只有运行查询，Access 2016 才会根据查询条件调取对应的数据。关闭查询，数据又将消失。

1. 查询的功能

查询的目的是根据设置的条件检索出符合条件的数据，具体而言，它具有以下功能。

- 选择字段：从一个或多个数据表中选择出需要的字段来生成所需的一个或多个数据表。
- 选择记录：找出符合设置条件的数据记录。
- 编辑记录：实现对源数据表中的记录进行添加、修改和删除等操作。
- 实现计算：在建立查询的过程中对数据进行各种计算，如计算总和、平均值，统计最大值、最小值等。

- 建立新表：将检索出的结果建立为一个新的数据表，同时可对该表执行保存操作。
- 为窗体或报表提供数据来源：可以将检索出的数据作为窗体或报表的数据来源，也能为其他查询提供数据来源。

2. 查询的分类

Access 2016 支持多种查询，以实现各种数据的需求，其具体类型如下。

- 选择查询：可以从一个或多个数据表中检索数据并显示结果，也可以使用这类查询实现对记录的分组，对记录进行总计、计数、求平均值等各种计算。
- 交叉表查询：可以汇总数据字段的内容，汇总计算的结果将显示在行与列交叉的单元格中，也可以使用这类查询计算平均值、总计、最大值和最小值等。
- 生成表查询：可以将一个或多个数据表中的全部或部分数据抽取出来建立新表。
- 删除查询：可以将一个或多个数据表中符合设置条件的记录删除。
- 更新查询：可以对一个或多个数据表中的记录进行全局更改，如将所有教师的工龄增加 1 年。
- 追加查询：可以将一个或多个数据表中的一组记录追加到一个表的末尾。
- 联合查询：可以使用 SQL 语句将两个以上的数据表，或查询对应的多个字段的记录合并为一个查询表中的记录。
- 传递查询：可以使用 SQL 语句将命令直接发送到 ODBC 数据库服务器中，以便让另一个数据库来执行查询。
- 数据定义查询：可以使用 SQL 语句来创建、修改或删除数据表，也可以在当前数据库系统中创建索引。

生成表查询、删除查询、更新查询、追加查询统称为操作查询；联合查询、传递查询、数据定义查询统称为 SQL 查询。

3. 查询的条件

为了得到有用的数据，用户在建立查询时需要设置相应的查询条件。查询条件实际上就是一个表达式，由运算符、常量、字段值、函数等组成。

- 运算符：Access 2016 中的运算符可分为关系运算符、逻辑运算符和特殊运算符 3 类。其中，关系运算符包括=、<、>、<>、<=、>=等；逻辑运算符包括 Not、And、Or 等；特殊运算符包括 In、Between、Like、Is Null、Is Not Null 等。
- 函数：Access 2016 中内置了大量函数，为用户设置各种查询条件提供了有力支持，如数学函数、文本函数、日期/时间函数、SQL 聚合函数等。其中，数学函数主要用于完成数学计算，其参数多是数字型数据，常用的数学函数有 Abs、Int、Fix、Round、Sqr、Rnd 等；文本函数主要用于字符处理，其参数多是文本型、字符型数据，常用的文本函数有 Space、Left、Right、Mid、Len、Ltrim、Rtrim、Ttrim、Instr、Ucase、Lcase 等；日期/时间函数主要用于处理日期和时间，其参数多是日期/时间型数据，常用的日期/时间函数有 Date、DateSerial、Day、Month、Year 等；SQL 聚合函数主要用于对数据进行汇总统计，因此也称为统计函数，常用的 SQL 聚合函数有 Sum、Avg、Count、Max、Min 等。

设置查询条件时，字段名需要使用“[ ]”括起来，文本型数据需要使用“" "”括起来，日期/时间型数据前后需要加上“#”。

5.1.4 窗体

窗体虽然可以进行数据的输入、修改和查看等操作，但它本身并不存储数据。窗体主要借助于各种窗体控件、宏和 VBA 程序等来实现其功能。一般来说，建立好的数据库都可以通过窗体来实现所有操作。

1. 窗体的作用

窗体是数据库与用户的桥梁与接口，它的作用主要体现在以下 3 个方面。

- 输入与编辑数据：如果用户为数据库设计了相应的窗体作为输入或编辑数据的界面，那么用户在窗体中就能实现对数据表记录的添加、删除、修改等操作。
- 显示与打印数据：利用窗体可以方便地显示数据表或查询的数据，并将其打印出来。
- 控制应用程序流程：在窗体中可以结合宏或 VBA 代码等对象来实现各种复杂的处理功能，并能实现对程序的控制。

2. 窗体的类型

按照功能的不同，窗体可分为以下 4 种。

- 数据操作窗体：可以显示、输入和修改表或查询中的数据，图 5-10 所示为一种数据操作窗体的界面。
- 控制窗体：可以操作、控制程序的运行，其界面一般由选项卡、按钮等窗体控件组成，如图 5-11 所示。

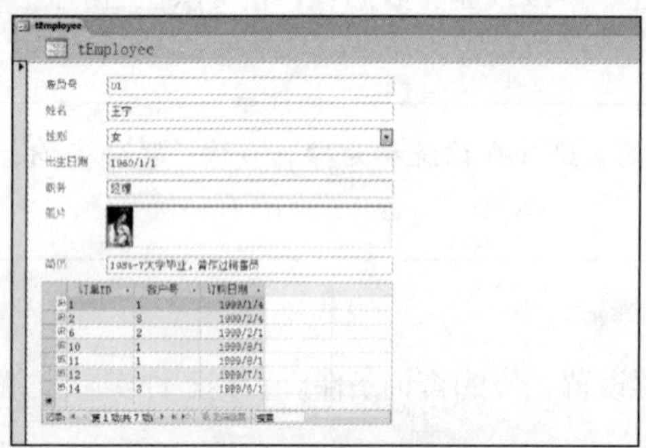

图 5-10 数据操作窗体的界面

图 5-11 控制窗体的界面

- 信息显示窗体：可以通过数值或图表等形式显示需要的信息，如图 5-12 所示。
- 交互信息窗体：可以按照用户输入的参数来运行程序或显示对应的信息，其界面一般包含各种具有交互性的控件，如文本框、按钮等，如图 5-13 所示。

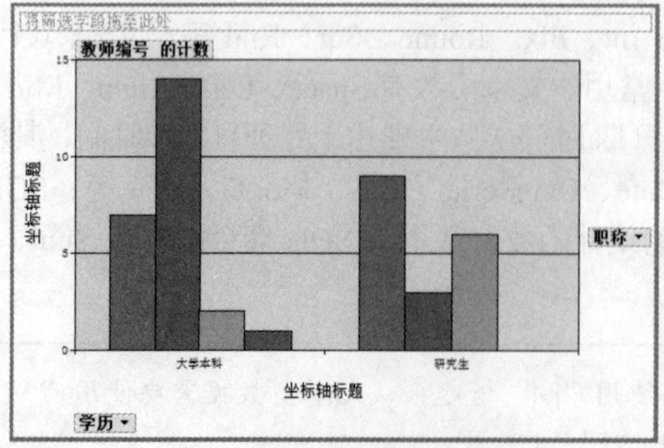

图 5-12 信息显示窗体的界面

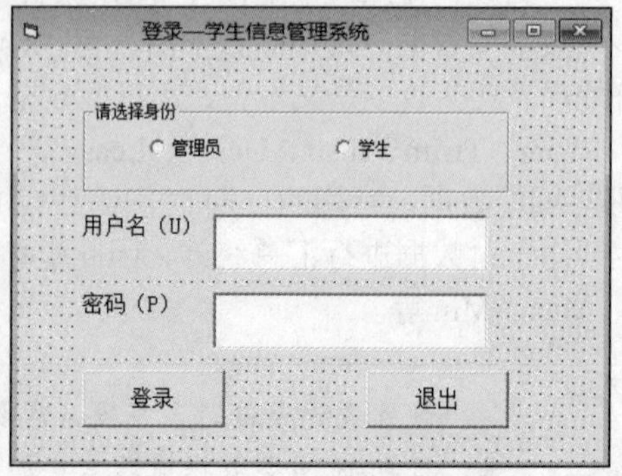

图 5-13 交互信息窗体的界面

5.1.5 报表

报表是 Access 2016 数据库中的常用对象之一，其数据来源既可以是已有的数据表、查询，又可以是新建的 SQL 语句。

1. **报表的功能**

报表的功能主要体现在以下 6 个方面。

- 以格式化形式输出数据。
- 对数据进行分组汇总。
- 显示包含子报表及图表的数据。
- 输出标签、发票、订单和信封等不同样式的信息。
- 进行计数、求平均、求和等统计计算。
- 可以嵌入图像或图片等数据。

2. **报表的视图**

Access 2016 中包括 4 种报表的视图，分别是报表视图、打印预览视图、布局视图和设计视图。

- 报表视图：显示创建的报表内容。
- 打印预览视图：显示报表内容打印到纸张后的效果。
- 布局视图：显示效果与报表视图相似，但可以在此视图中调整控件布局。
- 设计视图：可以设计和修改报表内容。

单击【报表布局工具-设计】/【视图】选项组中的“视图”下拉按钮，在弹出的下拉列表中选择相应的视图选项，即可进入该视图模式。

3. **报表的组成**

报表由图 5-14 所示的 5 个区域组成，各区域的作用分别如下。

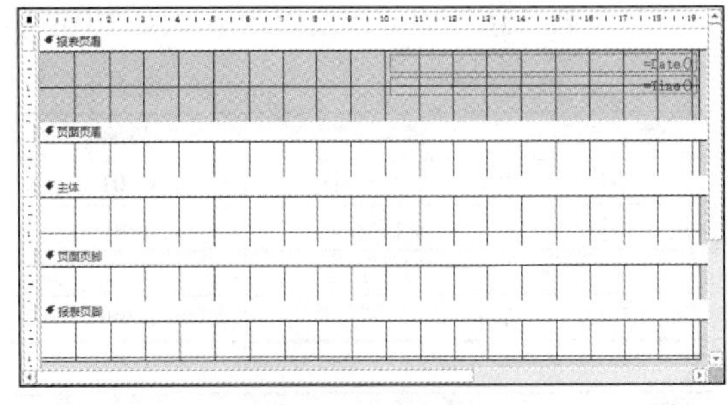

图 5-14 报表的组成

- 报表页眉：显示报表的标题、图形或其他说明性文字。
- 页面页眉：显示报表的字段名称或其他需要在每一页都显示的内容，如公司名称、部门、制作人等。
- 主体：报表中主要的数据输出区域。
- 页面页脚：显示本页的汇总说明或其他需要在每一页都显示的内容，如页码等。
- 报表页脚：显示整份报表的汇总信息或其他说明信息。

5.2 应用案例

学习了 Access 2016 的相关知识后，用户就可以在其中创建数据库与数据表，并对其进行编辑，使其更符合用户的需求。学校准备在 Access 2016 中设计一个教务系统，用以实现学院、学生、课程、选修等数据的结构化管理，减少各类数据之间的冗余，形成一个统一的整体。制作完成的教务系统数据库和数据表部分参考效果如图 5-15 所示。下面将通过教务系统数据库和数据表的创建与编辑来巩固所学知识，熟练掌握 Access 2016 的相关操作技巧。

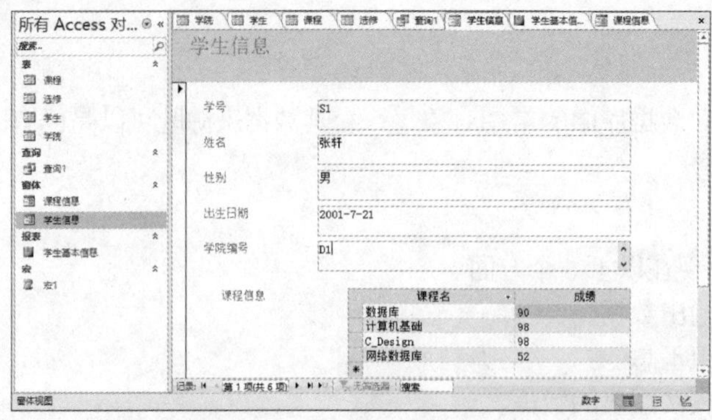

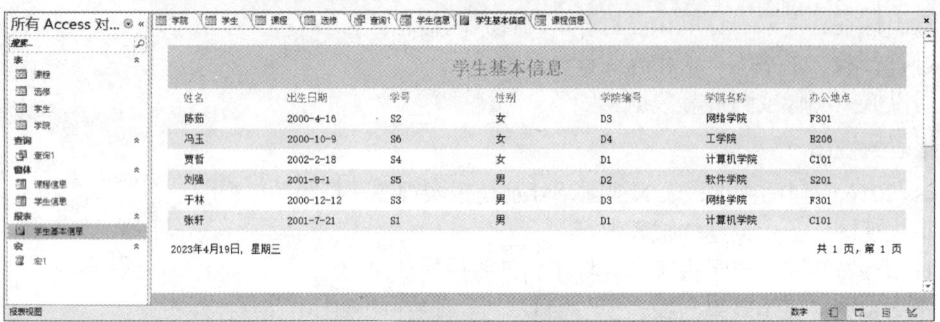

图 5-15　教务系统数据库和数据表参考效果

5.2.1　创建数据库与数据表

1. 任务目标

根据教务系统的关系模型在 Access 2016 中创建数据库和数据表，关系模型如表 5-5 所示。

表 5-5　教务系统的关系模型

学院编号	学院名称	办公地点
D1	计算机学院	C101
D2	软件学院	S201
D3	网络学院	F301
D4	工学院	B206

（a）学院关系

学号	姓名	性别	出生日期	学院编号
S1	张轩	男	2001-7-21	D1
S2	陈茹	女	2000-4-16	D3
S3	于林	男	2000-12-12	D3
S4	贾哲	女	2002-2-18	D1
S5	刘强	男	2001-8-1	D2
S6	冯玉	女	2000-10-9	D4

（b）学生关系

课程号	课程名	学分
C1	数据库	4
C2	计算机基础	3
C3	C_Design	2
C4	网络数据库	4

（c）课程关系

学号	课程号	成绩
S1	C1	90
S2	C2	82
S3	C1	85
S4	C1	46
S5	C2	78
S1	C2	98
S3	C2	67
S6	C2	87
S1	C3	98
S5	C3	77
S1	C4	52
S6	C4	79
S4	C2	69

（d）选修关系

2. 案例分析

Acces 数据库是表、查询、窗体等各种对象的集合，其文件扩展名为.accdb。而数据表则是 Access 数据库存储和管理数据的对象，是数据库其他对象的数据来源，它是 Access 数据库的基础，也是数据库设计的第一步。其实现步骤如下。

① 创建一个空的数据库，将其命名为“教务系统”。

② 在打开的数据库中，创建“学院”“学生”“课程”“选修”4 个数据表。

3. 案例实现

（1）创建教务系统数据库

① 启动 Access 2016，在打开的界面中选择“空白桌面数据库”选项，在打开的对话框中将其命名为“教务系统”，然后单击“文件名”文本框右侧的“浏览到某个位置来存放数据库”按钮，打开“文件新建数据库”对话框，将其保存至“效果文件\第 5 章”中，最后单击“确定”按钮，如图 5-16 所示。

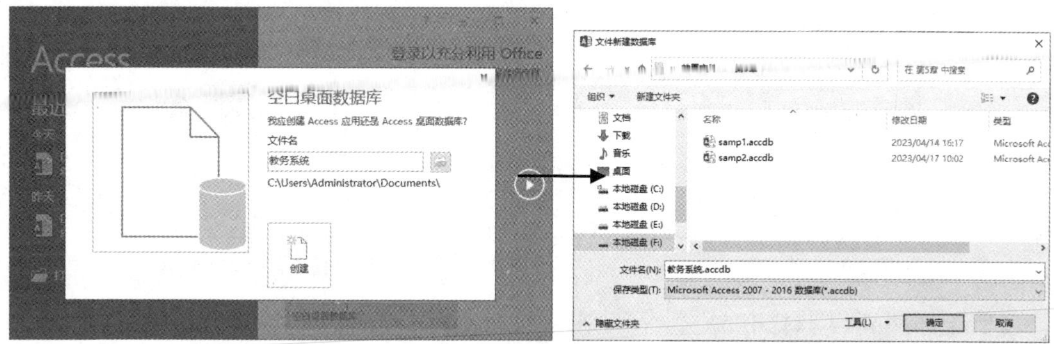

图 5-16 创建数据库

② 返回数据库创建界面，单击“创建”按钮，创建空数据库，同时完成数据库的保存操作。

（2）创建 4 个数据表

① 首先，按照表 5-6 的表结构创建“学院”表并输入部分数据，此时默认学院编号为主键，即一个学院编号在表中只出现一次。具体步骤如下。

表 5-6 学院表结构

字段名称	数据类型	字段大小
学院编号	短文本	3 个字符
学院名称	短文本	20 个字符
工作地点	短文本	20 个字符

- 选择“表 1”中的“ID”字段，单击【表格工具-字段】/【属性】选项组中的“名称和标题”按钮，打开“输入字段属性”对话框，在“名称”文本框中输入“学院编号”文本，然后单击“确定”按钮，如图 5-17 所示。
- 保持该字段的选择状态，单击【表格工具-字段】/【格式】选项组中的“数据类型”下拉按钮，在弹出的下拉列表中选择“短文本”选项，如图 5-18 所示。
- 单击“单击以添加”下拉按钮，在弹出的下拉列表中选择“短文本”选项，如图 5-19 所示，然后将添加的默认字段名称修改为“学院名称”。
- 使用同样的方法添加“短文本”数据类型的“办公地点”字段，然后在字段下方输入表 5-5 中“学院关系”中的内容，如图 5-20 所示。

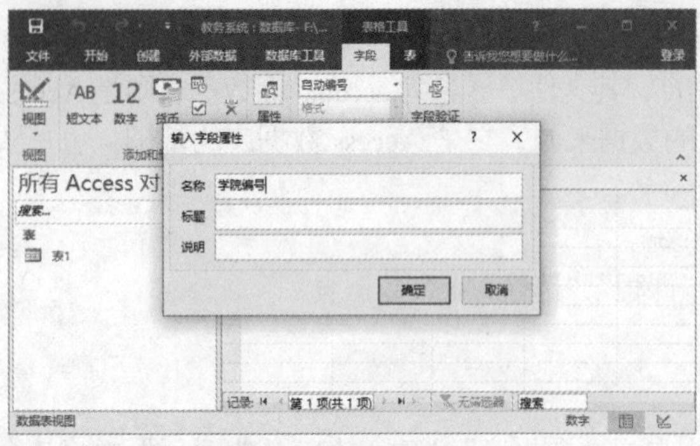

图 5-17　设置字段名称

图 5-18　设置字段类型

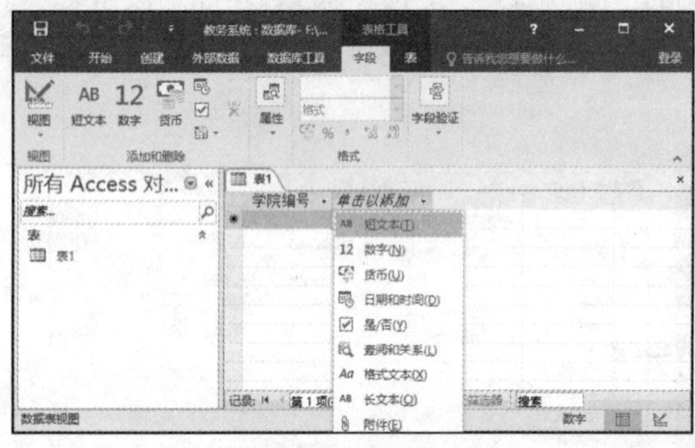

图 5-19　添加字段

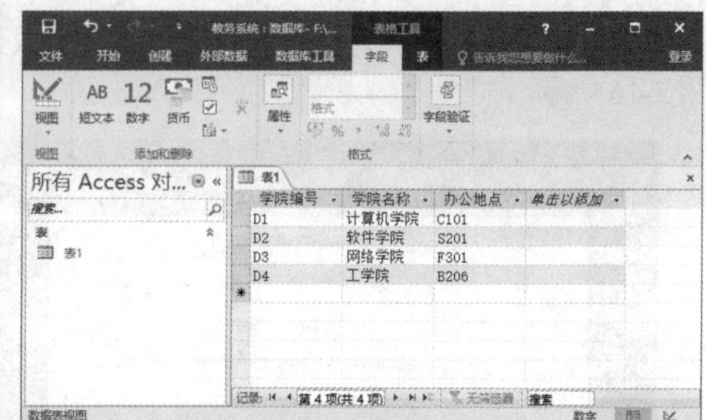

图 5-20　输入数据

- 单击快速访问工具栏中的“保存”按钮，或按 Ctrl+S 组合键，均可打开“另存为”对话框，在“表名称”文本框中输入“学院”文本，然后单击“确定”按钮，如图 5-21 所示。

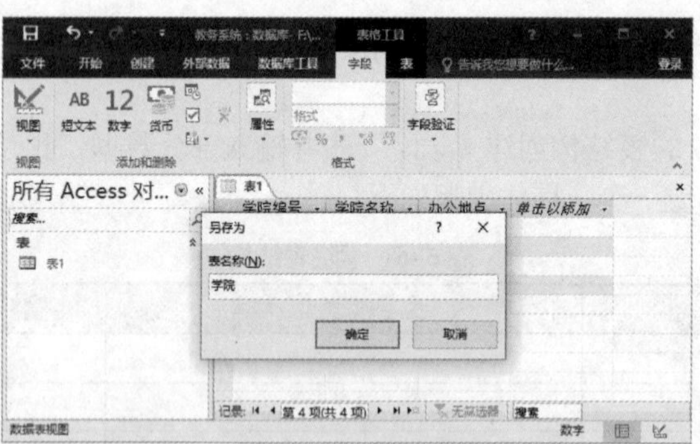

图 5-21　保存数据表

② 然后，使用同样的方法创建“学生”数据表和“课程”数据，表结构如表 5-7 和表 5-8 所示。“学生”表的默认主键是学号，“课程”表的默认主键是课程号。

表 5–7　“学生”表结构

字段名称	数据类型	字段大小
学号	短文本	3 个字符
姓名	短文本	10 个字符
性别	短文本	2 个字符
出生日期	日期/时间	默认值
学院编号	短文本	3 个字符

表 5-8　“课程”表结构

字段名称	数据类型	字段大小
课程号	短文本	3 个字符
课程名	短文本	20 个字符
学分	数字	默认值

③ 最后，使用相同的方法创建“选修”数据表，其表结构如表 5-9 所示。一个学生可能选修了多门课程，因此在“选修”表中一个学号可能会出现多次，导致在输入“选修”表的数据时，会出现错误信息。其原因是建立的“选修”表结构默认为学号为主键，即一个学号只能出现一次。此时，解决上述问题的操作方法如下。

表 5-9　“选修”表结构

字段名称	数据类型	字段大小
学号	短文本	3 个字符
课程号	短文本	3 个字符
成绩	数字	默认值

- 在输入“选修”表中第 2 个“S1”的相关数据时，系统会弹出提示框，提示用户需要删除索引或重新定义索引以允许创建重复的值，此时先单击“确定”按钮，关闭该提示框，然后删除第 2 个“S1”的相关数据，再在导航窗格中的“表 1”上右击，在弹出的快捷菜单中选择“设计视图”选项，如图 5-22 所示。
- 打开“另存为”对话框，在“表名称”文本框中输入“选修”文本，然后单击“确定”按钮，进入设计视图模式。
- 选择“学号”文本所在的单元格，单击【表格工具-设计】/【工具】选项组中的“主键”按钮，取消其主键设置，如图 5-23 所示。

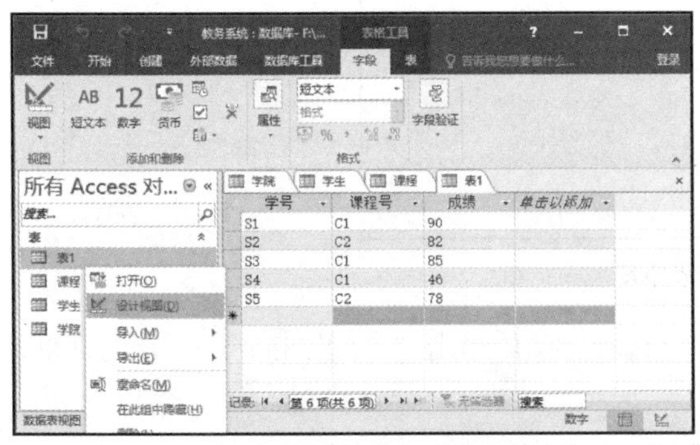

图 5-22　选择“设计视图”选项

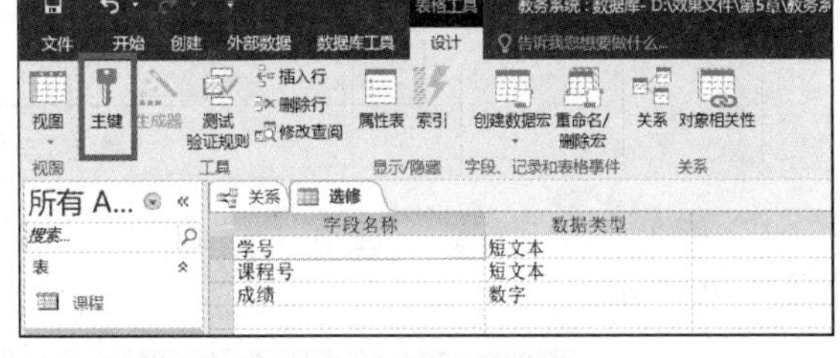

图 5-23　取消主键设置

- 按住 Shift 键的同时选择“学号”和“课程号”两个字段，单击【表格工具-设计】/【工具】选项组中的“主键”按钮即可设置多字段主键，如图 5-24 所示。
- 保存设置后，在导航窗格中双击“选修”数据表，返回数据表视图，在其中输入剩余的内容。

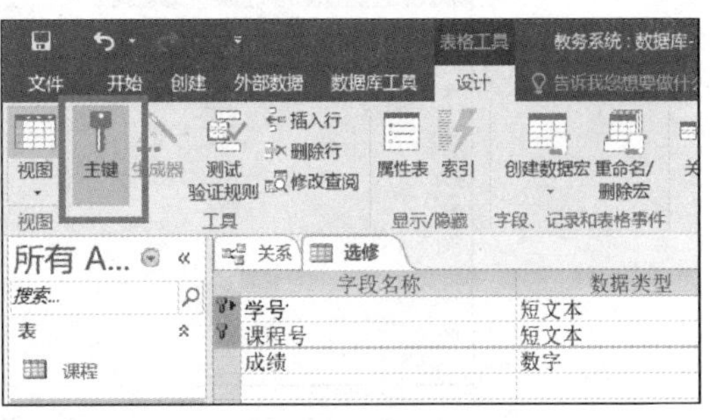

图 5-24　设置多字段主键

5.2.2 建立表间联系

1. 任务目标

在 5.2.1 小节所述的 4 个表之间都建立起一定的联系，实现数据库表之间的参照完整性。

2. 案例分析

在教务系统数据库中，学院和学生之间是一对多关系，学生与课程之间是多对多关系。在 Access 2016 中，建立表之间的联系时必须实施参照完整性。

参照完整性是指在输入或删除记录时，为维持表之间已定义的关系而必须遵循的规则。如果对主键的修改违背了参照完整性要求，那么系统会强制执行参照完整性。

在学院表中设置“学院编号”字段为主键，那么，“学院”表的数据中每个“学院编号”是唯一的，只能出现一次。同样地，在“学生”表中设置“学号”字段为主键，在“课程”表中设置“课程号”字段为主键。上述主键的设置在创建表时已自动设置。

学院和学生之间的一对多关系是通过在“学生”表中增加外部关键字“学院编号”实现的。学生与课程之间的多对多关系是通过增加“选修”表实现的。这几个表的表间联系可在 Access 中建立，并实施参照完整性。

3. 案例实现

① 打开“教务系统.accdb”（配套资源：\素材文件\第 5 章\教务系统.accdb），单击【数据库工具】/【关系】选项组中的“关系”按钮，打开“显示表”对话框，如图 5-25 所示。

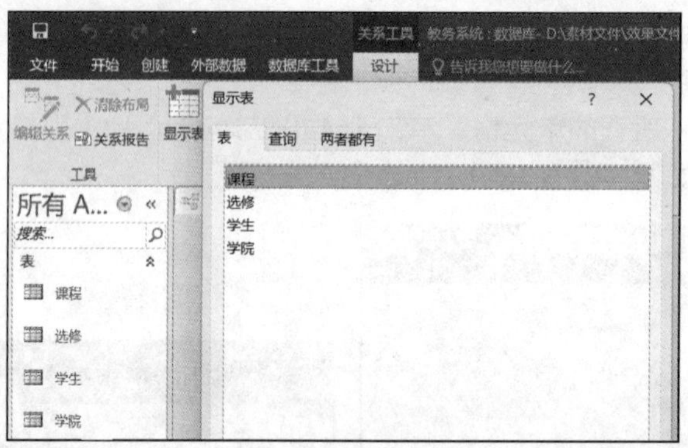

图 5-25 添加表

② 依次双击“课程”“选修”“学生”和“学院”选项，然后单击“关闭”按钮关闭该对话框，如图 5-26 所示。

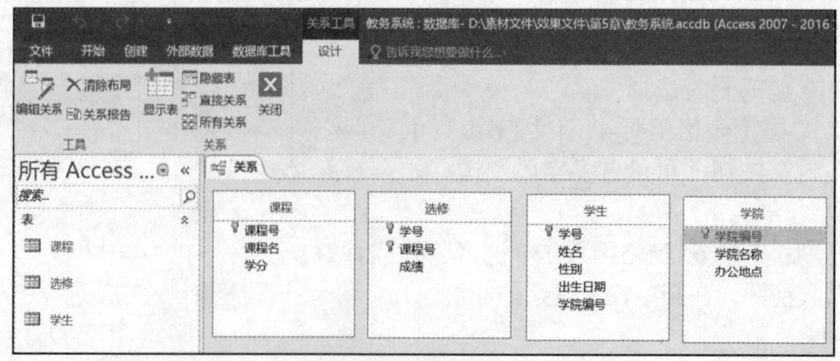

图 5-26 建立表间联系

③ 拖曳“学院”表中的“学院编号”字段到“学生”表的“学院编号”字段上。

④ 释放鼠标左键后，将自动打开“编辑关系”对话框，选中“实施参照完整性”复选框，然后单击“确定”按钮，如图 5-27 所示。

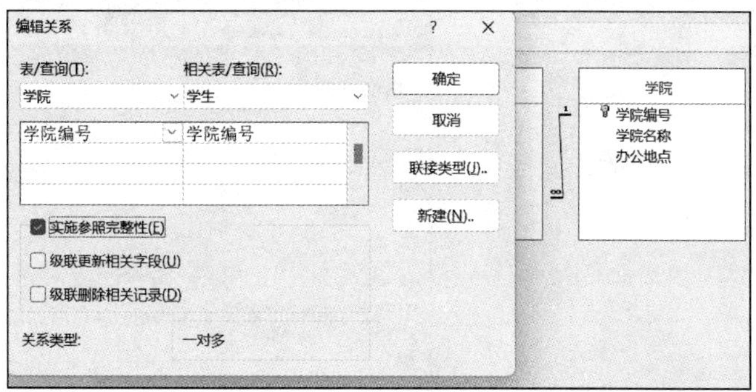

图 5-27　实施参照完整性

⑤ 如此重复，拖曳“学生”表的“学号”字段到“选修”表的“学号”字段上，拖曳“课程”表的“课程号”到“选修”表的“课程号”字段上。此时 4 个表之间便建立了多个一对多的表间关系，如图 5-28 所示，然后按 Ctrl+S 组合键保存设置。

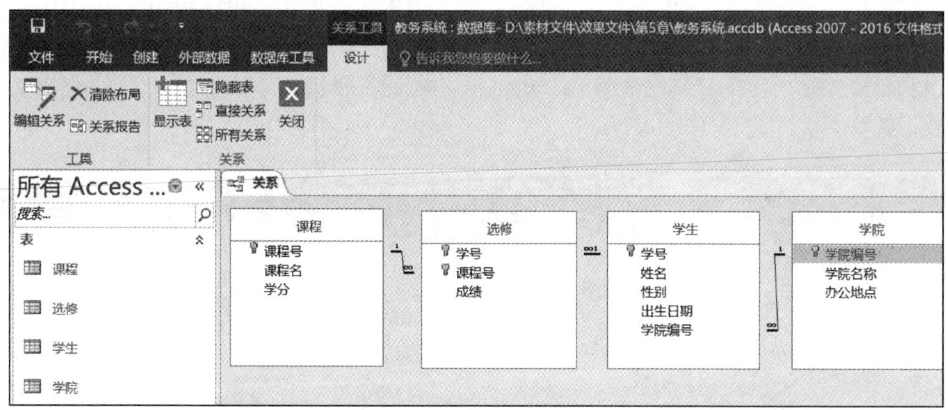

图 5-28　建立起的表间联系

5.2.3　表的维护

1. 任务目标

对教务系统中的数据表进行表的复制、表结构的修改及表数据的导出等操作。

① 修改“学生”表的结构，将“姓名”字段的宽度由 10 改为 20。

② 将“学生”表复制为“学生 1”表，将“选修”表复制为“选修 1”表。

③ 修改“选修 1”表的结构，增加一个字段“教师姓名　短文本　20”，输入相关数据，并将该字段删除。

④ 导出“选修 1”表的数据，以文本文件的形式保存，文件名为选修 1.txt。

2. 案例分析

在 Access 中，重新打开教务系统数据库，通过操作菜单即可完成表的维护。

3. 案例实现

① 打开“教务系统.accdb”（配套资源：\素材文件\第 5 章\教务系统.accdb），选择“学生”表，

右击，在弹出的快捷菜单中选择“设计视图”选项，如图 5-29 所示。然后在图 5-30 所示的界面中将“姓名”字段的大小改为 20。

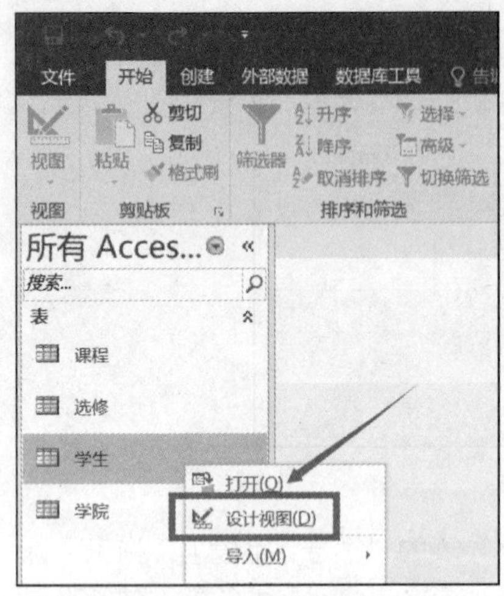

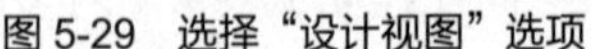

图 5-29　选择“设计视图”选项

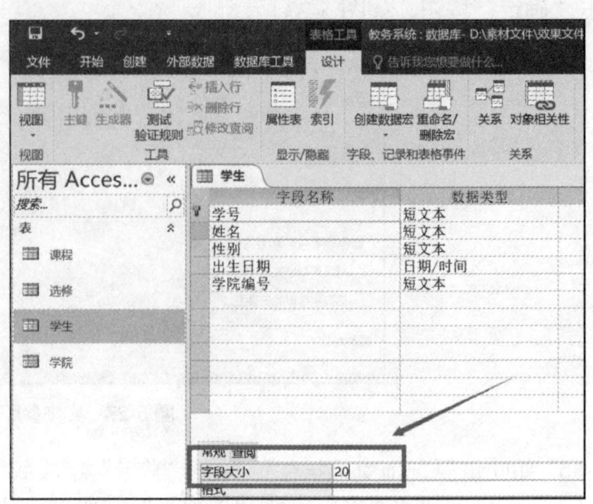

图 5-30　修改“姓名”字段的大小

② 将打开的“学生”表关闭。选择“学生”表，单击【开始】/【剪贴板】选项组中的“复制”按钮，将“学生”表复制到剪贴板，如图 5-31 所示。单击【开始】/【剪贴板】选项组中的“粘贴”按钮，打开图 5-32 所示的“粘贴表方式”对话框，将表名命名为“学生 1”。使用同样的方法复制“选修”表，并命名为“选修 1”。

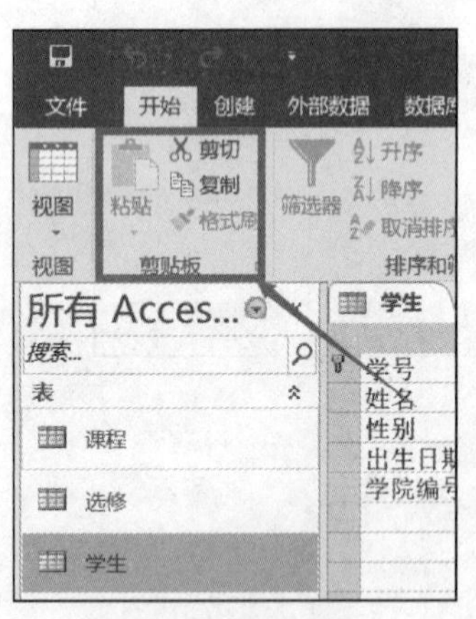

图 5-31　表的复制

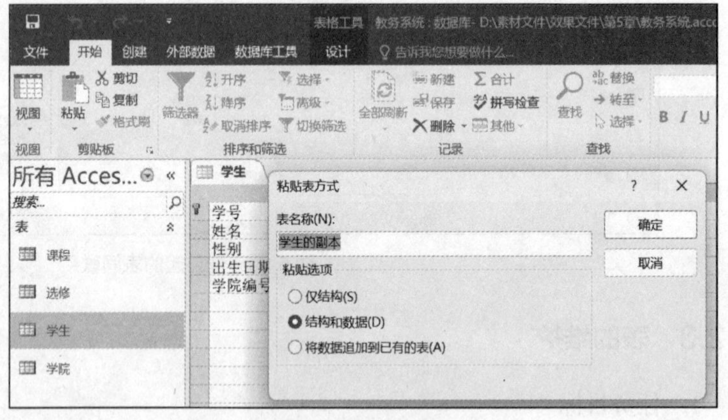

图 5-32　表的粘贴

③ 选择“选修 1”表，右击，在弹出的快捷菜单中选择“设计视图”选项，在右侧的视图中添加字段，字段名称为教师名称，字段类型为短文本，字段大小为 20，如图 5-33 所示。单击快速访问工具栏中的“保存”按钮，或按 Ctrl+S 组合键，保存表结构。单击【开始】/【视图】选项组中的“视图”下拉按钮，在弹出的下拉列表中选择“数据表视图”选项，为每条记录输入字段“教师姓名”的数据，如图 5-34 所示。选择“教师姓名”字段，右击，在弹出的快捷菜单中选择“删除字段”选项即可把该字段删除。

④ 选择“选修 1”表，右击，在弹出的快捷菜单中选择“导出”选项，在子菜单中选择“文本文件”选项，如图 5-35 所示。在弹出的“导出-文本文件”对话框中将导出文件命名为“选修 1.txt”，并存入“效果文件\第 5 章”中，如图 5-36 所示。

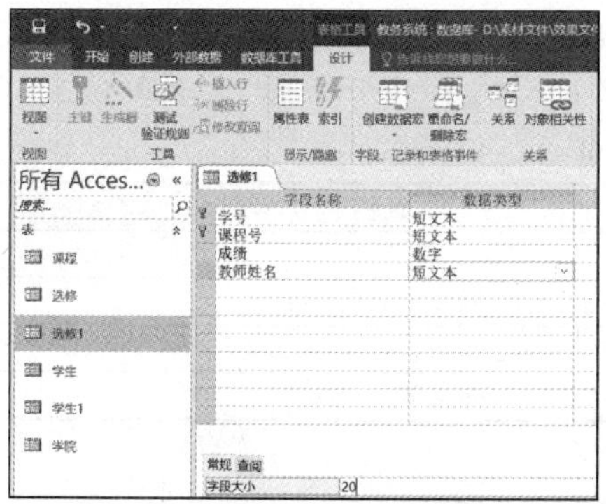

图 5-33　添加字段“教师名称”

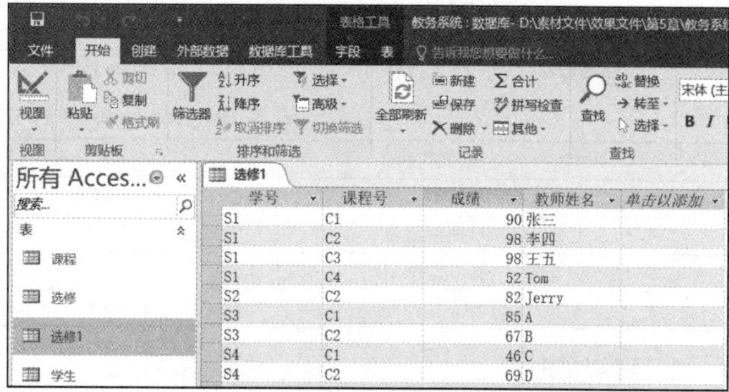

图 5-34　输入字段“教师姓名”数据

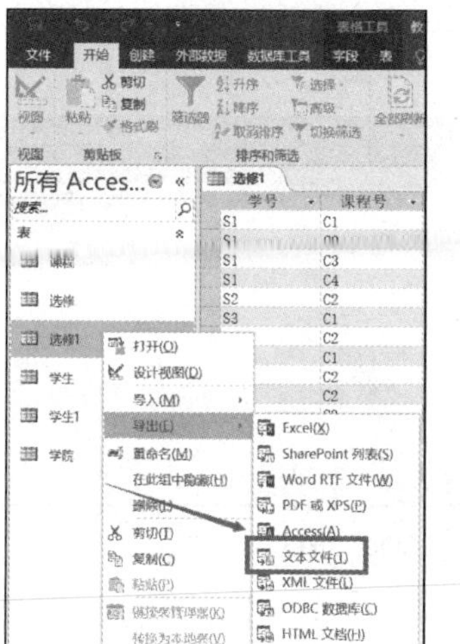

图 5-35　选择“导出”→“文本文件”选项

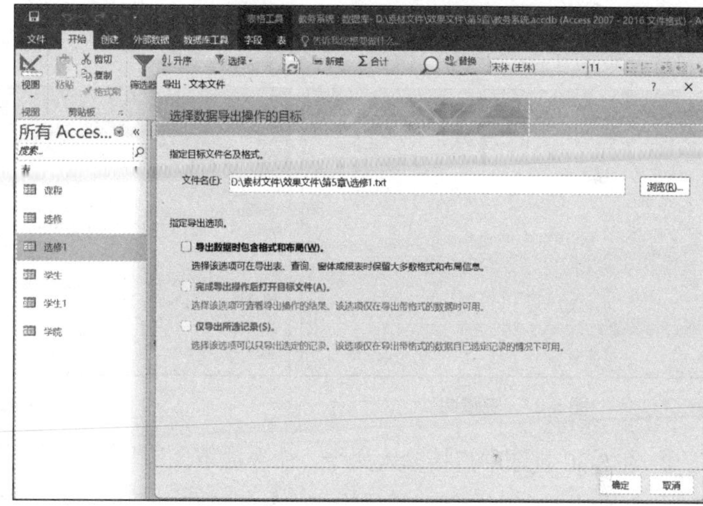

图 5-36　“导出-文本文件”对话框

5.2.4　数据的操作

1. 任务目标

使用 SQL 的 INSERT 命令、UPDATE 命令和 DELETE 命令操作“学生 1”表及“选修 1”表的相关数据。

① 使用 INSERT 命令在“学生 1”表增加以下两条新的记录。

```
S7 张三 男  2000/04/01 D5
S8 李四 女
```

② 使用 UPDATE 命令在“学生 1”表中为学生“李四”添加“出生日期”为 2000/06/01，添加“学院编号”数据为 D6。

③ 使用 DELETE 命令删除“学生 1”表中姓名为“李四”的记录。

④ 使用 INSERT 命令为“选修 1”表添加以下两条记录。

```
S7  C1  88
S7  C2  56
```

⑤ 使用 UPDATE 命令将“选修 1”表中所有成绩更新为原有成绩的 80%+20。

2. 案例分析

在 Access 2016 中，可通过建立查询的方式操作表的数据，有两种操作方式。一种方式是建立一个空查询，输入 SQL 命令；另一种方式是直接单击菜单建立查询。本书采用第一种方式建立查询，掌握 SQL 命令的书写规则。

在书写 SQL 命令时，会用到多种常量，如表 5-10 所示。

表 5–10　Access 2016 中的常量

常量类型	说明
数字型常量	常数
日期型常量	用“#”括起的日期时间值，如#2023-10-1#
文本型常量	用双引号括起的文本
是/否型常量	yes/true 表示“是”，no/false 表示“否”

3. 案例实现

① 建立一个空查询。单击【创建】/【查询】选项组中的“查询设计”按钮，在打开的“显示表”对话框中不选择任何的表或查询，直接关闭对话框，即建立了一个空查询，如图 5-37 所示。单击如图 5-38 所示的“SQL”按钮，切换到 SQL 视图。

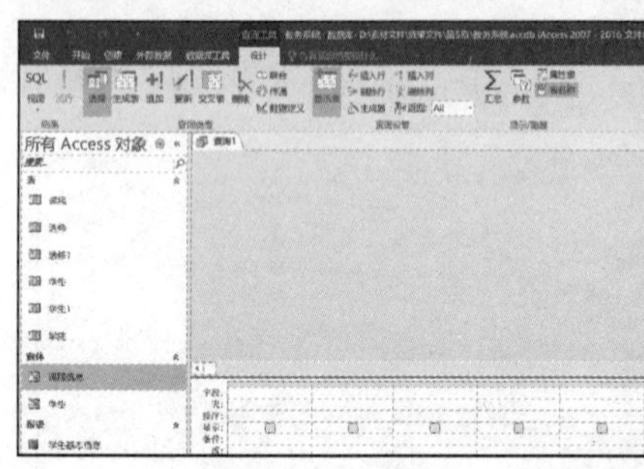

图 5-37　空查询

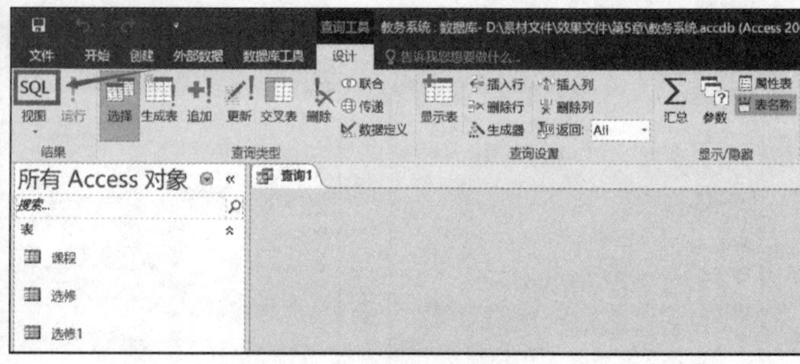

图 5-38　“SQL”按钮

② 在 SQL 视图中直接输入命令，命令如下。

```
INSERT INTO 学生1 VALUES ("S7","张三","男", #2000/04/01#, "D5")
```

③ 单击“运行”按钮，弹出提示框，如图 5-39 所示。单击“是”按钮，“学生 1”表则会增加一行数据，如图 5-40 所示。

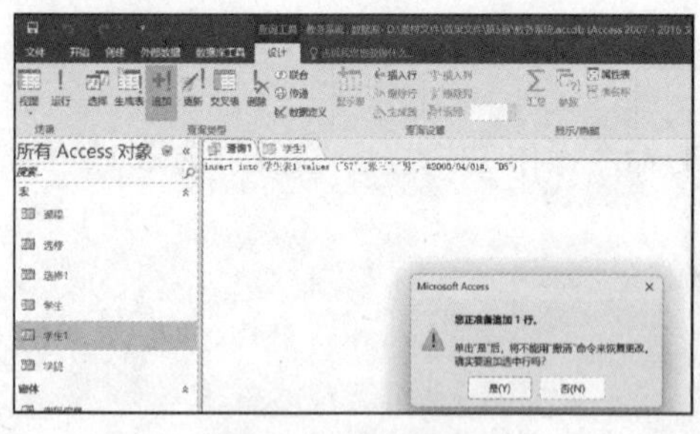

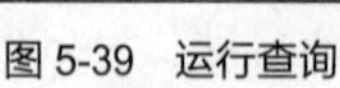

图 5-39　运行查询

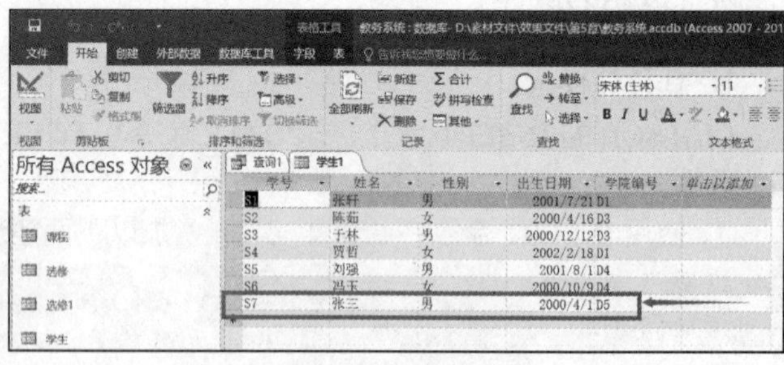

图 5-40　运行查询结果

一个查询文件只能运行一条 SQL 命令，且命令中所有的标点符号皆为英文半角符号。

其他的 SQL 语句如下。

```
INSERT INTO 学生1(学号, 姓名, 性别) VALUES ("S8","李四","女")
UPDATE 学生1 SET 出生日期 = #2000/06/01#, 学院编号 = "D6" WHERE 姓名 = "李四"
DELETE FROM 学生1 WHERE 姓名 = "李四"
INSERT INTO 选修1 VALUES ("S7","C1",88)
```

```
INSERT INTO 选修1 VALUES ("S7","C2",56)
UPDATE 选修1 SET 成绩 = 成绩*0.8 + 20
```

5.2.5　数据的查询

1. 任务目标

使用 SQL 的查询命令查询“学生”表、“学院”表、“课程”表和“选修”表等表的相关信息，按照数据表的来源，查询可分为以下几种。

（1）单表查询

① 从“学生”表中查询每个学生的学号、姓名、年龄，其结果按照学号升序排列。

② 从“选修”表中查询每个学生所学课程的平均分，其结果包括学号和平均分。

③ 从“选修”表中查询每门课程的最高分、最低分和平均分，其结果包括课程号、最高分、最低分和平均分。

（2）双表查询

① 从“学生”表和“学院”表中查询每个学生的学号、姓名、年龄和学院名称。

② 从“选修”表和“学生”表中查询每个学生所学课程的平均分，其结果包括学号、姓名和平均分。

③ 从“选修”表和“课程”表中查询每门课程的最高分、最低分和平均分，其结果包括课程号、课程名、最高分、最低分和平均分。

（3）三表查询

① 从“学生”表、“课程”表和“选修”表中查询每个学生的每门课程的成绩，其结果包括学号、姓名、课程号、课程名、成绩，并按学号升序、成绩降序排列。

② 从“学生”表、“课程”表和“选修”表中查询每个学生的每门课程的成绩，其结果包括课程号、课程名、学号、姓名、成绩，并按课程号升序、成绩降序排序。

2. 案例分析

在 Access 2016 中，可以使用数据操作的方法输入 SQL 语句实现数据查询，也可以使用查询设计器和查询向导实现数据查询。对于单表查询和双表查询，本书使用第一种方法建立查询，掌握 SQL 查询语句的使用规则。对于三表查询，为了便于掌握，本书使用查询向导和查询设计器实现数据查询。

3. 案例实现

（1）单表查询

与 5.2.4 小节相似，建立一个空查询。单击【创建】/【查询】选项组中的“查询设计”按钮，在打开的对话框中不选择任何的表或查询，直接关闭对话框，即建立了一个空查询，并切换到 SQL 视图，输入以下查询语句。

```
SELECT 学号,姓名, YEAR(DATE())-YEAR(出生日期) AS 年龄 FROM 学生 ORDER BY 学号
```

年龄的计算使用了函数 YEAR()用于获取一个日期的年份。单击【查询工具-设计】/【结果】选项组中的“运行”按钮!，查询结果如图 5-41 所示。

学号	姓名	年龄
S1	张轩	22
S2	陈茹	23
S3	于林	23
S4	贾哲	21
S5	刘强	22
S6	冯玉	23

图 5-41　单表查询结果 1

```
SELECT 学号, AVG(成绩) AS 平均分 FROM 选修 GROUP BY 学号
```

每个学生学习了多门课程，统计每个学生的平均分，必须按照学号分组。单击【查询工具-设计】/【结果】选项组中的“运行”按钮，查询结果如图 5-42 所示。

学号	平均分
S1	84.5
S2	82
S3	76
S4	57.5
S5	77.5
S6	83

图 5-42　单表查询结果 2

```
SELECT 课程号, MAX(成绩) AS 最高分,  MIN(成绩) AS 最低分, AVG(成绩) AS 平均分 FROM 选修 GROUP BY 课程号
```

每门课程被多个学生选修，统计每门课程的最高分、最低分和平均分，必须按照课程号分组。单击【查询工具-设计】/【结果】选项组中的“运行”按钮，查询结果如图 5-43 所示。

课程号	最高分	最低分	平均分
C1	90	46	73.6666666666667
C2	98	67	80.1666666666667
C3	98	77	87.5
C4	79	52	65.5

图 5-43　单表查询结果 3

（2）双表查询

与单表查询操作相似，在 SQL 视图中输入以下查询命令。

```
SELECT 学号,姓名,YEAR(DATE())-YEAR(出生日期) AS 年龄, 学院名称 FROM 学生,学院 WHERE 学生.学院编号 = 学院.学院编号
```

由于查询内容除“学生”表中的字段外，还包括了学院名称，因此查询来源需要“学生”表和“学院”表两个表。查询结果如图 5-44 所示。

学号	姓名	年龄	学院名称
S1	张轩	22	计算机学院
S4	贾哲	21	计算机学院
S2	陈茹	23	网络学院
S3	于林	23	网络学院
S5	刘强	22	工学院
S6	冯玉	23	工学院

图 5-44　双表查询结果 1

```
SELECT 学生.学号, 姓名, AVG(成绩) AS 平均分  FROM 学生,选修 WHERE 学生.学号= 选修.学号 GROUP BY 学生.学号, 姓名
```

由于查询内容除“学生”表中的字段外，还包括了“选修”表中的字段，因此查询来源需要“学生”表和“选修”表两个表。查询结果如图 5-45 所示。

学号	姓名	平均分
S1	张轩	84.5
S2	陈茹	82
S3	于林	76
S4	贾哲	57.5
S5	刘强	77.5
S6	冯玉	83

图 5-45　双表查询结果 2

```
SELECT 课程.课程号, 课程名,MAX(成绩) AS 最高分, MIN(成绩) AS 最低分, AVG(成绩) AS 平均分 FROM 课程,选修 WHERE 课程.课程号= 选修.课程号 GROUP BY 课程.课程号, 课程名
```

由于查询内容除“课程”表中的字段外，还包括了“选修”表中的字段，因此查询来源需要“课程”表和“选修”表两个表。查询结果如图 5-46 所示。

课程号	课程名	最高分	最低分	平均分
C1	数据库	90	46	73.6666666666667
C2	计算机基础	98	67	80.1666666666667
C3	C_Design	98	77	87.5
C4	网络数据库	79	52	65.5

图 5-46　双表查询结果 3

（3）三表查询

① 使用查询设计器实现三表查询。

- 单击【创建】/【查询】选项组中的“查询设计”按钮，打开“显示表”对话框，在“表”选项卡中依次双击“学生”“课程”“选修”，如图 5-47 所示，然后单击“关闭”按钮。
- 将文本插入点定位到“字段”行的第 1 个单元格中，单击该单元格右侧的下拉按钮，在弹出的下拉列表中选择“学生.学号”选项，如图 5-48 所示。

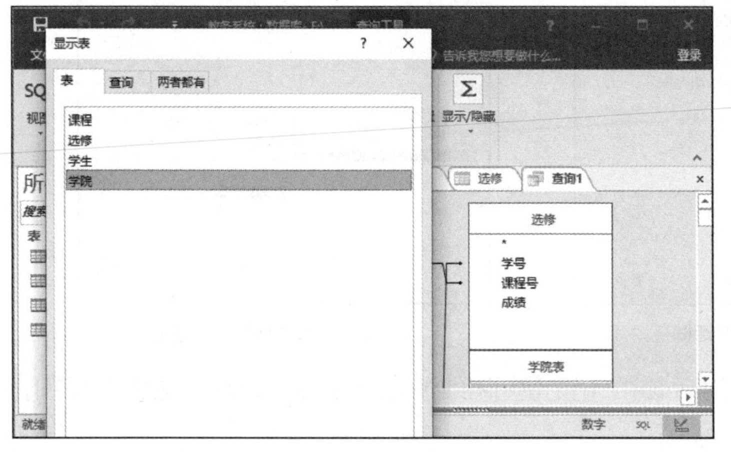

图 5-47　添加数据源

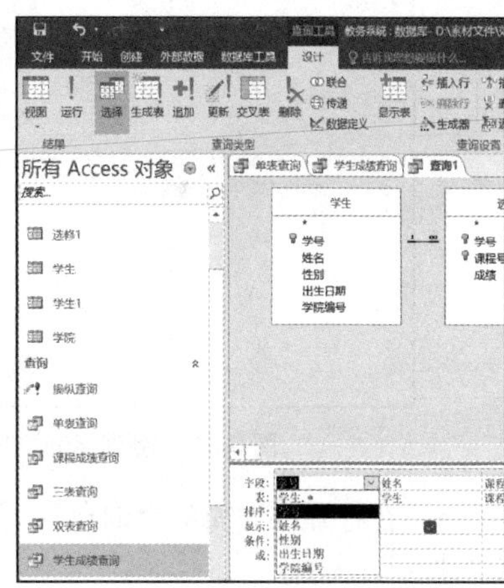

图 5-48　选择字段

- 使用同样的方法依次添加“学生.姓名”“选修.课程号”“课程.课程名”和“选修.成绩”等字段，并设置“学生.学号”为升序，“选修.成绩”为降序。按 Ctrl+S 组合键，打开“另存为”对话框，保持默认设置，然后单击“确定”按钮，如图 5-49 所示。
- 单击【查询工具-设计】/【结果】选项组中的“运行”按钮!，查看对应的查询结果，如图 5-50 所示。
- 选择“SQL”视图，可以看到 Access 自动生成的 SQL 语句如下。

```
SELECT 学生.学号, 学生.姓名, 选修.课程号, 课程.课程名, 选修.成绩
FROM 学生 INNER JOIN (课程 INNER JOIN 选修 ON 课程.[课程号] = 选修.[课程号]) ON 学生.[学号] = 选修表.[学号]
ORDER BY 学生.学号, 选修.成绩 DESC;
```

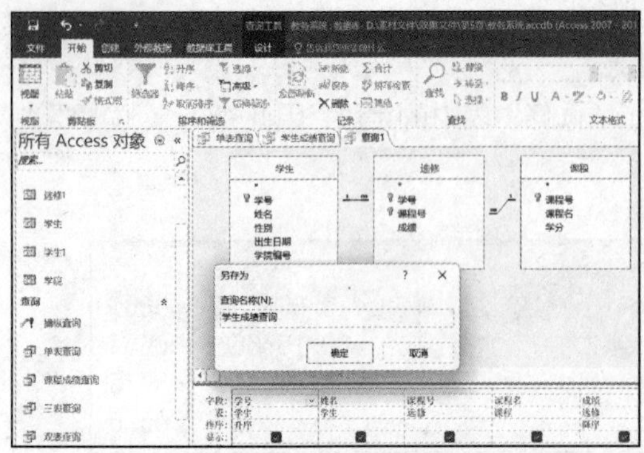

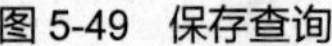
图 5-49　保存查询

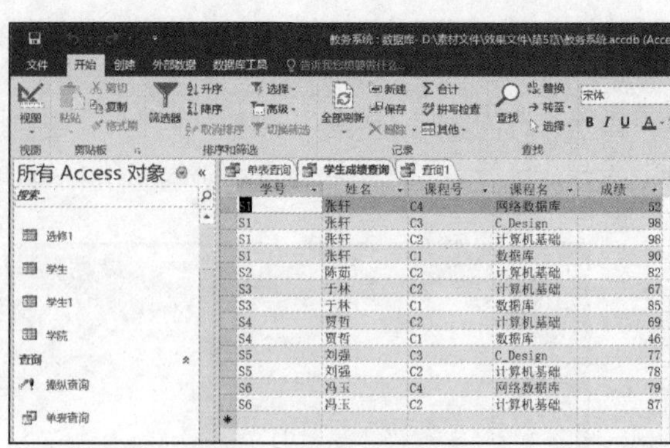

学号	姓名	课程号	课程名	成绩
S1	张轩	C4	网络数据库	52
S1	张轩	C3	C_Design	98
S1	张轩	C2	计算机基础	98
S1	张轩	C1	数据库	90
S2	陈茹	C2	计算机基础	82
S3	于林	C2	计算机基础	67
S3	于林	C1	数据库	85
S4	贾哲	C2	计算机基础	69
S4	贾哲	C1	数据库	46
S5	刘强	C3	C_Design	77
S5	刘强	C2	计算机基础	78
S6	冯玉	C4	网络数据库	79
S6	冯玉	C2	计算机基础	87

图 5-50　查看查询结果

② 使用查询向导实现三表查询。

- 单击【创建】/【查询】选项组中的“查询向导”按钮，打开“新建查询”对话框，选择“简单查询向导”选项，如图 5-51 所示，然后单击“确定”按钮。
- 在打开的“窗体向导”对话框中，选择“课程”选项，选定“课程号”和“课程名”字段。然后选择“学生”选项，选定“学号”和“姓名”字段。最后选择“选修”选项，选定“成绩”字段，如图 5-52 所示，然后单击“下一步”按钮。

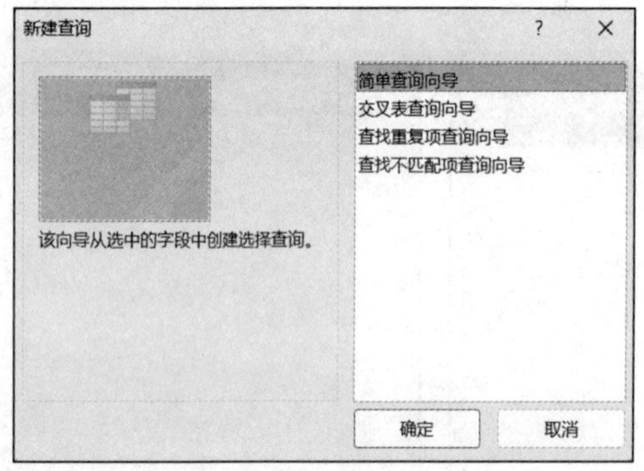

图 5-51　“新建查询”对话框

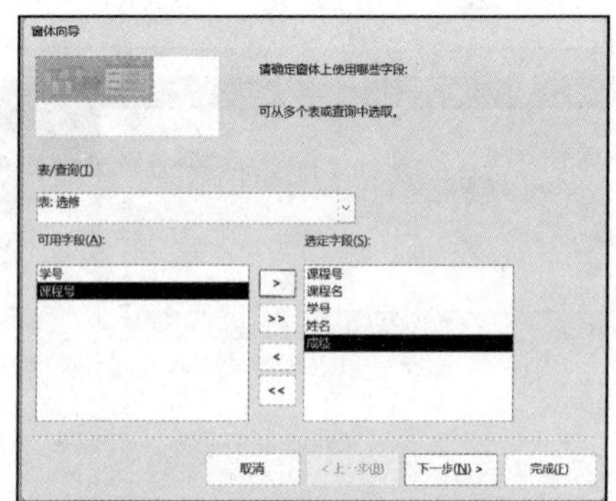

图 5-52　“窗体向导”对话框

- 在打开的“简单查询向导”对话框中，确定使用明细查询，如图 5-53 所示，然后单击“下一步”按钮。
- 在打开的界面中为查询指定标题“课程成绩查询”，然后单击“完成”按钮，如图 5-54 所示。

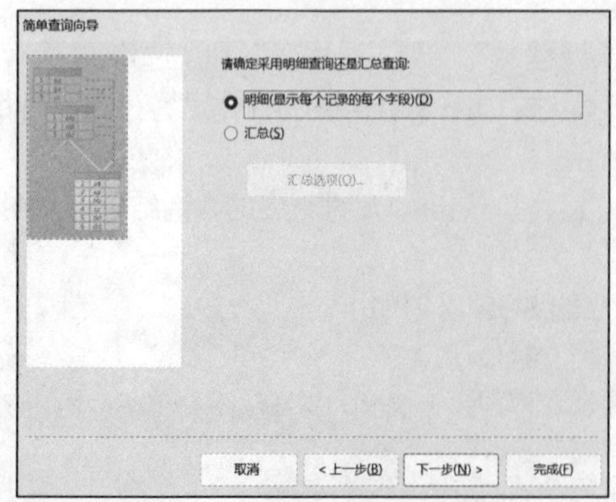

图 5-53　“简单查询向导”对话框

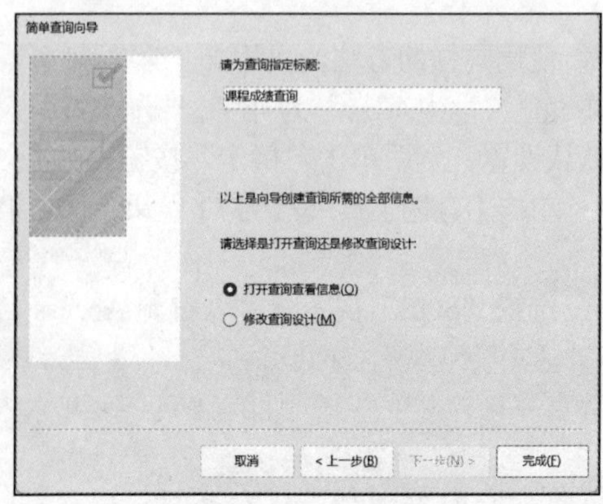

图 5-54　指定标题

- 单击【查询工具-设计】/【结果】选项组中的“运行”按钮，查看对应的查询结果，如图 5-55 所示。
- 选择“设计视图”，设置“学生.学号”为升序，“选修.成绩”为降序，如图 5-56 所示。
- 选择“SQL”视图，可以看到 Access 自动生成的 SQL 语句如下。

```
SELECT 课程.课程号, 课程.课程名, 选修.学号, 学生.姓名, 选修.成绩
FROM 学生 INNER JOIN (课程 INNER JOIN 选修 ON 课程.[课程号] = 选修.[课程号]) ON 学生.[学号] = 选修.[学号]
ORDER BY 课程.课程号, 选修.成绩 DESC;
```

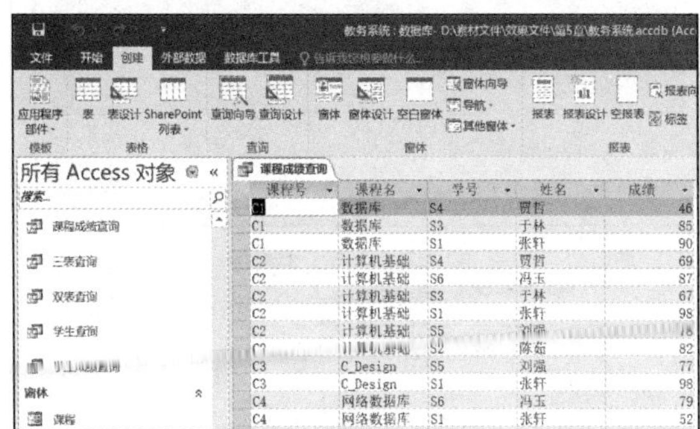

图 5-55　查看查询结果

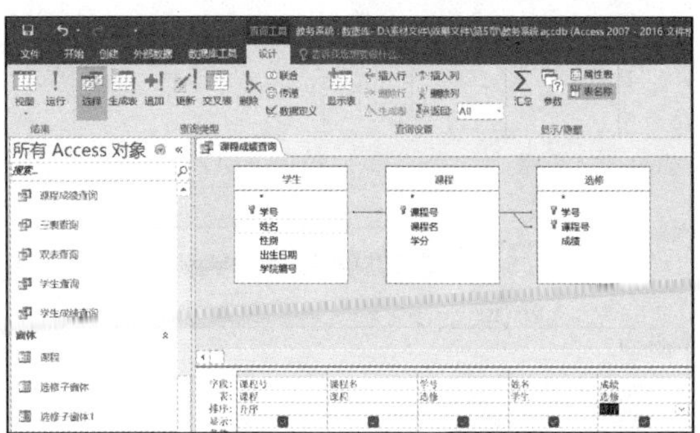

图 5-56　设置排序字段

5.2.6　添加窗体

1. 任务目标

窗体是 Access 2016 中的重要对象，用户可以利用窗体将数据库中的对象组织起来，形成一个功能完整、风格统一的数据库应用系统。本节主要完成以下两个任务。

① 为 5.2.5 小节建立的查询“学生成绩查询”建立窗体。

② 为 5.2.5 小节建立的查询“课程成绩查询”建立窗体。

2. 案例分析

在 Access 2016 中，有多种建立窗体的方法，其中“窗体设计器”和“窗体向导”是常用的两种工具。为简单起见，本节使用“窗体向导”建立窗体。

3. 案例实现

（1）为查询“学生成绩查询”建立窗体。

① 单击【创建】/【窗体】选项组中的“窗体向导”按钮，打开“窗体向导”对话框，在“表/查询”下拉列表中选择“查询：学生成绩查询”选项，在“可用字段”列表框中依次双击所有字段选项，将其添加到“选定字段”列表框中，如图 5-57 所示，然后单击“下一步”按钮。

② 在打开的界面左侧选择“通过 学生”选项，表示将其作为主窗体，然后选中“带有子窗体的窗体”单选项，再单击“下一步”按钮，如图 5-58 所示。

③ 在打开的界面中，选中“数据表”单选项，再单击“下一步”按钮，如图 5-59 所示。

④ 在打开的界面中的“窗体”文本框中输入“学生信息”文本，在“子窗体”文本框输入“学生选修信息”文本，然后单击“完成”按钮，如图 5-60 所示。

⑤ 返回数据表视图后，可看到添加窗体后的效果，如图 5-61 所示，设计视图如图 5-62 所示。在设计视图中可以对窗体的控件进行修改。

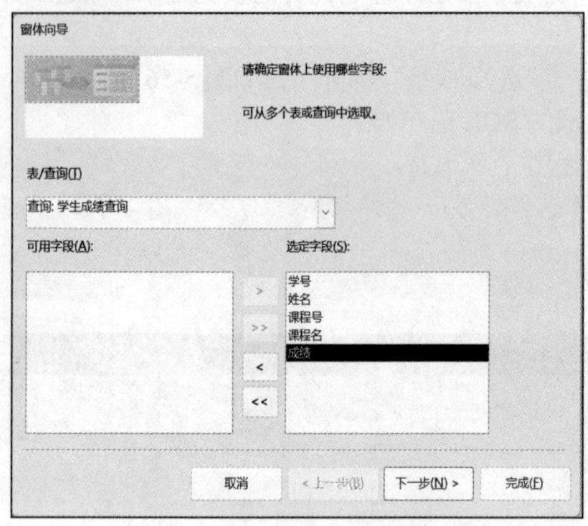

图 5-57　选择数据源并添加字段

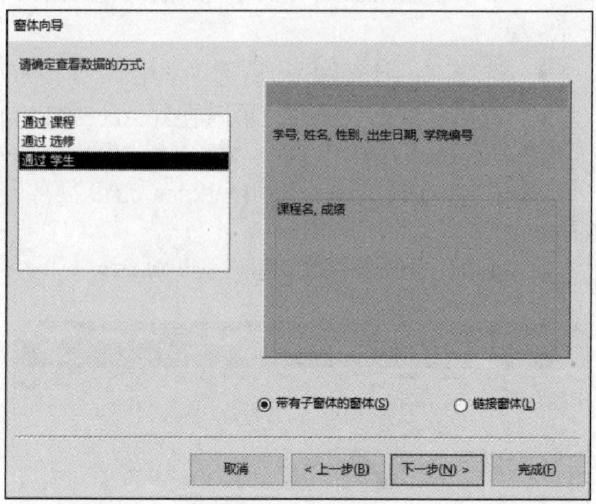

图 5-58　确认主窗体

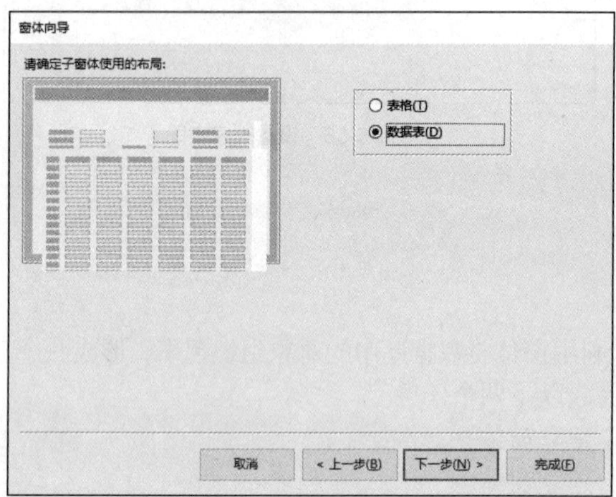

图 5-59　选择布局方式

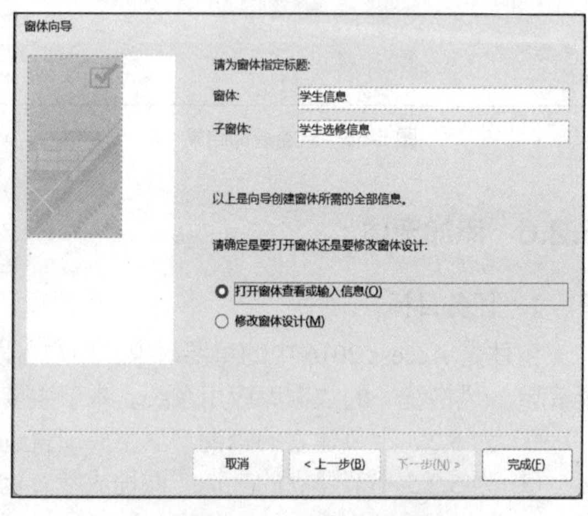

图 5-60　为窗体指定标题

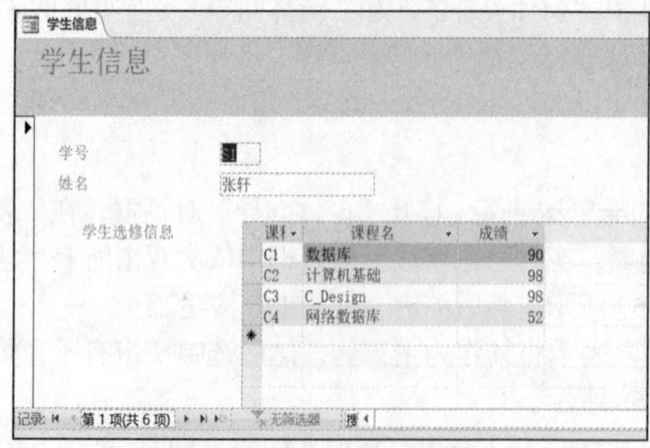

图 5-61　“学生信息”窗体视图

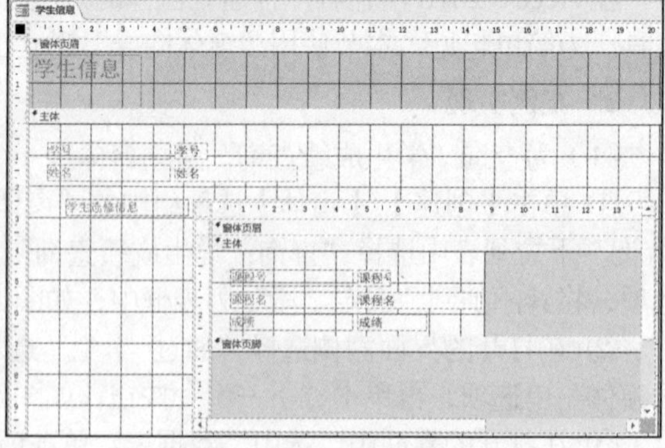

图 5-62　“学生信息”设计视图

（2）为查询“课程成绩查询”建立窗体。

为查询“课程成绩查询”建立窗体与为查询“学生成绩查询”建立窗体的操作方法相同，这里不再赘述。建立的窗体视图如图 5-63 所示，设计视图如图 5-64 所示。

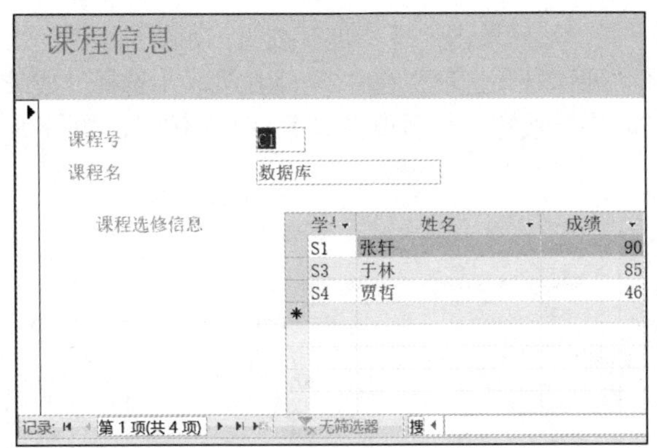

图 5-63　“课程信息”窗体视图

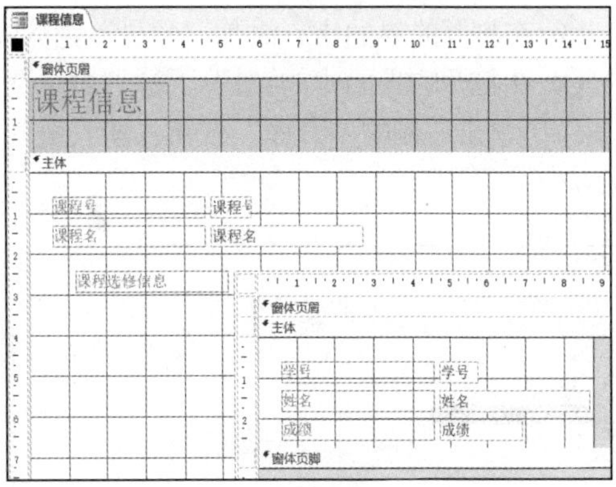

图 5-64　“课程信息”设计视图

5.2.7　创建报表

1. 任务目标

报表是以格式化的形式向用户显示和打印的一种方法，以纸张的形式保存或输出数据，以供使用者查看。本节主要完成以下两个任务。

① 为 5.2.5 小节建立的查询“学生成绩查询”创建报表。

② 为 5.2.5 小节建立的查询“课程成绩查询”创建报表。

2. 案例分析

在 Access 2016 中，有多种创建报表的方法，其中“报表设计器”和“报表向导”是常用的两种工具。为简单起见，本节使用“报表向导”建立报表。

3. 案例实现

① 单击【创建】/【报表】选项组中的“报表向导”按钮，打开“报表向导”对话框，在“表/查询”下拉列表中选择“查询：学生成绩查询”选项，将“可用字段”列表框中的全部字段添加到“选定字段”列表框中，然后单击“下一步”按钮，如图 5-65 所示。

② 在打开的界面中的“请确定查看数据的方式”列表框中选择“通过 学生”选项，然后单击“下一步”按钮，如图 5-66 所示。

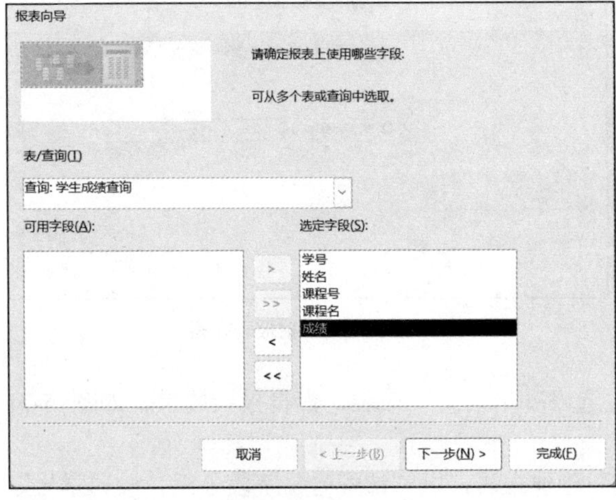

图 5-65　添加字段

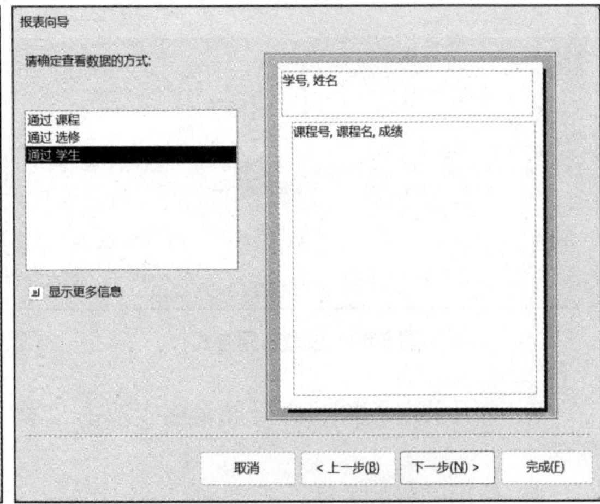

图 5-66　确定查看数据的方式

③ 在打开的界面中，添加“学号”为分组字段，然后单击“下一步”按钮，如图 5-67 所示。

④ 在打开的界面中的“1”下拉列表中选择“课程号”选项，在“2”下拉列表中选择“成绩”选项，再单击右侧的“升序”按钮，使其变为“降序”按钮，然后单击“下一步”按钮，如图 5-68 所示。

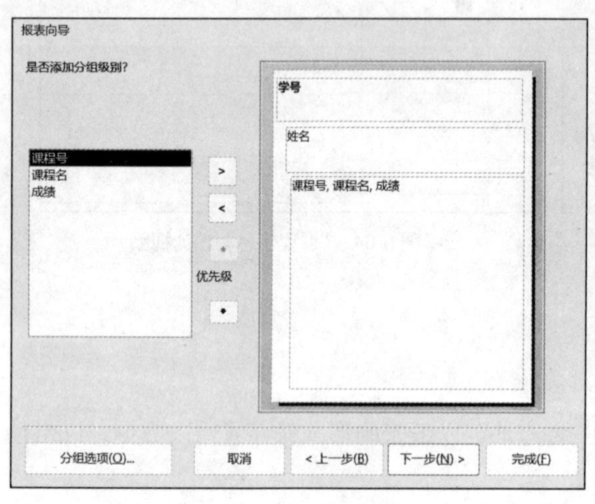

图 5-67　添加分组字段

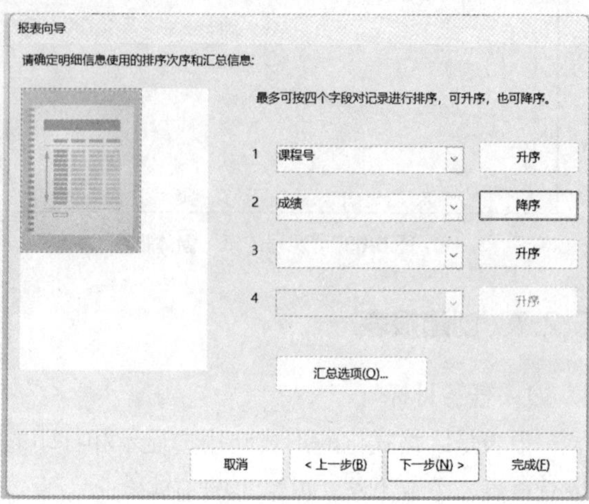

图 5-68　指定排序字段和排序方式

⑤ 在打开的界面中的“布局”选项组中选中“表格”单选项，在“方向”选项组中选中“横向”单选项，然后单击“下一步”按钮，如图 5-69 所示。

⑥ 在打开的界面中的“请为报表指定标题”文本框中输入“学生选修基本信息”文本，然后在“请确定是要预览报表还是要修改报表设计”选项组中选中“修改报表设计”单选项，如图 5-70 所示，然后单击“完成”按钮。

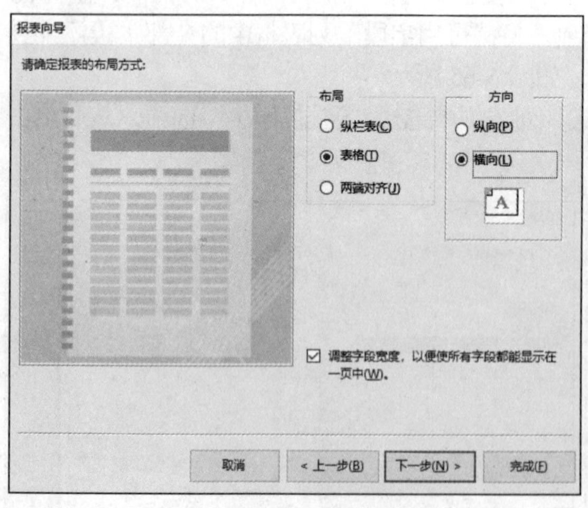

图 5-69　设置布局方式

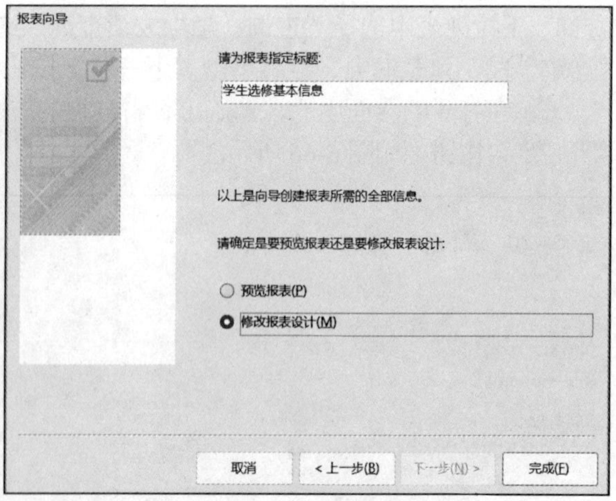

图 5-70　设置报表标题

⑦ 打开设计视图，在导航窗格中双击“学生选修基本信息”报表，查看报表效果，如图 5-71 所示。

⑧ 使用同样的方法，为查询“课程成绩查询”创建报表，以“课程号”字段分组，按“学号”升序、“成绩”降序组织数据，标题为“课程选修基本信息”，报表效果如图 5-72 所示。

学生选修基本信息

学号	姓名	课程号	课程名	成绩
S1				
	张轩			
		C1	数据库	90
		C2	计算机基础	98
		C3	C_Design	98
		C4	网络数据库	52
S2				
	陈茹			
		C2	计算机基础	82
S3				
	于林			
		C1	数据库	85
		C2	计算机基础	67
S4				
	贾哲			
		C1	数据库	46
		C2	计算机基础	69

图 5-71　“学生选修基本信息”报表效果

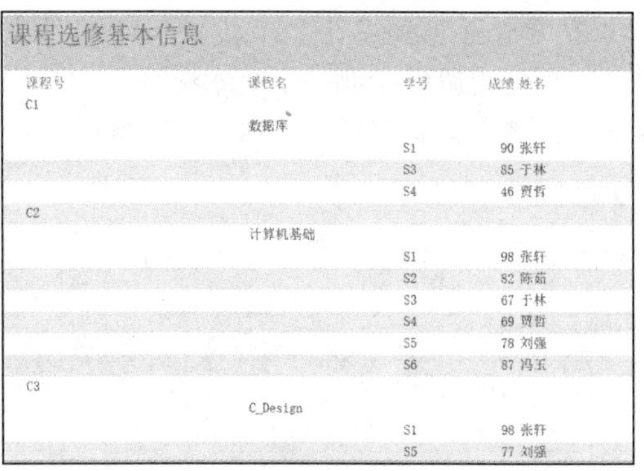

课程选修基本信息

课程号	课程名	学号	成绩	姓名
C1				
	数据库			
		S1	90	张轩
		S3	85	于林
		S4	46	贾哲
C2				
	计算机基础			
		S1	98	张轩
		S2	82	陈茹
		S3	67	于林
		S4	69	贾哲
		S5	78	刘强
		S6	87	冯玉
C3				
	C_Design			
		S1	98	张轩
		S5	77	刘强

图 5-72　“课程选修基本信息”报表效果

5.2.8　创建主界面

1. 任务目标

一个完整的教务系统应该有主界面，其中应该包含调用系统中各功能的按钮，并在打开数据库文件时自动显示该主界面。本节主要完成以下两个任务。

① 创建“教务系统主界面”窗体。

② 将“教务系统主界面”窗体设置为自动显示。

2. 案例分析

在 Access 2016 中，主界面是通过空白窗体来创建的，并在其中添加相应的控件以实现不同的功能。另外，主界面应在打开数据库文件时首先显示，因此需要将作为主界面的窗体设置为自动显示。

3. 案例实现

① 单击【创建】/【窗体】选项组中的“窗体设计”按钮，在打开的“窗体 1”选项卡中拖曳编辑区域右下角，将编辑区域的大小调整为 22cm×18cm，如图 5-73 所示。

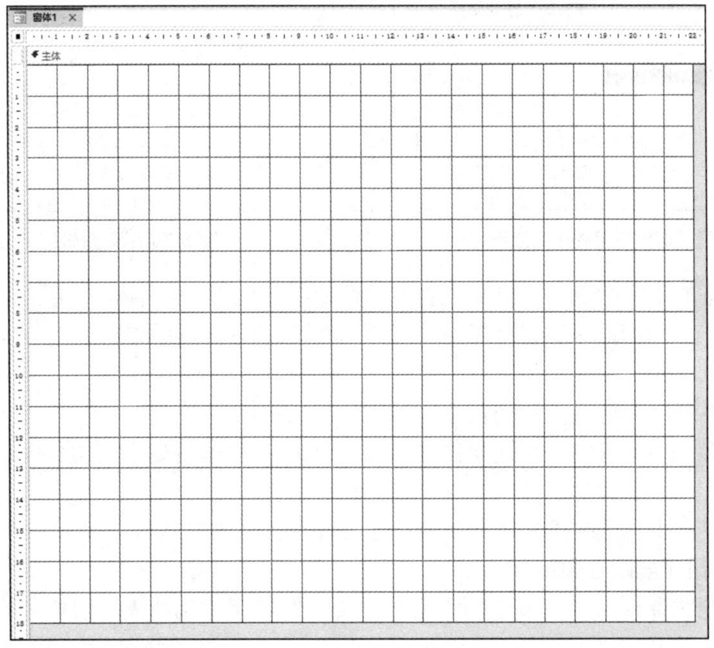

图 5-73　调整编辑区域的大小

② 单击【窗体设计工具-设计】/【控件】选项组中的“标签”按钮Aa，然后在编辑区域的上部居中位置拖曳鼠标绘制一个文本标签，在其中输入“××学校教务系统”文本，然后在“属性表”窗格中设置文本的字号为“48”，文本对齐为“居中”、字体粗细为“特粗”，如图 5-74 所示。

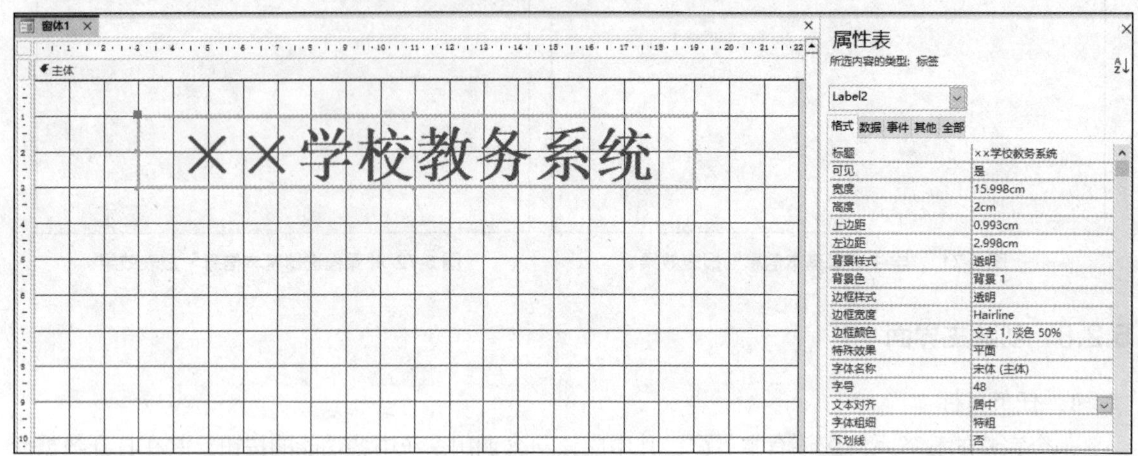

图 5-74 创建标签

③ 单击【窗体设计工具-设计】/【控件】选项组中的“按钮”按钮xxxx，在编辑区域中拖曳鼠标绘制一个按钮，打开“命令按钮向导”对话框。在“类别”列表框中选择“应用程序”选项，在“操作”列表框中选择“退出应用程序”选项，然后单击“完成”按钮，如图 5-75 所示。

④ 将生成的退出按钮移动到编辑区域的右上角，如图 5-76 所示。

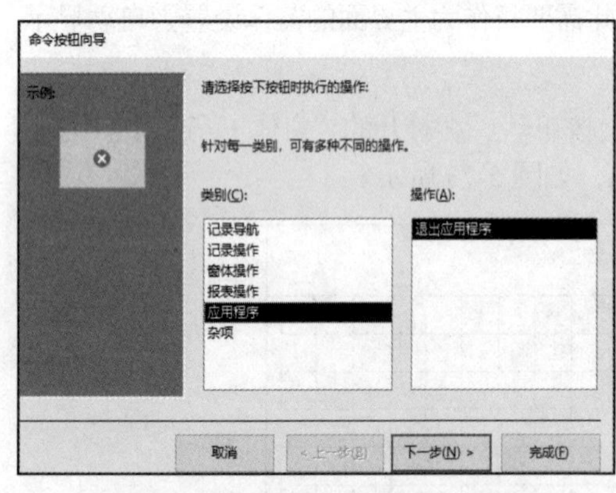

图 5-75 创建“退出应用程序”按钮

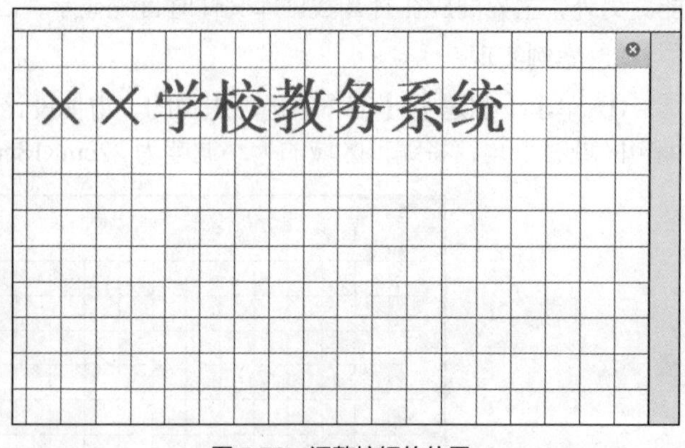

图 5-76 调整按钮的位置

⑤ 在文本标签的下方绘制一个按钮，打开“命令按钮向导”对话框，在“类别”列表框中选择“窗体操作”选项，在“操作”列表框中选择“打开窗体”选项，然后单击“下一步”按钮，如图 5-77 所示。

⑥ 在打开的界面中，选择“课程信息”窗体，然后单击“下一步”按钮，如图 5-78 所示。

⑦ 在打开的界面中，选中“打开窗体并显示所有记录”单选按钮，然后单击“完成”按钮，如图 5-79 所示。

⑧ 在打开的界面中，选中“文本”单选按钮，并在其后的文本框中输入“课程信息”文本，然后单击“完成”按钮，如图 5-80 所示。

⑨ 调整生成的“课程信息”按钮的大小和位置，然后在“属性表”窗格中设置字号为“24”，如图 5-81 所示。

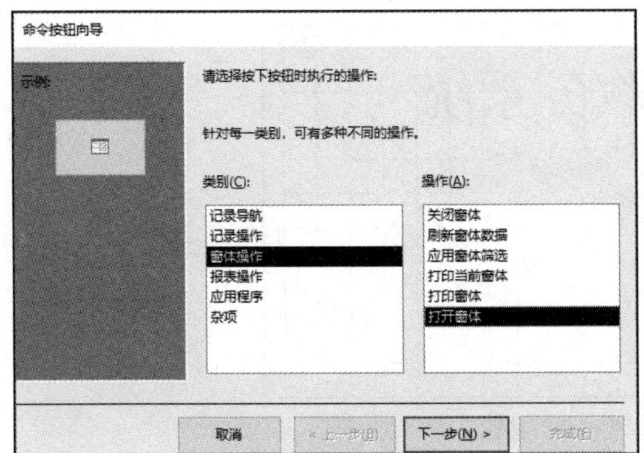

图 5-77　选择按钮的操作 1

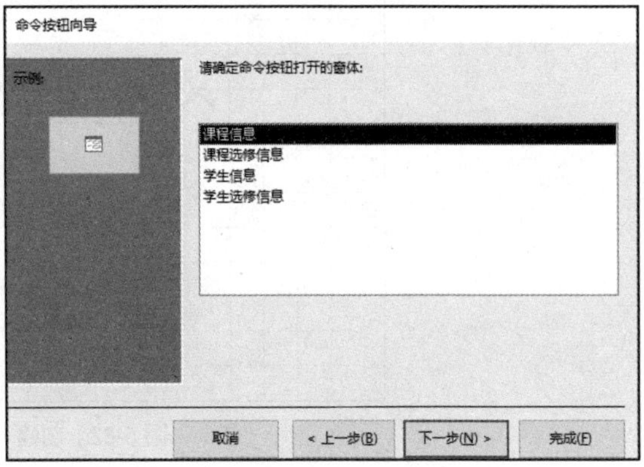

命令按钮向导
示例:
请确定命令按钮打开的窗体:
课程信息
课程选修信息
学生信息
学生选修信息
取消
< 上一步(B)
下一步(N) >
完成(F)

图 5-78　选择要打开的窗体

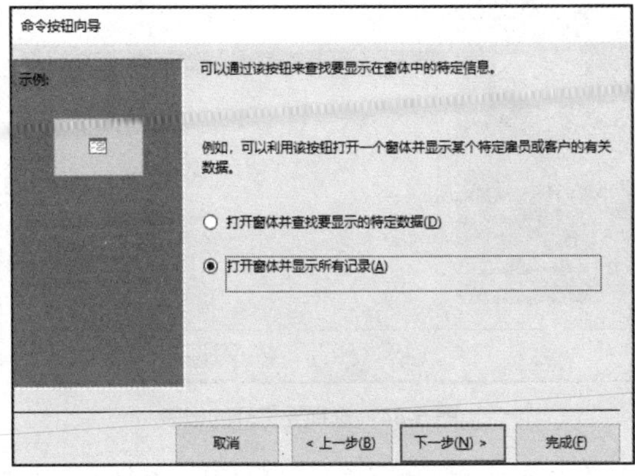

图 5-79　设置要显示的信息

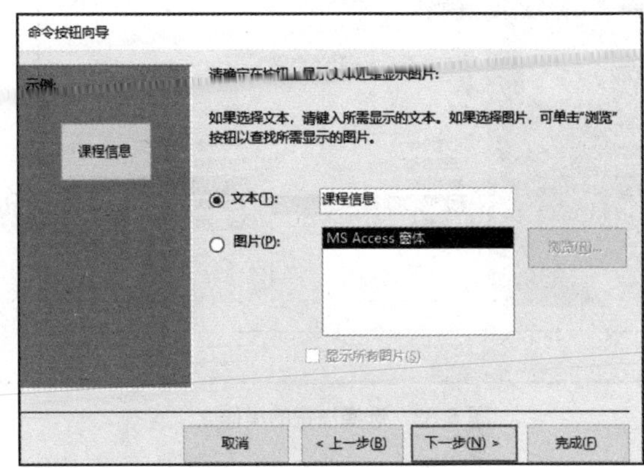

图 5-80　设置按钮显示的文本 1

图 5-81　调整按钮的大小、位置和字号

⑩ 使用相同的方法创建显示“学生信息”窗体的“学生信息”按钮，如图 5-82 所示。

⑪ 再绘制一个按钮，打开“命令按钮向导”对话框，在“类别”列表框中选择“报表操作”选项，在“操作”列表框中选择“打开报表”选项，然后单击“下一步”按钮，如图 5-83 所示。

⑫ 在打开的界面中，选择“课程选修基本信息”报表，然后单击“下一步”按钮，如图 5-84 所示。

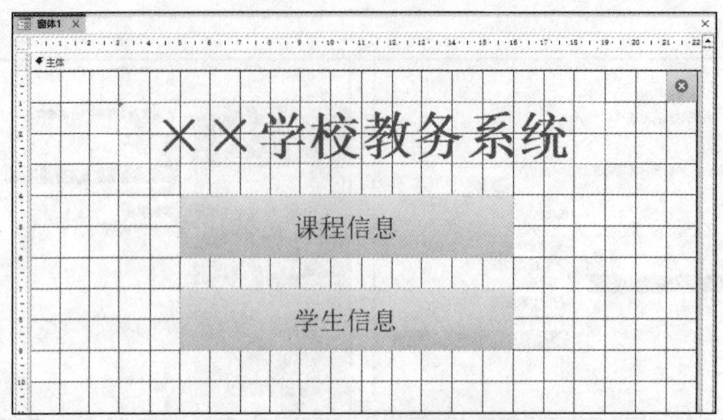

图 5-82　创建“学生信息”按钮

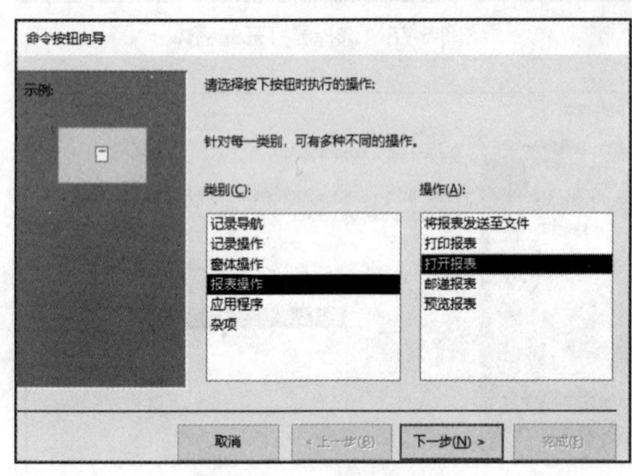

图 5-83　选择按钮的操作 2

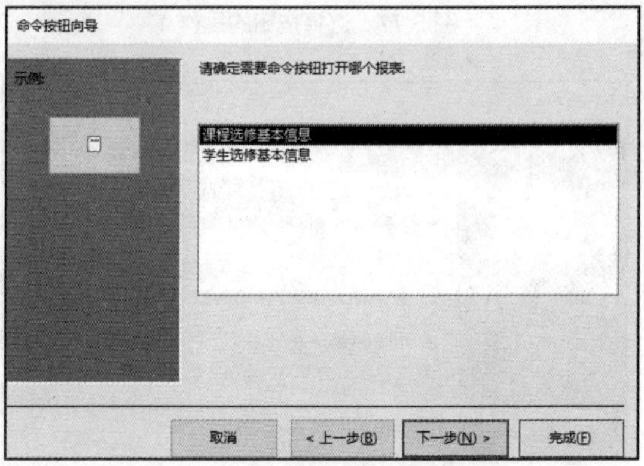

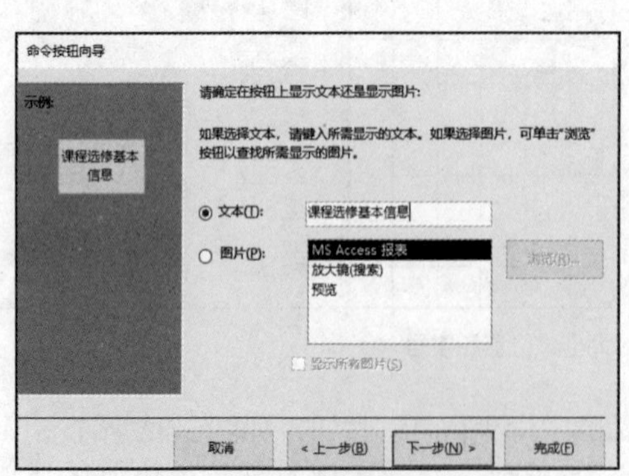

图 5-84　选择要打开的报表

⑬ 在打开的界面中，选中“文本”单选按钮，并在其后的文本框中输入“课程选修基本信息”文本，然后单击“完成”按钮，如图 5-85 所示。

⑭ 调整生成的“课程选修基本信息”按钮的大小和位置，并设置字号为“24”，然后使用相同的方法创建打开“学生选修基本信息”报表的“学生选修基本信息”按钮，如图 5-86 所示。

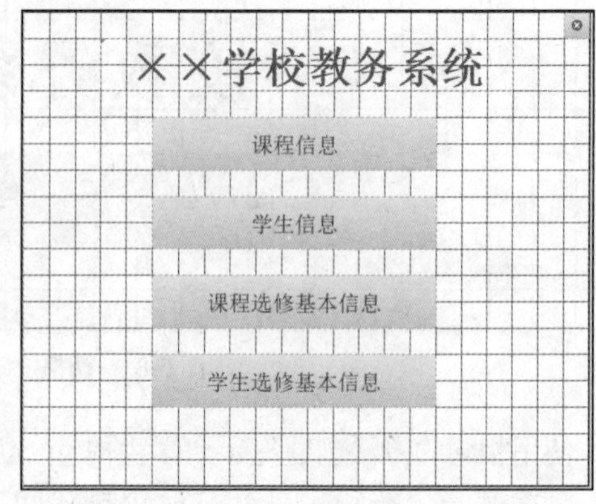

图 5-85　设置按钮显示的文本 2

图 5-86　添加“学生选修基本信息”按钮

⑮ 在“窗体 1”选项卡上右击，在弹出的快捷菜单中选择“保存”选项，在打开的“另存为”对话框中设置窗体名称为“教务系统主界面”，然后单击“确定”按钮，如图 5-87 所示。

⑯ 选择【文件】/【选项】选项，打开“Access 选项”对话框，选择“当前数据库”选项，然后单击“确定”按钮，如图 5-88 所示。

图 5-87　设置窗体名称

图 5-88　设置显示窗体

⑰ 保存数据库，再重新打开，将自动打开“教务系统主界面”窗体，如图 5-89 所示。

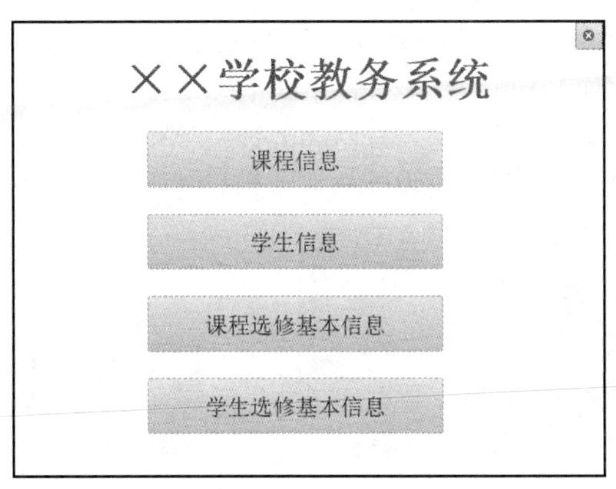

图 5-89　“教务系统主界面”窗体

5.3　习题

1. 数据库 tutors.accdb 中有“导师”和“研究生”两个表。“导师”表的表结构为：导师编号（短文本型）、姓名（短文本型）、性别（短文本型）、年龄（数字型）、工资（货币型）和职称（短文本型）。“研究生”表的表结构为：学号（短文本型）、姓名（短文本型）、性别（短文本型）、入学日期（日期型）、入学分数（数字型）、研究方向（短文本型）和导师编号（短文本型）。写出下列 SQL 语句。

（1）删除研究生表中入学分数低于 200 分（包括 200 分）的男研究生记录。

（2）查询各职称老师的最低工资、最高工资，如图 5-90 所示。

（3）查询各导师所带研究生的总人数及平均入学分数，如图 5-91 所示。

职称	最低工资	最高工资
副教授	¥5,200.00	¥5,200.00
副研究员	¥4,439.02	¥4,439.02
高工	¥4,809.92	¥4,809.92
教授	¥3,988.80	¥4,355.89
研究员	¥4,992.62	¥4,992.62

图 5-90　职称老师的最低工资、最高工资

导师编号	总人数	平均分数
101	4	342.25
102	3	304
104	2	390
105	3	235.6666667
106	4	310.5

图 5-91　各导师所带研究生的总人数以及平均入学分数

2. 数据库文件 orders.accdb 中包括“订单表”和“用户表”。“订单表”的表结构为：订单编号（短文本型）、订单日期（日期型）、用户名（短文本型）、总金额（货币性）。“用户表”的表结构为：

用户名（短文本型）、注册时间（日期型）、联系电话（短文本型）。写出下列 SQL 语句。

（1）将“用户表”中王波的注册时间修改为 2019-01-01。

（2）查询“订单表”中 2015 年之前（不包括 2015 年）客户订单的总金额最大值、最小值及平均值，如图 5-92 所示。

（3）查询每个客户订单的总金额，如图 5-93 所示。

最大值	最小值	平均值
¥1,820.00	¥128.00	¥577.17

图 5-92　2015 年之前客户订单的总金额最大值、最小值以及平均值

用户名	总金额
刘新	¥3,428.00
梅芳	¥915.00
孙芳芳	¥2,380.00
王波	¥168.00
赵天成	¥820.00

图 5-93　每个客户订单的总金额

3. 数据库文件 books.accdb 中有“图书”和“销售”两个表。“图书”表的表结构为：图书编号（短文本型）、书名（短文本型）、出版社（短文本型）和定价（货币型）。“销售”表的表结构为：图书编号（短文本型）、销售数量（数字型）和销售日期（日期型）。写出下列 SQL 语句。

（1）将“图书”表中所有人民邮电出版社出版图书的定价都降低 15%。

（2）查询各出版社所出版的图书种类，并以图书种类的降序显示，如图 5-94 所示。

（3）查询编号为“T0010”的图书在 2015 年的销售总量，如图 5-95 所示。

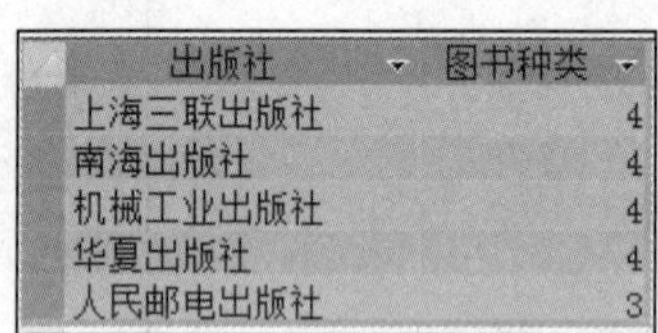

出版社	图书种类
上海三联出版社	4
南海出版社	4
机械工业出版社	4
华夏出版社	4
人民邮电出版社	3

图 5-94　图书种类降序显示

今年销售总量
79

图 5-95　销售总量